从C到C++
精通面向对象编程

曾凡锋 孙晶 肖珂 李源 编著

清华大学出版社
北京

内 容 简 介

本书结合大量实例详细介绍了 C++语言的编程思想和核心技术，培养读者由 C 程序员成长为 C++程序员。本书共分为 11 章，其中第 1、2 章介绍 C++基础知识和扩充知识，第 3、4 章从类和对象入手，深入剖析类的相关知识，第 5、6 章分别介绍面向对象编程的继承和多态性，第 7、8 章介绍运算符重载和输入/输出流，第 9、10 章介绍异常处理、命名空间和模板，第 11 章介绍现代 C++技术。每一章都包含一些实例，通过这些实例将本章介绍的知识以及前面章节中介绍过的知识串联起来，最后的习题为读者提供了使用面向对象编程的练习。

本书既适合作为 C++初学者的入门书，也适合用作高等院校计算机类相关专业开设面向对象程序设计课程的教学用书。

图书在版编目（CIP）数据

从 C 到 C++精通面向对象编程 / 曾凡锋等编著.—北京：清华大学出版社，2022.10（2025.1重印）
ISBN 978-7-302-61955-0

Ⅰ.①从… Ⅱ.①曾… Ⅲ.①C 语言－程序设计②C++语言－程序设计 Ⅳ.①TP312.8

中国版本图书馆 CIP 数据核字（2022）第 180107 号

责任编辑：赵 军
封面设计：王 翔
责任校对：闫秀华
责任印制：沈 露
出版发行：清华大学出版社
  网 址：https://www.tup.com.cn，https://www.wqxuetang.com
  地 址：北京清华大学学研大厦 A 座   邮 编：100084
  社 总 机：010-83470000   邮 购：010-62786544
  投稿与读者服务：010-62776969，c-service@tup.tsinghua.edu.cn
  质 量 反 馈：010-62772015，zhiliang@tup.tsinghua.edu.cn

印 装 者：天津鑫丰华印务有限公司
经 销：全国新华书店
开 本：190mm×260mm 印 张：15.5 字 数：418 千字
版 次：2022 年 11 月第 1 版 印 次：2025 年 1 月第 3 次印刷
定 价：69.00 元

产品编号：095455-01

前　　言

C++是直接从 C 语言发展而来的，C++语言得名于 C 语言中的"++"运算符。本书覆盖了标准 C++，以及由 C++所支持的关键性编程技术和设计技术标准，C++较 C 功能更强大，在许多新的语言特性，如类型推断、初始化列表等方面都进行了优化。本书将知识与实践相结合，内容涉及 C++的主要特征及标准库，并通过系统软件领域中的实例解释说明一些关键性的概念与技术。

本书内容

本书共 11 章，每一章都包含一些实例，通过这些实例将本章介绍的知识以及前面章节中介绍过的知识串联起来；每章最后还给出了大量习题，为读者提供面向对象编程的练习，帮助读者巩固每章所学的重要知识点。

第 1 章介绍 C++基础知识，主要包括 C/C++历史、C/C++开发环境、C++编程入门、面向对象程序设计等。

第 2 章介绍 C++扩充知识，主要包括 C++标准库头文件、字符串类、const 定义常量、引用和引用参数、函数声明和实参类型转换、默认实参、作用域和作用域运算符、函数重载、内置（内联）函数、使用 new 何 delete 运算符动态管理内存等。

第 3 章介绍类和对象，主要包括类的声明、对象和实例化、成员函数声明和定义、数据成员的声明及设置函数与获取函数、成员函数的存储和 this 指针、使用构造函数初始化对象、构造函数的声明和定义、析构函数、何时调用构造函数和析构函数、类的可重用性、C++空类说明等。

第 4 章介绍类的深入剖析，主要包括类的作用域和类成员的访问、对象的赋值和复制、const 对象和 const 成员函数、类作为函数参数、动态创建和删除对象、static 类成员、组合等。

第 5 章介绍面向对象编程之继承，主要包括继承、基类和派生类、派生类成员的访问、public/protected 和 private 继承、基类和派生类的关系、派生类的构造函数和析构函数、多继承和虚基类等。

第 6 章介绍面向对象编程之多态性，主要包括多态性、典型的多态性实例、虚函数和多态性、抽象类和纯虚函数、多态下的构造函数和析构函数、向下强制类型转换（选修）、多态性的底层实现机制（选修）等。

第 7 章介绍运算符重载，主要包括运算符重载的基础知识、运算符重载的规则、类成员函数和全局函数重载运算符的比较、重载一元运算符、重载二元运算符、重载流插入运算符和流提取运算符、类型转换、重载自增和自减运算符等。

第 8 章介绍输入/输出流，主要包括流、输出流、流的格式化输出、输入流、文件流和文件处理等。

第 9 章介绍异常处理和命名空间，主要包括异常处理机制、异常说明、标准库异常类层次、如何定义和访问命名空间、标准命名空间 std 等。

第 10 章介绍模板，主要包括函数模板、类模板和 STL 介绍等。

第 11 章介绍 C++11，主要包括 C++11 简介、C++11 新特性和 C++11 示例等。

配套源码下载

本书配套的 PPT 和源代码需要使用微信扫描下面的二维码获取，可按扫描后的页面提示填写你的邮箱，把下载链接转发到邮箱中下载。如果发现问题或有疑问，请用电子邮件联系 booksaga@163.com，邮件主题为"从 C 到 C++精通面向对象编程"。

PPT

源代码

鸣谢

本书由曾凡锋编著，参与本书内容研讨和编写的还有孙晶、肖珂和李源。本书虽然倾注了编者的心血，但由于水平有限，书中难免有疏漏之处，欢迎广大读者批评指正。

编 者

2022 年 6 月

目　　录

第1章　C++基础知识...1

1.1　C/C++历史..1

1.2　C++开发环境..2

　　1.2.1　Microsoft Visual Studio 概述..2

　　1.2.2　Visual Studio 2019 开发环境简介...3

　　1.2.3　创建控制台应用程序...8

1.3　C++编程入门..11

1.4　面向对象程序设计..15

　　1.4.1　基本概念...15

　　1.4.2　面向对象程序设计的特点...17

　　1.4.3　面向对象程序设计和面向过程程序设计的比较.............................18

　　1.4.4　面向对象的软件开发方法...18

1.5　本章小结..20

本章习题..21

第2章　C++扩充知识...22

2.1　C++标准库头文件..22

2.2　字符串类..23

　　2.2.1　定义字符串变量...23

　　2.2.2　字符串的赋值和连接...24

　　2.2.3　字符串的比较...24

　　2.2.4　字符串替换...24

　　2.2.5　string 类的特性...24

2.3　const 定义常量..26

2.4　引用和引用参数..26

　　2.4.1　引用...26

　　2.4.2　引用参数...28

　　2.4.3　引用的特别说明...29

2.5　函数声明和实参类型转换..29

2.6　默认实参 30

2.7　作用域和作用域运算符 31

2.8　函数重载 32

2.9　内置（内联）函数 34

2.10　使用 new 和 delete 运算符动态管理内存 35

2.11　本章小结 37

本章习题 38

第 3 章　类和对象 39

3.1　类和对象简介 39

3.1.1　类的声明 41

3.1.2　对象和实例化 42

3.2　成员函数的声明和定义 43

3.3　数据成员的声明及设置函数与获取函数 44

3.3.1　数据成员的声明 44

3.3.2　设置函数和获取函数 44

3.4　成员函数的存储和 this 指针 46

3.5　使用构造函数初始化对象 49

3.5.1　构造函数的声明和定义 49

3.5.2　默认构造函数 51

3.5.3　带默认实参的构造函数 52

3.5.4　参数初始化列表 53

3.5.5　转换构造函数 54

3.6　析构函数 55

3.7　何时调用构造函数和析构函数 57

3.8　类的可重用性 59

3.8.1　一个类对应一个独立文件 59

3.8.2　接口和实现的分离 60

3.9　C++空类说明 62

3.10　本章小结 62

本章习题 64

第 4 章　类的深入剖析 65

4.1　类的作用域和类成员的访问 65

4.1.1　隐藏机制 66

4.1.2　对象访问类的成员 67

4.1.3　对象指针访问类的成员 67

　　　4.1.4　对象引用访问类的成员 67

　　　4.1.5　类成员访问的例子 68

　4.2　对象的赋值和复制 68

　　　4.2.1　对象的赋值 68

　　　4.2.2　对象的复制 70

　4.3　const 对象和 const 成员函数 73

　　　4.3.1　const 对象 73

　　　4.3.2　const 成员函数 73

　　　4.3.3　mutable 数据成员 75

　　　4.3.4　const 对象和 const 成员函数的说明 75

　4.4　类作为函数参数 75

　4.5　动态创建和删除对象 78

　4.6　static 类成员 80

　4.7　友元函数和友元类 83

　4.8　组合 85

　4.9　本章小结 88

　本章习题 89

第5章　面向对象编程之继承 91

　5.1　继承 91

　5.2　基类和派生类 92

　　　5.2.1　C++继承机制 92

　　　5.2.2　派生类的声明方式 93

　　　5.2.3　派生类对象的构成 95

　5.3　派生类成员的访问 96

　　　5.3.1　protected 成员 97

　　　5.3.2　不同继承方式下派生类访问基类成员 99

　　　5.3.3　多级继承的成员访问 101

　　　5.3.4　继承下成员访问的规则 103

　5.4　public、protected 和 private 继承 103

　5.5　基类和派生类的关系 105

　　　5.5.1　替换原则 105

　　　5.5.2　基类与派生类的转换 106

　　　5.5.3　派生类对基类同名成员的隐藏 109

　5.6　派生类的构造函数和析构函数 109

　　　5.6.1　简单派生类的构造函数 110

　　　5.6.2　组合方式下派生类的构造函数 111

5.6.3　多级继承时派生类的构造函数 113
5.6.4　派生类的析构函数 115
5.6.5　派生类构造函数的显式定义 116
5.7　多继承和虚基类 117
5.7.1　多继承的声明方法及派生类构造函数 117
5.7.2　多继承下基类同名成员的二义性问题 117
5.7.3　虚基类 118
5.8　本章小结 121
本章习题 122

第 6 章　面向对象编程之多态性 124
6.1　多态性 124
6.2　典型的多态性实例 125
6.3　虚函数和多态性 126
6.3.1　非虚函数和静态绑定 126
6.3.2　虚函数和动态绑定 128
6.3.3　基类对象调用虚函数 131
6.3.4　多态性对比 132
6.4　抽象类和纯虚函数 132
6.4.1　实例研究 132
6.4.2　抽象类 135
6.5　多态下的构造函数和析构函数 138
6.5.1　构造函数能否是虚函数 138
6.5.2　虚析构函数 138
6.5.3　构造函数和析构函数中的多态性 140
6.6　向下强制类型转换（选修） 142
6.7　多态性的底层实现机制（选修） 144
6.8　本章小结 146
本章习题 147

第 7 章　运算符重载 149
7.1　运算符重载的基础知识 149
7.1.1　为什么要重载运算符 150
7.1.2　运算符重载的方法 152
7.2　运算符重载的规则 152
7.3　类成员函数和全局函数重载运算符的比较 154
7.3.1　使用类成员函数重载运算符 154

      7.3.2　使用全局函数重载运算符 154

      7.3.3　两种重载运算符函数的区别 155

  7.4　重载一元运算符 155

  7.5　重载二元运算符 157

  7.6　重载流插入运算符和流提取运算符 159

  7.7　类型转换 161

      7.7.1　类型转换运算符 162

      7.7.2　转换构造函数 162

      7.7.3　关键字 explicit 163

  7.8　重载自增和自减运算符 163

  7.9　本章小结 165

  本章习题 167

第 8 章　输入/输出流 **169**

  8.1　流 170

      8.1.1　C++流库 170

      8.1.2　C++流的主要类及继承层次 171

  8.2　输出流 172

      8.2.1　使用成员函数 put 输出字符 172

      8.2.2　使用成员函数 write 非格式化输出 173

  8.3　流的格式化输出 173

  8.4　输入流 176

      8.4.1　使用成员函数 get 读入字符 176

      8.4.2　使用成员函数 getline 读入一行字符 178

      8.4.3　使用成员函数 read 非格式化输入 179

      8.4.4　成员函数 peek、putback 和 ignore 179

  8.5　文件流和文件处理 179

      8.5.1　文件和流 179

      8.5.2　文件创建、打开与关闭 180

      8.5.3　ASCII 文件的操作 181

      8.5.4　二进制文件的操作 185

  8.6　本章小结 189

  本章习题 190

第 9 章　异常处理和命名空间 **191**

  9.1　异常处理 191

      9.1.1　异常概述 191

9.1.2　异常处理机制 192

9.1.3　异常说明 195

9.1.4　构造函数、析构函数和异常处理 195

9.1.5　标准库异常类层次 195

9.2　命名空间 196

9.2.1　如何定义命名空间 197

9.2.2　如何访问命名空间的成员 197

9.2.3　标准命名空间 std 198

9.2.4　命名空间的几点说明 198

9.3　本章小结 198

本章习题 199

第 10 章　模板 201

10.1　函数模板 202

10.1.1　函数模板的定义和使用 202

10.1.2　函数模板的进一步说明 204

10.2　类模板 206

10.2.1　类模板的定义和使用 207

10.2.2　类模板的进一步说明 209

10.3　STL 介绍 210

10.3.1　容器 211

10.3.2　算法 215

10.3.3　迭代器 218

10.3.4　函数对象 219

10.3.5　适配器 220

10.3.6　内存分配器 222

10.4　本章小结 222

本章习题 223

第 11 章　C++11 225

11.1　C++11 简介 225

11.2　C++11 新特性 226

11.2.1　auto 类型推断 226

11.2.2　decltype 类型推断 226

11.2.3　初始化列表 227

11.2.4　Lambda 表达式 227

11.2.5　连续右尖括号的改进 228

　　　11.2.6　基于范围的 for 循环 228

　　　11.2.7　可变参数模板 229

　　　11.2.8　nullptr 230

　　　11.2.9　右值引用 230

　　　11.2.10　显式生成默认函数与显式删除函数 230

　　　11.2.11　override 和 final 231

　　　11.2.12　智能指针 231

　　　11.2.13　tuple 231

11.3　C++11 示例 232

11.4　本章小结 234

本章习题 234

C++基础知识

1

本章学习目标

- C++的发展历史
- C++的开发环境
- 通过一些例子初步了解 C++代码
- 理解面向对象技术的基本概念

1.1 C/C++历史

　　C 语言是贝尔实验室的 Ken Thompson、Dennis Ritchie 等人开发的 Unix 操作系统的"副产品"。Unix 系统与同时代的其他操作系统一样,最初也是用汇编语言编写,但是用汇编语言编写的程序往往难以进行调试和改进。Thompson 认为需要用一种更加高级的编程语言来完成 Unix 系统在未来的开发与拓展,于是他和 Ritchie 等人发明了 C 语言,用 C 语言开发了新的 Unix 系统。1995 年 C 程序设计语言工作组对 C 语言进行了一些重要的修改,于 1999 年发布了 ISO/IEC 9899:1999 标准,即 C99。C 语言发展到今天,已经成为世界上最流行、最重要的面向过程的结构化编程语言之一。

　　C++是直接从 C 语言发展而来的,C++语言得名于 C 语言中的"++"运算符,作为"C++之父"的 Bjarne Stroustrup 曾说到: "这个名字象征着源自于 C 语言变化的自然演进"。

　　面向对象(Object-Oriented)这一概念最早出现在 20 世纪 60 年代的 Simula 语言中,但由于当时的软件规模还不大,技术也不是十分成熟,面向对象的优势并未得到明显体现。随着社会的发展,软件开发要解决的问题的规模越来越大,问题也更加复杂,面向对象技术就得到了更多的发展和应用,比如 20 世纪 70 年代出现的 Smalltalk 语言,C++语言也是在这种情势下诞生的。

　　1979 年,贝尔实验室的 Bjarne Stroustrup 博士等人试图去分析 Unix 系统的内核,但是没有合适的工具能够有效地分析由于内核分布而造成的网络流量,以及不知道该如何将内核模块化,导致工作进程十分缓慢。因此,Bjarne 博士先实现了一个可以运行的预处理程序,称之为 Cpre,它在 C 语言基础上加了类似 Simula 的类机制。由于 Cpre 的成功，Bjarne 博士开始思考怎样在此基础上开发一种新的语言。

1980 年，Bjarne 博士开始以 C 语言为基础，借鉴 Simula 语言中"Class"的概念，对 C 语言进行改讲，使其支持面向对象的特性。这种新的语言最初称作"C with Class"（包含类的 C）。

1983 年，"C with Class"加入了虚函数、运算符重载、引用等重要概念，随后被正式定名为"C++"（C Plus Plus）。经过一段时间的发展，C++在工业界使用的开发语言中占据了十分显著的地位。1985 年，C++的商业版本正式发布。随后几年 C++引入了多重继承、保护成员、抽象类、静态成员、模板和异常等语言新特性。

20 世纪 90 年代，由于标准模板库（STL）和后来的 Boost 等程序库的出现，泛型程序设计得到广泛适用，C++也在软件开发中占据了重要的地位。1998 年，ANSI 和 ISO 标准委员会联合发布了至今最为广泛使用的 C++标准，即"C++98"。

进入 21 世纪后，C++语言还在继续更新和完善。2011 年，新的 C++标准（C++11）面世。C++11 新增了 Lambda 表达式，类型推导关键字 auto、decltype，以及模板的显著优化，同时在标准程序库方面也进行了十分重要的改善和强化，并增加了多线程支持、通用编程支持等新特性。在本书的第 11 章将会简单介绍 C++11 标准。

2020 年，C++20 标准进行了技术定稿，相比以往的标准，C++20 引入了许多新的语言特性，如概念、模块、新标准属性等。

C++语言在其发展的四十年里，一直受到程序员的青睐。相对于其他面向对象的编程语言（Java，Python 等），C++有其自身的优势。目前 C++软件开发主要集中在游戏开发、数字图像处理、虚拟现实仿真、嵌入式固件、服务器端开发等领域。

C++语言是在 C 语言基础上发展的，因此可以看作 C 语言的增强版。C++对 C 的增强主要体现在如下方面：

（1）在 C 语言的面向过程的机制基础上扩充了功能。
（2）增加了面向对象的机制。

C++语言和其他一些面向对象的编程语言（比如 Java，Python）的区别是：C++语言是一种混合编程语言，既支持面向对象程序设计也支持面向过程程序设计。

1.2　C++开发环境

Windows 系统下常见的 C++集成开发环境（IDE）有 Dev C++、Microsoft Visual Studio。Microsoft Visual Studio 是最流行的 Windows 平台应用程序的集成开发环境，因此下面主要介绍 Microsoft Visual Studio 的使用。

1.2.1　Microsoft Visual Studio 概述

Microsoft Visual Studio（简称 VS）是美国微软公司的开发工具包系列产品。Visual Studio 是一个基本完整的开发工具集，包括了整个软件生命周期中所需要的大部分工具，如 UML 工具、代码管控工具、集成开发环境（IDE）等。所写的目标代码适用于微软支持的所有平台，包括 Microsoft Windows、Windows Mobile、Windows CE、.NET Framework、.NET Compact Framework、Microsoft Silverlight 及 Windows Phone。

1995 年，微软发布了 Visual Studio 第一版（俗称 Visual Studio 4.0），包含了 Visual C++ 4.0、Visual Basic 4.0、Visual FoxPro 4.0 等多个组件。

1998 年，微软发布了经典版本的 Visual Studio 6.0，所有开发语言的开发环境版本均升至 6.0。

随后微软发布的多个 Visual Studio 不再是递增版本号，而是用年份加以区别，比如 Visual Studio 2005、Visual Studio 2008、Visual Studio 2012 等。

2012 年 9 月，微软在西雅图发布了 Visual Studio 2012，这是第一个不支持 Windows XP 的版本，操作界面也有了极大的变化。

2019 年 4 月，微软发布了 Visual Studio 2019（简称 VS 2019）。读者可以从微软官网中下载 Visual Studio 2019 并安装，然后运行此集成开发环境。

1.2.2 Visual Studio 2019 开发环境简介

Visual Studio 2019 集成开发环境是一个集项目管理、代码编辑、代码编译链接、版本控制和帮助信息等在一起的功能强大的编程工具，下面对这个集成开发环境进行详细的介绍。

1. 主界面

运行 Visual Studio 2019，创建项目后进入主界面，如图 1.1 所示。

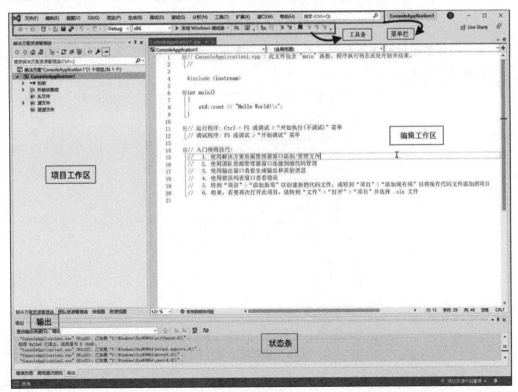

图 1.1 主界面

主界面中主要包括六个部分：

- 菜单栏：一般位于 IDE 窗口的最上方。
- 工具条：一般位于 IDE 窗口的上方，在菜单栏的下面。
- 项目工作区：一般位于 IDE 窗口的中间靠左的位置，可以查看和项目相关的信息，常用的窗口有以下几种：
  - ➤ 类视图：显示所有类的信息。
  - ➤ 解决方案资源管理器：显示所有文件信息，包括 C++代码文件、头文件、资源文件等。
- 编辑工作区：一般位于 IDE 窗口的中间靠右位置，显示打开的文件的代码。
- 输出区：一般位于 IDE 窗口的下方，可以显示编译、调试和查询结果等信息。
- 状态条：一般位于 IDE 窗口的最下方，显示 IDE 的一些当前状态信息。

上面说的各部分的位置是一个默认或习惯使用的位置，除状态条外的其他各部分的位置都是可以任意改变的。另外，我们还可以看到在编辑工作区的文本有不同的颜色，一般蓝色代表关键字，绿色代表注释。

2. 菜单栏

下面对菜单栏中各菜单项（见图 1.2）的一些主要功能进行介绍。

文件(F) 编辑(E) 视图(V) Git(G) 项目(P) 生成(B) 调试(D) 测试(S) 分析(N) 工具(T) 扩展(X) 窗口(W) 帮助(H)   搜索 (Ctrl+Q)   🔎

图 1.2　菜单栏

- 文件：对编程过程中用到的文件进行相关操作，单击"文件"菜单项会出现如图 1.3 所示的下拉菜单。

图 1.3　"文件"菜单项对应的下拉菜单

  - ➤ 新建：快捷键 Ctrl+N，创建新文件，包括项目（也被称为工程）、源文件、头文件、各种资源文件等。

> ➢ 打开：快捷键 Ctrl+O，打开一个存在的文件/项目/解决方案。
> ➢ 关闭：关闭当前编辑工作区中的活动窗口。
> ➢ 添加：添加一个项目到当前窗口。
> ➢ 保存：快捷键 Ctrl+S，保存当前编辑工作区中的活动窗口的文件内容。
> ➢ 另存为：保存当前编辑工作区中的活动窗口的文件内容到用户指定的另一个文件。
> ➢ 全部保存：保存所有打开的文件的内容。
> ➢ 最近使用过的文件：列出四个最近打开的文件。
> ➢ 最近使用的项目和解决方案：列出四个最近打开的项目文件。
> ➢ 退出：关闭所有窗口，退出集成开发环境，并提示是否要保存修改过的文件。

- 编辑：对文本内容进行编辑和查找。
- 视图：打开一些工具对话框，选择要观察的窗口。

"视图"下拉菜单中有多个窗口可供选择，如图 1.4 所示。单击即可将需要的窗口浮现出来以供使用。主要可选择的窗口包括：

> ➢ 解决方案资源管理器：显示所有文件信息，包括 C++代码文件、头文件、资源文件等。
> ➢ 类视图：显示类信息。
> ➢ 调用层次结构：可以显示某函数调用了哪些函数，以及哪些函数调用了该函数，这有助于更好地理解代码结构。

图 1.4　"视图"菜单项对应的下拉菜单（涉及各类窗口）

- 项目：进行项目管理的相关操作。
  - ➤ 设为启动项：由于项目工作区中可以同时打开多个项目文件，该菜单命令用于把当前选定的项目设置为启动项。
  - ➤ 添加：往项目中添加各种文件。
- 生成：主要用于编译、链接项目，生成可执行文件以及进行程序调试。
  - ➤ 生成：快捷键 F7，对当前选定的项目进行编译、链接并生成可执行文件。
  - ➤ 编译：快捷键 Ctrl+F7，对编辑工作区的文件进行编译，以生成目标文件。
- 调试：当进入程序调试时，上面的"视图"下拉菜单变为"调试"菜单，提供调试时需要的一些操作。
  - ➤ 开始调试：快捷键 F5，运行程序到断点或结束（若未设置断点），其间可设置多个断点。
  - ➤ 重新启动：快捷键 Ctrl+Shift+F5，重新执行程序。
  - ➤ 停止调试：快捷键 Shift+F5，停止调试，"调试"菜单又变回"视图"下拉菜单。
  - ➤ 全部终止：强制停止程序的执行，当程序出现死循环时可以用此命令终止程序。
  - ➤ 逐语句：快捷键 F11，单步执行下一条语句，如果是调用函数，则会进入函数内部的程序语句并继续进行单步执行。
  - ➤ 逐过程：快捷键 F10，单步执行下一条语句，但不会进入函数内部进行程序语句的单步运行，即把函数调用语句作为一条语句单步执行。
  - ➤ 跳出：快捷键 Shift+F11，如果用 Step Into 进入函数内部，使用此命令可从函数内部跳出。
  - ➤ 监视：调试状态下有个监视窗口可以观察变量当前的值。
- 工具：一些相关工具的使用和设置，以及窗口参数的设置。
  - ➤ 自定义：打开自定义对话框，通过该对话框可以设置主界面上的工具条，工具条中包含菜单的许多的功能，对话框里还可以设置各种快捷键。
  - ➤ 选项：打开选项对话框，通过该对话框可以设置编辑工作区、调试窗口、编译链接窗口、项目相关文件（比如头文件、库文件等）路径和各窗口的风格等。
- 窗口：主要是管理主界面中各窗口的显示状态。
- 帮助：提供帮助信息的浏览、查询以及技术支持等。进入 IDE 主界面后，按 F1 键就会显示标准的帮助文件(HELP 文件)，帮助文件包括针对 IDE 环境的命令和窗口的内容。

3. 项目工作区

下面介绍项目工作区的一些主要功能。

- 类视图：显示所有已定义的类以及这些类中的成员变量、成员函数，并可以添加新类，给已定义的类添加新的成员变量、成员函数。
- 解决方案资源管理器：对项目中的文件进行管理和操作，可以把已有的文件添加到项目中，也可以使用 SourceSafe 来进行项目的版本控制。图 1.5 是解决方案资源管理器视图，其中显示的是一个项目下管理文件的分类，通常分为源代码文件、头文件、资源文件。

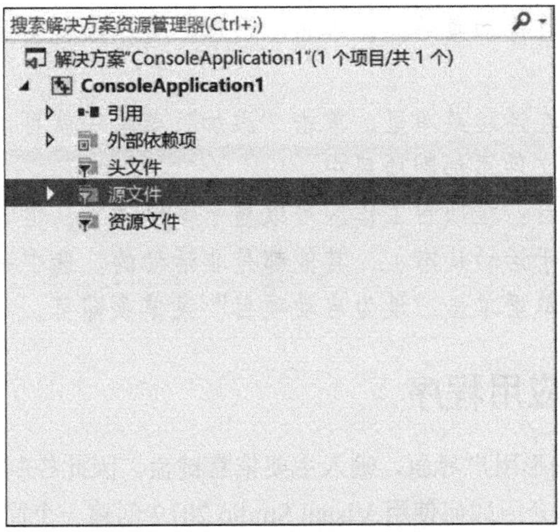

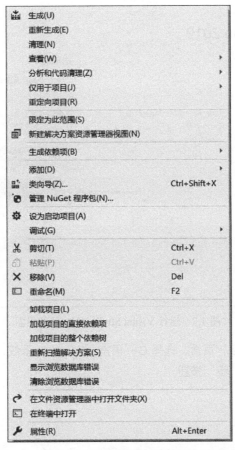

图 1.5　解决方案资源管理器视图

对于某个项目，我们可以直接在项目上右击，得到如图 1.6 所示的浮动菜单。

图 1.6　资源管理器的浮动菜单

➢　生成：在浮动菜单里，单击"生成"菜单项就会将项目编译好的目标文件链接生成可执行文件。

> ➤ 清除项目：在浮动菜单里，单击"清理"菜单项就会删除项目的中间文件和输出文件。

> ➤ 添加文件：在浮动菜单里，单击"添加"菜单项就可以将已有的源代码文件、头文件、资源文件添加到项目中。

> ➤ 设置启动项目：在项目工作区可以显示多个项目，但其中只有一个是当前选定的项目（即处于活动状态），其他都是非活动的。选中一个项目名称后右击，在弹出的浮动菜单里单击"设为启动项目"菜单项即可。

1.2.3 创建控制台应用程序

控制台应用程序没有图形用户界面，输入主要依靠键盘。因此控制台应用程序相对简单，比较适合初学语言的新手。下面介绍如何使用 Visual Studio 2019 创建一个简单的控制台应用程序。操作步骤如下：

步骤 01 首先运行 Visual Studio 2019，在如图 1.7 所示的界面上单击"创建新项目"选项。

图 1.7   运行 Visual Studio 2019 后的界面

步骤 02 在"创建新项目"页面，选择 C++语言、Windows 系统，选择控制台应用类型的项目（见图 1.8），然后单击"下一步"按钮。

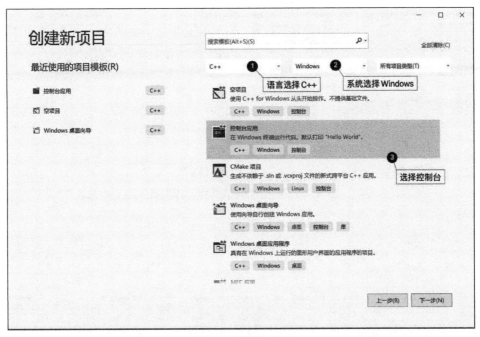

图 1.8　创建新项目

步骤 03 出现"配置新项目"页面，如图 1.9 所示。进入其中可以自行设置项目的名称、项目所保存的位置（这里选择创建在 C 盘）、解决方案的名称（以.sln 为后缀）。尽量不勾选"将解决方案和项目放在同一目录中"，否则无法保留项目目录的层次。

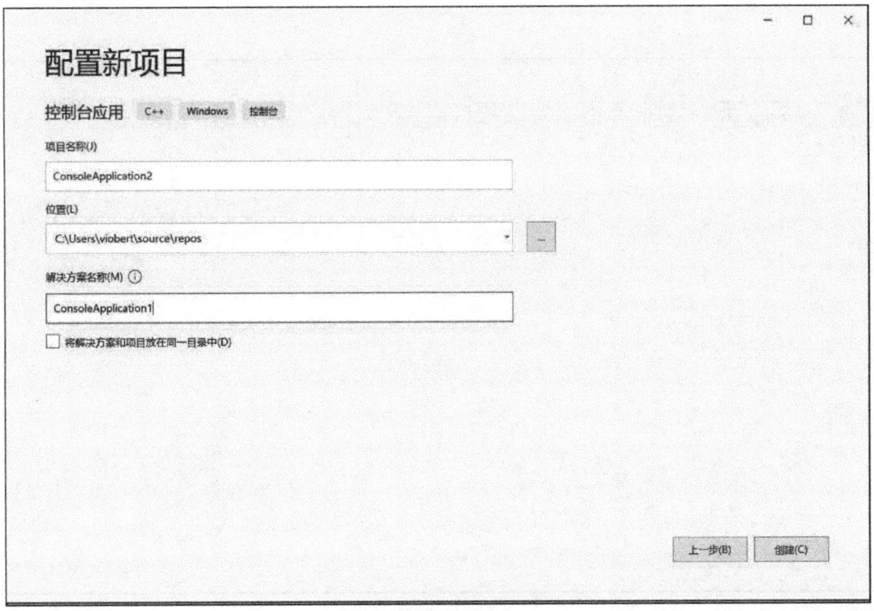

图 1.9　配置新项目

步骤 04 设置完成后，单击"创建"按钮，就可以得到一个简单的控制台项目，如图 1.10 所示。

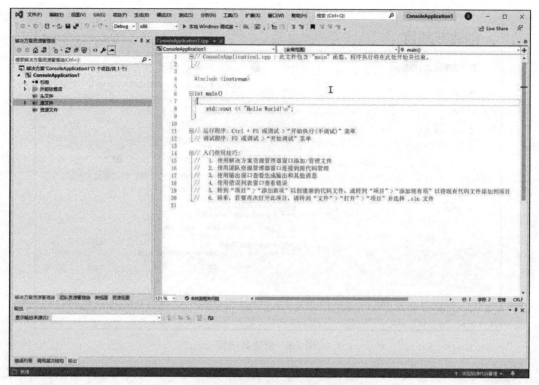

图 1.10　控制台项目创建完成

步骤 05　运行程序，程序在控制台运行的结果如图 1.11 所示。至此一个控制台应用的项目就完成了。

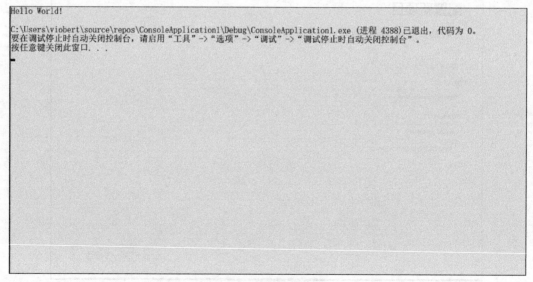

图 1.11　程序运行结果

1.3　C++编程入门

下面通过几个例子来初步了解 C++语言，以及该如何编写 C++程序。

Brain Kernighan 和 Dennis Ritchie 合作撰写的 C 语言经典书 *The C Programming Language* 中，开篇第一个程序就是输出一行字符"Hello, World!"。因此本书第一个示例程序即为此程序。

【示例程序 1.1】用 C++实现输出一行字符"Hello, World!"。

```
1    // lz1.1.cpp ：第一个 C++程序，输出字符"Hello, World!"
2    #include <iostream>                       // 使用 cout 需要的头文件
3    using namespace std;                      // cout 的定义属于命名空间 std
4    int main()
5    {    cout <<"Hello, World!"<<endl;         // 使用 C++的标准输出流输出一行字符
6         return 0;
7    }
```

程序解析：

（1）第 1 行的注释是使用"//"作为开头，后面跟注释文字；而 C 语言是使用"/*"和"*/"框住注释文字。使用"//"方式注释的优点是简单灵活，而使用"/*......*/"方式注释的优点是可以多行注释。

（2）第 3 行中命名空间（Namespace）是 C++新增的特性，可以在程序中定义多个作用域，而在 C 语言里只有全局域和函数中的局部域。这句代码是为了让后面的代码能使用命名空间 std 里的实体。

（3）第 5 行是使用输出流对象 cout 和流插入运算符"<<"输出一行字符。流插入运算符"<<"是 C++新增的运算符，cout 是输出流类 ostream 定义的对象（详细使用参看第 8 章内容），而在 C 语言中输出一行字符是使用函数 printf()。从这里可以看出 C 是面向过程的编程语言，基本的组成是函数；C++是面向对象的编程语言，基本的组成是类和对象。

（4）需要注意第 2 行中 iostream 是头文件名。C 语言中库头文件都带.h 后缀，而 C++标准要求库的头文件是没有后缀的。

本示例程序的运行结果如图 1.12 所示。

```
Hello, World!
```

图 1.12　运行结果

C++语言作为一种面向对象的编程语言，类是它的核心，但是示例程序 1.1 的代码中并没有明显的类的定义代码。下面给出第二个示例程序，让大家了解一下类的定义和使用，为了对比 C 语言和 C++语言的差别，分别给出 C 和 C++语言实现的代码。

【示例程序 1.2】使用冒泡算法对一组整数从小到大进行排序。

C 语言的实现代码如下：

```
/* C 语言：冒泡算法实现对整数的从小到大排序 */
1    #include "stdio.h"                    /* 使用 scanf()、printf()函数需要的头文件 */
2    void sort(int dat[], int num)         /* 冒泡算法排序函数 */
```

```
3    {
4        int i, j;
5        int temp;
6        for (i = 0; i<num - 1; i++)
7        {
8            for (j = 0; j<num - 1 - i; j++)
9            {
10               if (dat[j] >dat[j + 1])
11               {
12                   temp = dat[j];              /* 交换 2 个数组元素 */
13                   dat[j] = dat[j + 1];
14                   dat[j + 1] = temp;
15               }
16           }
17       }
18   }
19   int dat[100];
20   int num;
21   int main()
22   {
23       int i;
24       scanf("%d", &num);                     /* 输入数据个数 */
25       for(i = 0; i<num; i++)                 /* 输入数组数据 */
26           scanf("%d", &dat[i]);
27       sort(dat, num);                        /* 排序数组数据 */
28       for(i = 0; i<num; i++)
29           printf("%d ", dat[i]);             /* 输出排序结果 */
30       return 0;
31   }
```

C++语言的实现代码如下：

```
// C++语言：冒泡算法实现对整数的从小到大排序
1    #include <iostream>                        // 使用 cout、cin 需要的头文件
2    #using namespace std;                      // cout、cin 的定义属于命名空间 std
3    class IntSort {                            // 类声明
4    public:                                    // 公有访问权限
5        IntSort(int dat[], int num);           // 构造函数声明
6        ~IntSort();                            // 析构函数声明
7        void sort();                           // 成员函数声明
8        int GetNum() {                         // 成员函数定义
9        return m_num;
10       }
11       int* GetData() {                       // 成员函数定义
12           return m_dat;
13       }
14   private:                                   // 私有访问权限
15       int* m_dat;                            // 数据成员
16       int m_num;                             // 数据成员
17   };
18   IntSort::IntSort(int dat[], int num)       // 构造函数定义
19   : m_num(num)                               // 使用初始化成员列表初始化数据成员
20   {
21       m_dat = new int[num];
22       for(int i = 0; i<num; i++)
23           m_dat[i] = dat[i];
24   }
25   IntSort::~IntSort()                        // 析构函数定义
26   {   delete [] m_dat;
27   }
28   void IntSort::sort()                       // 成员函数定义
29   {
30       for (int i = 0; i<m_num - 1; i++)
```

```
31          {
32              for (int j = 0; j<m_num - 1 - i; j++)
33              {
34                  if (m_dat[j] >m_dat[j + 1])
35                  {
36                      int temp = m_dat[j];
37                      m_dat[j] = m_dat[j + 1];
38                      m_dat[j + 1] = temp;
39                  }
40              }
41          }
42  }
43  int main()
44  {
45      int dat[100];
46      int num;
47      cin>>num;                         // 输入数据个数
48      for(int i = 0; i<num; i++)
49          cin>>dat[i];                  // 输入数组数据
50      IntSortintdat(dat, num);          // 定义类对象
51      intdat.sort();                    // 调用类成员函数
52      int n = intdat.GetNum();          // 调用类成员函数
53      int* d = intdat.GetData();        // 调用类成员函数
54      for(int i = 0; i<n  i++)
55          cout<< *(d + i) <<" ";        // 输出排序结果
56      return 0;
57  }
```

不对 C 语言实现的代码进行解析，下面主要对 C++代码进行解析：

（1）第 3 行出现了关键字 class，这表示后面声明的是个类，有点类似 C 语言里的 struct。

（2）第 4 行和第 14 行分别出现了关键字 public 和 private，这表示后面出现的函数或变量的访问权限。

（3）第 19 行出现的"："及其后面的代码是初始化成员列表。

（4）第 21 行的 new 和第 26 行的 delete 是 C++针对内存动态分配增加的运算符，new 是分配内存，delete 是释放内存。

（5）第 18、25、28 行出现的"::"是 C++增加的作用域运算符。

（6）第 47、49 行是使用输入流对象 cin 和流提取运算符">>"输入一个整型。在 C 语言中输入整型是使用函数 scanf()。

在上面的 C++代码的注释说明中出现的构造函数、析构函数、成员函数、访问权限、初始化成员列表、类对象等概念和相关内容，我们将在第 3 章进行介绍。

下面分析一下这个例子的 C 代码和 C++代码的差别：

（1）C 代码的优点很明显就是简单易理解，而 C++代码就相对复杂难理解。

（2）C++代码的优点是相关数据和函数组成为一体（都包含在类里），而 C 代码中的数据 dat 和函数 sort()基本是独立的。

（3）C++代码因为有访问权限，所以能保护数据的安全，数据 m_num 和 m_dat 在类外是不能修改的，而 C 代码中的变量 num 和 dat 是可以随意修改的。

本示例程序的运行结果如图 1.13 所示。

```
5
20 5 11 7 14
5 7 11 14 20
```

图 1.13   运行结果

代码中的流提取运算符 ">>" 是 C++新增的运算符，cin 是输入流类 istream 定义的对象（详细的使用说明请参看第 8 章的内容）。

因为后续例子中基本都会涉及使用 C++的输入/输出流进行数据输入和数据输出，所以在这先简单介绍一下输入流类 istream 的 cin 对象和输出流类 ostream 的 cout 对象的使用。

cin 对象需要结合流提取运算符 ">>" 一起使用，">>" 也可以称为提取运算符或输入运算符。

cout 对象需要结合流插入运算符 "<<" 一起使用，"<<" 也可以称为插入运算符或输出运算符。

提取运算符 ">>"、插入运算符 "<<" 和 C 语言的右移运算符 ">>"、左移运算符 "<<" 完全一样，如何区分它们呢？从它们的操作数的类型上很难区分，右移运算符 ">>" 和左移运算符 "<<" 的左边和右边的操作数都必须是整型；而提取运算符 ">>" 左边的操作数是 istream 类型，插入运算符 "<<" 左边的操作数是 ostream 类型，这两者右边的操作数没有类型限制。

【示例程序 1.3】cin 和 cout 的使用。

```
1    // lz.1.3.cpp : cin 和 cout 的使用
2    #include <iostream>                    // 使用 cout、cin 需要的头文件
3    #using namespace std;                  // cout、cin 的定义属于命名空间 std
4    int main()
5    {   int i;
6        float f;
7        char str[30];
8        cin >> i;                          // 使用 cin 输入一个变量
9        cin >> f >> str;                   // 使用 cin 连续输入多个变量
10       cout << i << endl;                 // 使用 cout 输出一个变量
11       cout << f << " " << str;           // 使用 cout 连续输出多个变量
12       return 0;
13   }
```

程序解析：

（1）第 2、3 行必须有，保证能够使用 cout 和 cin。

（2）cin 可以连续输入多个变量，只是每个变量前面都要有提取运算符 ">>"。

（3）cout 可以连续输出多个变量，只是每个变量前面都要有插入运算符 "<<"。

（4）cout 可以输出常量字符串，如 cout<<"C++";。另外还可以输出 endl（第 10 行），表示换行。

下面的示例程序比较复杂，相当于一个小项目，因此只列出项目的一些需求，详细代码可从本书配套的下载资源中获取。

【示例程序 1.4】设计学生成绩管理系统，针对大学里学生的课程成绩进行管理。

本示例程序的简单说明如下：

（1）使用系统的用户有管理员（教学管理人员）、教师和学生。

（2）数据包括学生信息、教师信息、课程信息等。

（3）基本功能包括各种基本信息的维护（增加/修改/删除）、课程安排、成绩录入、成绩查询等。

本示例程序实现后的一些运行界面如图 1.14 所示。

（a）系统登录　　　　　　（b）系统主界面　　　　　（c）学生信息

图 1.14　一些运行界面

1.4　面向对象程序设计

本节将介绍面向对象程序设计相关的知识，包括一些基本概念、面向对象程序设计的特点和基于面向对象的软件开发。

1.4.1　基本概念

面向对象程序设计的思路和人们日常生活中处理问题的思路以及人们认知世界的方法非常相似。在自然界和社会生活中，事物无论简单或复杂，都可以看成"对象"。为了能进一步地说明，先介绍几个与面向对象程序设计相关的概念。

1. 对象

我们生活在一个丰富多彩的大千世界里，世界之大，无奇不有，但世界上的事物无论如何变化，都离不开一个词，那就是"对象"（Object）。客观世界中任何一个事物都是对象，小至一粒米、一根针、一本书，大到一个人、一个教研室、一所学校，都是对象。从哲学概念上讲，它们都是客观对象。同样，我们大脑中的概念和认识也是一些对象，是主观对象。一个对象既可以极其简单，也可以相当复杂。那么，它们具有相似性吗？回答是肯定的！我们先看一粒米，它首先是一粒米，其次它具有颜色（白），再就是它既可以食用也可以用作工业原料，等等；再来看一个人，首先，他有一个名字，如李雷，有一些关于他的身体素质情况（如性别、年龄、身高、体重等），还有一些对社会有益的技能（如精通计算机编程等）；最后看一所学校，它也有名字（如清华大学），还有它的教职工人数、学生人数和各种专业等。

从上面的分析可以得出，任何一个对象都包含属性（Attribute）和行为（Behavior）这两个要素。一个对象一般由一组属性和一组行为组成，对象能够通过接收来自外界的消息进行相应的操作，对象也可以给其他对象发送消息。

在一个系统（程序）中会包含许多对象，对象之间通过发送和接收消息互相联系（如图 1.15（a）所示），从而推动系统运行。

在 C++语言中，每个对象都是由"数据"和"函数（操作代码）"组成的，对象是面向对象程序设计的基本组成单位，如图 1.15（b）所示。"数据"就是"属性"的体现，而"函数"则是"行为"部分，函数通过对数据进行一系列操作来实现某些功能。

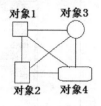

（a）对象之间互发消息

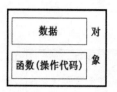

（b）C++对象组成

图 1.15　对象

2. 抽象

在程序设计方法中，会经常用到"抽象（Abstract）"这个名词。现实世界包含两大部分，也就是哲学的基本问题——物质和意识。其中"意识"对应的就是"抽象"概念。

抽象是从众多的事物中抽取出共同的、本质性的特征，而舍弃其非本质的特征的过程。比如示例程序 1.4 设计学生成绩管理系统，就需要使用抽象方法去分析学生对象，从而得到学生类，其本质的特征有学号、姓名、专业、成绩等，而非本质的特征有胖瘦、高矮、性格等。再比如苹果、香蕉、梨、葡萄、桃子等，它们共同的特征就是都属于水果类。因此，得出学生类、水果类概念的过程，就是一个抽象的过程。

抽象的作用是找出同一类事物的本质。C/C++语言中的基本数据类型就是对一批具体数据的抽象。例如，"整型"就是找出…, -2, -1, 0, 1, 2, 3…这些数的本质，也就是对所有整数的抽象。

面向对象的核心概念便是"抽象"，通过抽象得到类。类是对象的抽象，而对象是类的实例，也即是类的具体表现。类是抽象的，对象是具体的。

3. 封装与信息隐蔽

封装就是将对象的部分（甚至全部）属性和部分功能对外界屏蔽，外界对这些被屏蔽的部分不可见、不可知。这样做的好处是大大降低了人们操作对象的难度，使用对象的人可以完全不需要知道对象内部的细节，只需知道对象对外开放的功能就可以方便地操作对象。

日常生活中有许多这样的例子，比如使用智能手机照相，只需对准画面按下拍照键即可，用户不需要知道手机的硬件、软件的工作原理。也就是说，对象的内部实现和外部行为是分隔开的。

封装包含两个含义：一是将相关的数据和函数封装在一个对象中，形成一个基本单位；二是将对象中某些部分进行隐蔽，隐蔽内部的细节，只保留一些接口和外部联系，这种对外隐蔽的做法被称为信息隐蔽（Information Hiding）。信息隐蔽有利于数据安全，防止无关的人了解和修改数据。

C++的对象中的公有函数名就是对象的对外接口，外界通过这些函数名来调用这些函数完成某些功能。

4. 消息

消息是对象之间发出的行为请求。封装使对象成为一个相对独立的实体，而消息机制为它们提供了一个相互之间动态联系的途径，使对象的行为能互相配合，进而推动系统有机地运行。

对象通过对外提供的接口在系统中发挥自己的作用。当系统中的其他对象或系统命令请求这个对象去执行某个行为时，就向这个对象发送一个消息，这个对象就会响应这个消息请求，来完成指定的行为。在 C++中，消息其实就是函数调用。

5. 继承与重用

继承是一种现实世界中对象之间独特的关系，它使得某类对象可以继承另外一类对象的属性和行为。从一般概念上看，继承有"照搬使用"的意思。在面向对象程序设计中，继承的基本含义是一类（父类）对象具有另一类（子类）对象的特性（数据和操作）。例如，水果为父类，苹果为水果类的子类，梨也是水果类的子类，水果的特性自然为苹果和梨共享。

类通过继承可以形成类的继承层次结构，位于上层的类被称为父类或基类，位于下层从父类继承来的类被称为子类或派生类，继承示例如图 1.16 所示。

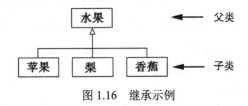

图 1.16　继承示例

C++语言提供了继承的机制，通过继承的方法可以非常容易地利用一个现有的类建立一个新的类，从而让新的类可以重用现有类的一部分甚至大部分的代码，这就大大减少了编程的工作量。这种方式就是"软件重用（Software Reusability）"的思想。软件重用不仅可以利用自己已经建立好的类，而且还可以利用别人开发的类或其他一些类库中的类，通过继承这些类并加以改进去实现自己想要的功能，大大缩短了软件开发周期，对于大型或者复杂软件系统的开发具有重要意义。

6. 多态性

多态（Polymorphism）出自希腊语 poly（许多）和 morphos（形状、状态），意为多个形状或多状态。多态的本质就是指一名多用，如多条同名的消息传递给不同的对象，消息引发的行为可能不同。比如，战时一群人同时听到空袭警报（同一个消息），而每个人对此事的反应是不同的，有的人马上组织人员疏散，有的人只顾自己逃命，有的人手足无措，这就是多态的最基本含义。现实世界中这种类似情况是很多的。

在 C++中，多态性是指由继承而产生的相关不同类，它们的对象对同一消息会做出不同的响应。多态性也是面向对象程序设计的重要特点，它会增加程序的灵活性。

继承性和多态性结合，可以让一系列对象既有相同的地方又有微妙的差别。由于继承性，让对象可以共享相同的特征；由于多态性，针对相同的消息，不同对象又可以有不同的响应，由此实现特性化的设计。

1.4.2　面向对象程序设计的特点

通过上面一些面向对象程序设计基本概念的介绍，可以总结出面向对象程序设计的四大特点：抽象性、封装性、继承性和多态性。

通过"抽象性"将同一类事物的共同特征概括出来，从而得到类并用类创建对象。抽象机制的一个优点就是对操作数据的代码局部化了，如果需要改变处理数据的代码，只需要在一个地方进行更改即可,而不必改动程序中所有访问数据的地方。

"封装性"是指保持抽象机制实现细节的独立性。抽象机制要求认真考虑对象的接口,确定用户可以看到的东西。正确的封装性不仅鼓励而且强制隐藏实现细节,这使得代码可以更可靠且更容易维护。

"继承性"可以让一个抽象(即类)重用另一个抽象的接口和实现,以已有代码为基础方便地扩充出新的功能和特性,从而达到代码扩充和代码重用的目的。

"多态性"在继承的基础上,派生出的不同种类的对象都具有相同名称的行为,而行为的具体实现方式却有所不同,从而可以设计和实现一个易于扩展的软件系统。

1.4.3 面向对象程序设计和面向过程程序设计的比较

20 世纪 80 年代之前流行的是面向过程程序设计,20 世纪 80 年代面向对象程序设计开始兴起。面向过程程序设计强调了功能抽象和模块性,围绕功能进行设计,用一个函数实现一个功能。面向对象程序设计则综合了功能抽象和数据抽象,它将解决问题看作一个分类演绎过程,抽象得到类,类包含了数据和操作数据的功能。

面向过程程序设计的数据都是公用的,一个函数可以使用任何一组数据,而一组数据又可能被多个函数使用,如图 1.17 所示。面向过程程序设计处理小型简单的程序比较有效,但随着社会的发展,人们的需求变为大型复杂软件系统。对于大型复杂软件系统的开发,面向过程程序设计逐渐暴露出它的不足:程序设计困难、代码重用程度低、数据不安全、代码升级和维护困难。

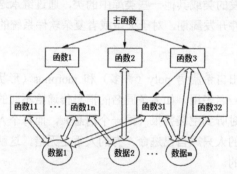

图 1.17 面向过程程序设计模型

面向对象程序设计采用的是另外一种思路,分析和设计面对的是一个个对象。数据和操作数据的功能封装在对象里,每个对象基本独立,对象之间耦合性比较低,使得程序设计难度降低,也保护了数据的安全。而通过继承可以非常方便地从已有类派生出新的类,实现代码重用。多态性和继承性可以让程序易于扩展,方便系统增加新功能。

因此面向对象程序设计有如下优点:软件设计开发方式更符合人们对现实世界的认知,提高了数据的安全性,有助于软件的升级维护和重用。

1.4.4 面向对象的软件开发方法

对于小型简单软件的开发,问题比较简单,从任务分析到编写程序,再到程序的调试,难度都不太大,可以由一个人或几个人的小组来完成。但对于大型复杂软件系统的开发,需要考虑的因素有很多，软件开发中所产生的错误有可能达到惊人的程度，这不是程序设计阶段能解决的。因此需要规范整个软件开发过程，明确软件开发过程中每个阶段的任务，并保证在上一阶段工作的正确性的情况下，再进行下一阶段的工作。这就是软件工程学需要研究和解决的问题。面向对象的软件工程包括以下 5 个阶段：

1. 面向对象分析（Object-Oriented Analysis，OOA）

在软件工程中的系统分析阶段，系统分析员要对用户的需求做出精确的分析和明确的描述。面向对象分析要按照面向对象的概念和方法，对要开发的软件系统的问题域和系统功能进行分析和理解，归纳出描述问题域和系统任务所需要的对象，包括对象的属性、行为以及它们之间的联系，并将具有相同属性和操作的对象用一个类来描述。建立一个能够真实反映问题域、满足用户需求的系统分析模型（OOA 模型）。

2. 面向对象设计（Object-Oriented Design，OOD）

面向对象设计就是在面向对象分析阶段形成的系统分析模型的基础上，继续运用面向对象方法，解决与实现有关的问题，产生一个符合具体实现条件且可以实现的系统设计模型（OOD 模型）。具体设计包含：首先进行类的设计，类设计包含类层次设计（利用继承），然后以这些类为基础提出程序设计的思路、方法以及算法的设计。

3. 面向对象编程（Object-Oriented Programming，OOP）

根据面向对象设计的结果，选择一种支持面向对象程序设计的计算机语言（如 C++、Java）来编写程序。

4. 面向对象测试（Object-Oriented Test，OOT）

在将程序写好后交给用户使用前，必须对程序进行严格的测试。测试的目的是尽可能发现程序中的错误并修改好这些错误。面向对象测试方法是以类为测试的基本单元。

5. 面向对象维护（Object-Oriented Soft Maintenance，OOSM）

正如对任何产品都需要进行售后服务和维护一样，软件在交付使用后也需要进行维护。软件使用时可能出现测试时没发现的错误，为此需要对软件进行纠错性维护。另外，还有软件开发商想改进软件的功能和性能而对软件进行的完善性维护，或者为了让软件适应新的运行环境而对软件进行的适应性维护等。因为对象的封装性，修改一个对象对其他对象的影响非常小，所以使用面向对象方法维护程序的效率更高。

在面向对象软件开发方法中，最早发展的是面向对象编程（OOP），那时 OOA 和 OOD 还未发展起来，程序设计者为了编写出面向对象的程序，还必须深入分析和设计领域（尤其设计领域），那时的 OOP 实际上包括现在的 OOA 和 OOD 两个阶段。因此早期的面向对象编程对程序设计者要求比较高，许多设计者都感觉困难。

现在对于大型软件的设计开发，是严格按照面向对象软件工程的 5 个阶段进行的，这 5 个阶段的工作不是由一个人从头到尾完成的，而是由不同的人分别完成的。这样，OOP 阶段的任务就比较简单了，程序开发人员只需要根据 OOD 设计的结果，使用面向对象语言编写出程序代码即可。在一个大型软件的开发中，OOP 只是面向对象开发过程中很小的部分。

如果所设计的是解决简单问题的程序，则不必严格按照以上 5 个阶段进行，往往由程序设计者按照面向对象的方法进行程序设计，包括设计类或者选用现有的类以及实现程序的代码。

1.5　本章小结

在这一章中，首先介绍了 C++的发展历史，接着介绍了 Windows 系统下十分流行的 C++开发环境 Microsoft Visual Studio，然后介绍了如何编写简单的 C++程序，最后介绍了面向对象程序设计的基本概念、面向对象程序设计的特点以及面向对象的软件开发方法。

总结

- C++语言是在 C 语言基础上扩展而来的，是 C 语言的增强版。
- C++语言是一种混合编程语言，既支持面向对象程序设计也支持面向过程程序设计。
- Microsoft Visual Studio 是 Windows 系统下十分流行的 C++集成开发环境（IDE）。
- cin 对象结合流提取运算符">>"一起使用可以从标准设备（比如键盘）获得输入。
- cout 对象结合流插入运算符"<<"一起使用可以向标准设备（比如显示器）进行输出。
- 任何一个对象都包含属性和行为这两个要素。
- 一个系统（程序）中会包含许多对象，对象之间通过发送和接收消息互相联系，从而推动系统运行。
- 对象是面向对象程序设计的基本组成单位。
- 在 C++语言中，每个对象都是由"数据"和"函数（操作代码）"组成的。
- 抽象的作用是找出同一类事物的本质。面向对象的核心概念便是"抽象"，通过抽象得到类。
- 类是对象的抽象，而对象是类的实例，也即是类的具体表现。类是抽象的，对象是具体的。
- 封装是将对象的部分（甚至全部）属性和部分功能对外界屏蔽，外界对这些被屏蔽的部分不可见、不可知。
- 对象隐蔽内部的细节，只保留一些接口和外部联系，这种做法被称为信息隐蔽。信息隐蔽有利于数据安全，防止无关的人了解和修改数据。
- C++的对象中的公有函数名就是对象的对外接口。
- 消息是对象之间发出的行为请求。在 C++中，消息就是函数调用。
- 继承是一种现实世界中对象之间独特的关系，它使得某类对象可以继承另外一类对象的属性和行为。
- 类通过继承形成类的继承层次结构，位于上层的类被称为父类或基类，位于下层从父类继承来的类被称为子类或派生类。
- 通过继承可以让新的类重用现有类的一部分甚至大部分的代码，这就大大减少了编程的工作量。这就是"软件重用"的思想。
- 多态性是指由继承而产生的相关不同类，它们的对象对同一消息会做出不同的响应。

- 面向对象程序设计的四大特点：抽象性、封装性、继承性和多态性。
- 面向对象程序设计的优点：软件设计开发方式更符合人们对现实世界的认知，提高了数据的安全性，有助于软件的升级维护和重用。
- 面向对象的软件工程包括：面向对象分析（OOA）、面向对象设计（OOD）、面向对象编程（OOP）、面向对象测试（OOT）和面向对象维护（OOSM）。

本章习题

1. 填空题。

（1）C++语言是一种_____编程语言，既支持_____也支持面向过程程序设计。

（2）对象包括两个属性：_____和_____。

（3）面向对象程序设计的四大特点是_____、_____、_____和多态性。

（4）类是对象的_____，而对象是类的_____。

（5）C++中对象的对外接口就是对象的_____。

（6）多态性是指由继承而产生的相关不同类，它们的对象对同一消息会做出_____。

（7）面向对象程序设计的基本组成单位是_____。

（8）Windows 系统下最流行的 C++集成开发环境是_____。

2. 面向对象的软件工程都包括哪些？

3. 说说面向对象程序设计和面向过程程序设计的区别。

4. 列举两个书中没提到的现实世界中对象的例子，并给出它们的一些属性和行为。

5. 使用 C++语法，输入 4×4 的二维数组，找出每行中最大且每列中最小的元素并输出。

第 2 章

C++扩充知识

2

本章学习目标

- 了解 C++标准库
- C++如何使用字符串
- C++如何定义常量
- 什么是引用及如何使用引用参数
- C++的函数声明
- 什么是默认实参
- 如何定义函数重载
- 什么是内置函数
- 什么是作用域
- C++如何动态管理内存

上一章介绍了 C++的基础知识，本章将讨论基于过程编程相对于 C 语言扩充的内容。首先是介绍 C++的标准库，介绍一些不同于 C 标准库的内容，然后讨论一些 C++扩充的知识，这些知识增强了 C++基于过程编程的功能和语法。

2.1 C++标准库头文件

C++标准库分为很多个部分，每个部分都有自己的头文件。头文件不仅包含了标准库的各个部分的相关函数原型，还包含了这些函数所需的各种类类型以及常量的定义，头文件可以"指导"编译器该怎样处理标准库和用户编写的组件的接口问题。

表 2.1 列出了一些常用的 C++标准库头文件，其中的一些头文件本书稍后会进行讨论。以.h 为后缀的头文件是旧式的头文件，已经被没有.h 后缀的 C++标准库头文件所取代。在本书中我们只使

用 C++标准库版本的头文件，以保证我们的例子可以用大多数编译器正常编译。

表 2.1 常用的 C++标准库头文件

C++标准库头文件	说明
<iostream>	该头文件在 1.3 节已使用，它包含 C++标准输入和输出函数的函数原型，已取代头文件< iostream.h>
<fstream>	该头文件包含由磁盘文件输入和向磁盘文件输出的函数的函数原型，已取代头文件<fstream.h>
<iomanip>	该头文件将在 8.4 节使用，它包含格式化数据流的流运算符的函数原型
<cmath>	该头文件包含了教学库函数的函数原型，已取代头文件<math.h>
<cstdlib>	该头文件包含了字符串和数的相互转换、内存分配、随机数和其他几种工具函数的函数原型，已取代头文件<stdlib.h>
<cstdio>	该头文件包含 C 标准输入和输出库函数的函数原型及这些函数所用的信息，已取代头文件<stdio.h>
<ctime>	该头文件包含维护时间和日期的函数原型和类型，已取代头文件<time.h>，该头文件将在 4.8 节使用
<cstring>	该头文件包含 C 风格字符串处理函数的函数原型，已取代头文件<string.h>
<string>	该头文件包含 C++处理字符串的 string 类的定义
<memory>	该头文件包含 C++用来分配内存的类和函数
<cassert>	该头文件包含辅助程序调试的添加诊断的宏，已取代了头文件<assert.h>
<exception>, <stdexcept>	这两个头文件包含用于异常处理的类。所谓异常处理是一种技术，它允许程序解决（或者处理）在其运行期间发生的问题，该头文件将在第 9 章讨论
<locale>	该头文件包含一般流处理所用的类和函数，用来处理不同语言自然形式的数据（本地化）
<utility>	该头文件包含被许多 C++标准库头文件所用的类和函数

2.2 字符串类

C++的 string 类提供了字符串处理操作，如复制、比较等，所有支持字符串处理的操作都可在命名空间 std 中定义。如果要使用 string 类，需要包含头文件<string>。

2.2.1 定义字符串变量

下面是使用 string 定义字符串变量的例子：

```
string s1;
string s2("C++ language");
```

s1 定义了一个空字符串变量（使用 string 类的默认构造函数创建 string 对象）。s2 定义了一个字符串为"C++ language"的变量（使用 string 类的带参数构造函数创建 string 对象）。字符串变量的定义和基本数据类型变量的定义大体类似。

2.2.2　字符串的赋值和连接

字符串变量可以赋值，下面是字符串变量赋值的例子：

```
string s1;
string s2("C++ language");
    s1 = "C language";
    s1 = s2;
```

可以使用常量字符串给字符串变量赋值，也可以使用字符串变量给字符串变量赋值。这类似 C 风格字符串中使用的 strcpy()函数。

字符串变量还可以使用运算符"+"连接，通过"+"可以将两个字符串变量或者一个字符串变量和一个常量字符串连接在一起组成一个新字符串。下面是字符串变量连接的例子：

```
string s1("C++ ");
string s2(" language");
string s3 = s1 + s2;
string s4 = "C++ " + s2;
string s5 = s1 + " language";
```

这种字符串变量连接类似 C 风格字符串中使用的 strcat()函数。

2.2.3　字符串的比较

要比较字符串变量，可以和基本数据类型一样使用关系运算符。下面是字符串变量比较的例子：

```
string s1("C++ ");
string s2(" language");
    if( s1 == s2 )  cout <<"字符串 s1,s2 相同";
    if( s1 > s2 )  cout <<"字符串 s1 大于 s2";
    if( s1 < s2 )  cout <<"字符串 s1 小于 s2";
```

可以看出字符串可以方便地使用关系运算符，而 C 风格字符串的比较是使用 strcmp()函数。

2.2.4　字符串替换

如果只是替换字符串中的单个字符则比较简单，只需要使用下标运算符"[ ]"即可，如下例子：

```
string s1("C language");
    s1[0] = 'B';
```

string 类还提供了 replace()函数替换字符串，如下例子：

```
string s1("C language");
    s1.replace(0, 1, "C++");
```

replace()函数三个参数分别是：需要被替换的起始位置、被替换的长度、替换后的字符串。所以上面例子执行后 s1 字符串变为"C++ language"。

2.2.5　string 类的特性

string 类提供了如下函数来获得字符串变量的特性

```
1 int length() const;          // 返回当前字符串的长度
2 bool empty() const;          // 判断当前字符串是否为空
3 int capacity() const;        // 返回当前变量的容量
```

下面是这些函数的使用范例：

```
string s1("C language");
    cout << "s1 长度是" << s1.length();
    if( s1.empty() == true ) cout << "s1 字符串为空";
    cout << "s1 变量容量为" << s1.capacity();
```

注意 length()返回的值通常小于 capacity()返回的值，capacity()返回值表示该 string 变量可能容纳的最大字符串的长度。length()函数类似 C 风格字符串中使用的 strlen()函数。

下面通过一个示例程序来说明 string 类的使用。

【示例程序 2.1】实现一个简单的登录功能，通过判断输入的用户名来确定能否登录。为了简化代码，已经注册的用户名放在一个数组变量里，读者也可以使用文件存储来完善这个例子（C++中有关文件操作的内容可参见第 8 章）。

```
1    // lz2.1.cpp：用户登录功能
2    #include <string>                              // 包含字符串类 string
3    #include <iostream>                            // 使用 cout, cin 需要的头文件
4    using namespace std;                           // string 类定义在命名空间 std 下
5    bool logon(string name)                        // 登录函数
6    {    string users[] = { "zhang", "li", "wang" }; // 已注册的用户
7         for(int i = 0; i < 3; i++){
8             if( name == users[i] ) return true;
9         }
10        return false;
11   }
12   int main()
13   {    string name;
14        cout << "输入用户名:";
15        cin >> name;                              // 使用 cin 输入用户名
16        if( logon(name) == true )
17            cout << "登录成功";
18        else
19            cout << "登录失败";
20        return 0;
21   }
```

程序解析：

（1）第 2、4 行是使用 string 类所需要的头文件<string>，以及定义了该类的命名空间 std。

（2）第 5~11 行定义了实现登录的函数 logon，函数参数是当前输入的用户名。函数中的数组保存的是已注册的用户。

（3）第 7~9 行将输入的用户名和已注册的用户逐一比较，判断是否相同，使用的是关系运算符 "=="。如果相同就返回 true。

（4）第 15 行是通过 cin 从键盘输入数据到 string 变量。

本示例程序的运行结果如图 2.1 所示。

```
输入用户名:li
登录成功_
```

图 2.1　运行结果

2.3   const 定义常量

使用 const 定义常量在 C 语言也有使用，但 C 语言更习惯使用#define 指令米定义常量。

这两者的相同点是常量在程序执行期间不能被改变，但 const 定义的常量具有变量的属性，有数据类型，占用内存空间，可以使用指针，编译时会进行类型检查，所以相对更安全。因此在 C++中会更提倡使用 const 定义常量。

当然，在 C++中 const 不仅仅只是用来定义常量，还可以将 const 和引用结合作为函数参数使用，以及修饰类的对象和成员函数（const 对象和 const 成员函数，参见 4.3 节的内容）。

下面是使用 const 定义常量的例子：

```
const double Pie = 3.14159;
```

这里定义一个圆周率常量。注意：定义 const 常量时一定要对其初始化，如果没有初始化，则编译会报错（error C2734: 'Pie' : const object must be initialized）。

const 的本质是表示不能修改，因此 const 定义的变量不能修改（常量），const 定义的函数参数表示函数中不能修改该参数，const 对象和 const 成员函数也都不能修改（详见 4.3 节的介绍）。

2.4   引用和引用参数

引用是 C++语言对 C 语言的重要扩充，主要是为了改善函数参数传递时的性能。

2.4.1   引用

引用变量就是给已存在的变量取一个别名，目的是为了在需要时能方便地间接使用原变量。引用变量一定要和一个已存在的变量绑定，而且必须在定义引用变量的同时进行绑定，并且引用变量的类型和绑定变量的类型必须相同。被绑定的变量也称为"引用物"。

引用变量绑定已存在的变量后就不能改变，而且引用变量在定义时不需要分配内存空间，它和绑定的变量拥有同一个内存空间。严格来说定义引用变量不是创建新变量，而只是给一个已存在的变量声明一个别名。

定义引用变量需要使用引用声明符（&），其和取地址运算符（&）相同，那么使用时如何区分它们呢？这种情况和"*"既是"指针声明符"也是"解地址运算符"（取指针地址内容）一样，"*"和类型结合形成指针类型，同样"&"和类型结合形成引用类型。因此引用声明符（&）不会单独使用，必须和类型结合使用。

还有一种判断方法，通常如果是左值（位于"="左边、函数形参、函数返回值）就是引用声明符，表示引用；如果是右值（位于"="右边、函数实参）就是取地址运算符，表示地址。

当然，引用也有可能为右值，在 C++11 标准中引入了右值引用，右值引用声明符是"&&"。实际应用中右值引用相对较少，所以关于右值引用的使用读者可参看相关文献，本书主要讨论"&"的使用。

下面通过一些例子，让大家了解如何定义引用变量，以及"&"的使用区别：

```
int x;
int &rx = x;          // 定义引用 rx 绑定变量 x，即 x 有另一个名字 rx
int* px = &x;         // 定义一个指针变量 px，px 指向 x 的地址
```

下面是引用使用错误的例子：

```
Int &rx;              // 错误，没绑定变量（没初始化）
Int &rc = 100;        // 错误，不能绑定常量
int y;
float &ry = y;        // 错误，绑定的变量类型不同
```

上面的语句编译时分别会出现以下错误："error C2530: 'rx' : references must be initialized""error C2440: 'initializing' : cannot convert from 'int' to 'int &'"和"error C2440: 'initializing' : cannot convert from 'int' to 'float &'"。

下面通过一个示例程序来简单演示引用的使用。

【示例程序 2.2】引用的使用，以及引用和引用物的关系示例。

```
1    // lz2.2.cpp : 引用的使用，引用和引用物的关系
2    #include <iostream>
3    using namespace std;
4    int main()
5    {   int x = 10;
6        int &rx = x;
7        cout << "x=" << x << endl;
8        cout << "rx=" << rx << endl;
9        rx = 100;
10       cout << "rx改为100, x=" << x << endl;
11       x = 200;
12       cout << "x改为200, rx=" << rx << endl;
13       cout << "x 地址=" <<&x << endl;
14       cout << "rx 地址=" <<&rx << endl;
15       return 0;
16   }
```

程序解析：

（1）第 6 行定义了引用变量 rx，绑定变量 x。第 7、8 行输出 x、rx 值，输出值应该一样。

（2）第 9 行修改 rx 的值为 100，第 10 行输出 x 值，输出值应该为 100。

（3）第 11 行修改 x 的值为 200，第 12 行输出 rx 值，输出值应该为 200。

（4）第 13、14 行分别输出 x 和 rx 的内存地址，输出的地址值应该相同。

图 2.2 所示的程序运行结果证实了上面的分析，也就说明了引用变量 rx 和引用物 x 是同一个变量，只是名字不同而已。

```
x=10
rx=10
rx改为100, x=100
x改为200, rx=200
x地址=0018FF28
rx地址=0018FF28
```

图 2.2　运行结果

2.4.2 引用参数

在许多编程语言中都有按值传递（Pass-By-Value）和按引用传递（Pass-By-Reference）这两种函数参数传递方式。当用按值传递的方式传递参数时，会在函数调用堆栈上复制一份实参值的副本，然后将副本传递给被调用的函数。对副本的修改不影响调用的原始实参的值。前面的程序中传递的每个实参都是按值传递的。

按值传递的好处就是防止了对数据的不可靠的修改。但按值传递的主要缺点是：如果有一个大的数据参数需要传递，那么复制这个数据参数就需要花费大量的时间和内存空间。

C 语言中，函数如果需要修改实参数据，通常是通过指针参数传递实参的地址来实现。这就是按地址传递（Pass-By-Address）的函数参数传递方式，但有些编程语言（比如 Java、Python 等）没有这种函数参数传递方式。

C++语言中，增加了按引用传递的函数参数传递方式，它也可以达到在函数中修改实参数据的效果。

下面通过示例程序来演示这三种函数参数传递方式的效果。

【示例程序 2.3】 实现交换两个整型变量数据的函数。

```
1    // lz2.3.cpp : 交换两个整型变量数据，演示不同的参数传递方式
2    #include <iostream>
3    using namespace std;
4    void swap1(int x, int y)              // 参数按值传递
5    {    int tmp = x;
6         x = y;
7         y = tmp;
8    }
9    void swap2(int *px, int* py)          // 参数按地址传递
10   {    int tmp = *px;
11        *px = *py;
12        *py = tmp;
13   }
14   void swap3(int& x, int& y)            // 参数按引用传递
15   {    int tmp = x;
16        x = y;
17        y = tmp;
18   }
19   int main()
20   {    int i = 10;
21        int j = 20;
22        cout << "i=" << i << "; j=" << j <<endl;
23        cout << "参数按值传递: " ;
24        swap1(i, j);
25        cout << "i=" << i << "; j=" << j <<endl;
26        cout << "参数按地址传递: " ;
27        swap2(&i, &j);
28        cout << "i=" << i << "; j=" << j <<endl;
29        cout << "参数按引用传递: " ;
30        swap3(i, j);
31        cout << "i=" << i << "; j=" << j <<endl;
32        return 0;
33   }
```

程序解析：

（1）第 4~8 行 swap1()函数是按值传递参数，第 9~13 行 swap2()函数是按地址传递参数，第 14~18 行 swap3()函数是按引用传递参数。

（2）第 24 行调用 swap1()函数，函数中的参数 x、y 分别是实参 i、j 的副本，对 x、y 如何操作和 i、j 无关，因此不能达到交换 i、j 数据的目的。

（3）第 27 行调用 swap2()函数，函数中的参数 px、py 分别是实参 i、j 的地址，通过操作 i、j 的地址可以修改 i、j 的数据，因此能达到交换 i、j 数据的目的。

（4）第 30 行调用 swap3()函数，函数中的参数 x、y 分别是实参 i、j 的引用，即 x 就是 i，y 就是 j，修改 x、y 其实就是修改 i、j，所以能达到交换 i、j 数据的目的。

对比上面三个函数的代码和执行结果可以得出：

（1）按引用传递参数的函数和按值传递参数的函数代码完全一样，区别就在于形参定义的不同。

（2）按引用传递参数的函数和按地址传递参数的函数的执行结果完全一样，但按地址传递参数的函数代码和调用此函数的代码更加复杂，而且可能还要考虑指针的安全性。

（3）从性能比较，按引用传递参数方式最优，因为其他两种方式都需要复制实参的副本。

本示例程序的运行结果如图 2.3 所示，从输出结果可以证实上面的分析。

```
i=10; j=20
参数按值传递: i=10; j=20
参数按地址传递: i=20; j=10
参数按引用传递: i=10; j=20
```

图 2.3　运行结果

2.4.3　引用的特别说明

下面对引用的概念和引用的使用给出几点特别的说明：

（1）引用不是单独类型，而是需要和其他类型结合形成的组合类型（类似指针）。

（2）引用在定义时必须绑定同类型的变量（引用物）。

（3）引用变量不能修改，即引用变量只能绑定一个变量。

（4）引用变量和绑定的变量（引用物）共享同一内存单元，不需要给引用变量分配内存。

（5）函数如果需要修改实参数据，在实现同样功能的情况下，通常优先选择按引用传递参数。

（6）函数如果不修改实参数据，在实现同样功能的情况下，通常优先按 const 引用传递参数。虽然按引用传递参数表示函数中参数和实参是同一个变量，但 2.3 节已经提到使用 const 定义函数参数就表示不能修改该参数，也就是不能修改实参。

2.5　函数声明和实参类型转换

函数声明（也称为函数原型）会告诉编译器函数的名称、函数返回数据的类型、函数预期接收的参数个数以及参数的类型和顺序。

如果函数在调用前已经定义了，那么函数就不是必须要声明的。如果在函数定义前调用了函数，就需要给出函数声明，否则编译就会报错"error C3861: '###': identifier not found"（###是调用的函数名）。

2.1 节介绍的 C++标准库头文件包含了 C++标准库函数的函数声明，所以要调用 C++标准库函数就需要使用#include 包含相应的头文件。

函数声明有一个重要特性是"实参类型强制转换"，即把实参类型强制转换为函数声明中的形参类型。比如，程序调用一个函数时可以使用整型实参，即使该函数原型指定的是 double 类型的参数，函数也还是会正常执行。

当函数实参类型同函数声明中的形参类型并不完全对应时，编译器会在调用函数前把实参隐式转换成适当的类型。这种转换遵守 C++的升级规则，升级规则指出了如何在类型间进行无数据丢失的转换。升级规则定义了基本数据类型的升级层次，从低类型转换为高类型没有问题，而从高类型转换为低类型可能会造成数据丢失或产生不正确值的问题。当出现高类型转换为低类型这种情况时，某些编译器会发出警告。

表 2.2 给出了基本数据类型从高类型到低类型的排列顺序。

表 2.2   基本数据类型的层次顺序

序号	数据类型
1	long double
2	double
3	float
4	unsigned long int （与 unsigned long 相同）
5	long int （与 long 相同）
6	unsigned int （与 unsigned 相同）
7	int
8	unsigned short int （与 unsigned short 相同）
9	short int （与 short 相同）
10	unsigned char
11	char
12	bool

当函数调用时，实参和形参类型不匹配且不能隐式转换为匹配类型时，编译器会报错。

2.6   默认实参

程序中会出现这样的情况，即重复调用函数时对某个特定的形参一直用相同的实参。为方便并简化这种调用情况，C++语言提供了默认实参。

默认实参（默认参数）是给某些形参提供一个默认值（调用时经常使用的实参值），当一个程序在函数调用时对于有默认实参的形参省略了其对应的实参时，编译器重写这个函数调用并且插入该实参的默认值作为函数调用所传递的实参。

默认实参必须是函数参数列表中最靠右边（尾部）的参数。当调用具有两个或者更多个默认实参的函数时，如果省略的实参不是参数列表中最靠右边的参数，那么该实参右边的所有参数也必须被省略。

默认实参应该在函数名第一次出现时指定，通常是在函数声明中。如果将函数定义作为函数声明，那么默认实参应该在函数首部中指定。默认值可以是任何表达式，包括常量、全局变量等。

下面是默认参数的例子：

```
1    float area(float width, float height = 10)
2    {    return width * height;    }
3    int main()
4    {    area(20, 10);
5         area(20);
6         return 0;
7    }
```

程序解析：

（1）第 1 行函数 area()定义了一个默认参数 height，默认值为 10。

（2）第 4 行调用函数 area()，两个参数都传入实参，height 为 10。第 5 行调用函数 area()，只传入一个实参，另外一个使用默认参数 10，所以 height 也为 10。因此这两个调用的返回结果相同。

2.7 作用域和作用域运算符

程序中标识符（变量、函数、类等）可以使用的范围称作标识符的作用域。例如，如果在一个语句块中声明一个局部变量，那么就只能在那个语句块及其包含的语句块中引用该变量。

本节讨论标识符的两种作用域：文件作用域（全局作用域）、语句块作用域（局部作用域）。后面我们还会看到其他两种作用域：类作用域（参见第 3 章）和命名空间作用域（参见第 9 章）。

文件作用域：声明于任何函数或者类之外的标识符具有文件作用域，也称为全局作用域。这种标识符对于从其声明处开始直到文件结尾处为止出现的所有代码都是"可见"的，即可访问的。位于函数之外的全局变量、函数定义和函数声明都具有文件作用域。

语句块作用域：在一个语句块中声明的标识符具有语句块作用域，也称为局部作用域。语句块作用域开始于标识符的声明处，结束于标识符声明所在的语句块的结束右花括号（}）处。函数是比较特殊的语句块作用域，函数参数也是函数的局部变量，同样属于语句块作用域。任何语句块都可以用变量声明。

隐藏机制：如果语句块是嵌套的，当外层语句块中的一个标识符和内层语句块中的一个标识符具有相同的名字时，外层语句块的标识符处于隐藏状态，直到内层语句块的执行结束为止，但尽量避免出现这种情况。声明为 static 的局部变量具有语句块作用域，虽然它们从程序开始执行时就一直存在，但不影响标识符的作用域。如果在语句块作用域中出现和文件作用域相同的标识符（即局部变量和全局变量同名），同样会让文件作用域的标识符处于隐藏状态。

作用域运算符：如果语句块作用域中需要使用文件作用域中的同名标识符，那该如何解决呢？C++提供了作用域运算符"::"，可以使我们在某作用域中使用其他作用域中的标识符，即在同名标识符之前加其他作用域名称和"::"。文件作用域（全局作用域）是匿名的，只需要在同名标识符之

前加 "::"。但不能通过作用域运算符访问外层语句块中具有相同名字的局部变量，因为外层语句块没有作用域名。

下面通过示例程序来了解作用域和作用域运算符的使用方法。

【示例程序 2.4】了解作用域以及作用域运算符的使用方法。

```cpp
1    // lz2.4.cpp ：了解作用域以及作用域运算符的使用方法
2    #include <string>
3    #include <iostream>
4    using namespace std;
5    string str = "全局变量";                    // 文件作用域/全局作用域
6    int main()
7    {                                           // 语句块（函数）开始
8        string str = "局部变量";
9        cout << ::str << endl;                  // 访问全局作用域的变量
10       {                                       // 语句块开始
11           string str = "语句块内变量";
12           cout << str << endl;
13       }                                       // 语句块结束
14       cout << str << endl;
15       return 0;
16   }                                           // 语句块（函数）结束
```

程序解析：

（1）代码中有三个作用域：main()函数之外的文件作用域、第 6~16 行的语句块（函数）作用域以及第 10~13 行嵌套在外部语句块作用域内的语句块作用域。在这三个作用域中都定义了变量 str。

（2）第 9 行输出 str 变量，因为变量前面加了 "::"，代表的是全局作用域的变量 str，因此输出全局变量。

（3）第 12 行输出 str 变量，因为该变量隐藏其外部语句块作用域（包括全局作用域）的同名变量，只有本语句块内的 str "可见"，所以输出语句块内变量。

（4）第 14 行输出 str 变量，因为已经退出了嵌套的语句块作用域，所以该语句块作用域里的变量已经自动销毁了。而此时外部语句块作用域中的 str 变量会隐藏掉全局域作用域的 str，因此输出局部变量。

本示例程序的运行结果如图 2.4 所示，图中结果证实了上面的分析。

图 2.4　运行结果

作用域运算符不仅仅是为了解决在语句块作用域中（局部变量）使用文件作用域中（全局变量）的同名标识符的问题，更主要是为了解决后面要介绍的类作用域和命名空间作用域的相关使用问题。

2.8　函数重载

C 语言编程会出现不同名字的函数执行同一类操作的现象，但 C 语言不允许有同名函数。而C++允许定义多个具有相同名字的函数，只要这些函数的参数不同（至少参数类型或者参数数量或者参数类型的顺序不同），这种特性称为函数重载（Function Overloading）。当调用一个重载函数时，C++编译器通过检查函数调用中的实参数目、类型和顺序来选择恰当的函数。函数重载通常用于创建执行相似任务，但却是作用于不同的数据类型的具有相同名字的多个函数，使用函数重载可以使程序更易阅读和理解。比如，C++标准库的数学库中的许多函数对于不同的数据类型就是重载的。

C++语言因为可以有许多不同的作用域，但通过作用域名和作用域运算符可以区分不同作用域中的同名函数，所以函数重载指的是同一作用域下的同名函数。

下面给出函数重载定义的规则：

（1）函数必须是在同一作用域下。

（2）函数之间的参数列表不同：参数数量不同、参数类型不同。

（3）判断参数数量是否相同时不计算默认参数。

（4）不考虑函数返回类型。

（5）const 成员函数和非 const 成员函数不同（参见 4.3 节的相关内容）。

下面对这些规则做如下解释：

（1）当为了区分参数列表是否相同时只计算出现在默认参数之前的参数个数，比如 f(int x, int y, int z = 0)的参数数量就为 2。当两个同名函数参数数量不同时就表示符合函数重载规则。

（2）当两个同名函数参数数量相同时就需要逐一比较相同顺序的参数类型，只要参数类型不同就表示符合函数重载规则。

函数重载是针对执行相似任务的函数，但函数的功能还是有差别的。函数调用时如何在多个同名函数中找到自己需要的函数？C++是通过实参类型和形参类型的匹配来完成的：首先实参的数量必须和形参数量一致（任何函数调用都需要满足这个条件），然后逐一匹配实参和形参的类型，找到完全匹配的函数就调用该函数。但如果没有找到实参类型和形参类型匹配的函数，编译器就可能会报错 "error C2665: '###' : none of the 3 overloads could convert all the argument types"（###是调用函数名）。

下面通过示例程序来演示函数重载的使用。

【示例程序 2.5】实现比较整型、浮点型和字符型数据的功能。

```
1   // lz2.5.cpp ：比较整型、浮点型和字符型数据
2   #include <iostream>
3   using namespace std;
4   int compare(int x, int y)              // 比较整型数据
5   {   cout << "比较整型数据" << endl;
6       if( x == y ) return 0;
7       return ( x > y) ? 1 : -1;
8   }
9   int compare(float x, float y)          // 比较浮点型数据
10  {   cout << "比较浮点型数据" << endl;
11      if( x == y ) return 0;
12      return ( x > y) ? 1 : -1;
13  }
14  int compare(char x, char y)            // 比较字符型数据
15  {   cout << "比较字符型数据" << endl;
16      if( x == y ) return 0;
17      return ( x > y) ? 1 : -1;
```

```
18  }
19  int main()
20  {    int ret = compare(20, 10);
21       float i = 3.5, j = 6.8;
22       ret = compare(i, j);
23       char k = 'z';
24       ret = compare('a', k);
25       return 0;
26  }
```

程序解析：

（1）第 4~8 行、第 9~13 行、第 14~18 行定义了 3 个同名的 compare()函数，也就是函数重载，它们的参数数量都是 2 个，但参数类型都不同，分别是整型、浮点型和字符型，符合函数重载规则。

（2）第 20、22、24 行都调用 compare()函数。第 20 行传入的实参是整型常量，因此第 4 行定义的函数和它匹配。第 22 行传入的实参是浮点型变量，因此第 9 行定义的函数和它匹配。第 24 行传入的实参是字符型常量和字符型变量，因此第 14 行定义的函数和它匹配。

本示例程序的运行结果如图 2.5 所示，图中的结果证实了上面的分析。

```
比较整型数据
比较浮点型数据
比较字符型数据
```

图 2.5   运行结果

2.9   内置（内联）函数

C 语言的基本组成单元是函数，通过一组函数实现不同的功能，最后组成完整的程序。从软件工程的角度来看，把程序通过一组函数来实现是不错的方法，但是函数调用涉及执行时间的开销。C++提供了内置函数（Inline Function，也称为内联函数）来减少函数调用的开销——特别是对于小函数。在函数定义中把关键字 inline 放在函数的返回类型的前面会"建议"编译器在适当的地方生成函数代码的副本以避免函数调用。这种折中办法是把函数代码的多个副本插入到程序中（通常会使程序变大），而不是仅有一份函数代码，每次调用函数时都跳转到这份函数代码，把控制权传递给它。

前面提到 inline 是给编译器的"建议"，而在函数调用处是否插入函数代码的副本由编译器来决定，因此 inline 不是强制性的。

使用内置函数可以减少程序的执行时间，但会增加程序尺寸（用空间换时间）。如果内置函数太大会大大增加程序的大小，如果内置函数不是经常被调用，则其节省的时间可能微不足道。因此，内置函数通常只适用于小的、频繁被调用的函数。

另外要注意的是，在调用内置函数之前必须知道内置函数完整的定义，因为编译器需要将完整的函数代码插入到函数调用处。因此可重用的内置函数一般都放在头文件中，以便使用它们的每个源文件都能包含它们的定义。

下面通过一个示例程序来了解内置函数的使用。

【示例程序 2.6】定义和调用内置函数。

```
1    // lz2.6.cpp : 内置函数的使用
2    #include <iostream>
3    using namespace std;
4    inline int area(int width, int height)
5    {    return width * height; }
6    int main()
7    {    area(10, 20);
8         return 0;
9    }
```

程序解析：

（1）第 4、5 行定义了内置函数 area()，只需要在一般函数定义的函数返回类型前添加关键字 inline。

（2）第 7 行是调用内置函数 area()，和调用一般函数基本一样，区别只是在编译器生成可执行程序时产生内置函数的副本代码。

2.10　使用 new 和 delete 运算符动态管理内存

在软件开发中，经常需要动态分配和释放内存空间。在 C 语言中是使用一些库函数来动态分配和释放内存空间，表 2.3 为 C 语言中常用的与动态管理内存相关的库函数。

表 2.3　动态管理内存的库函数

函数	说明
void*malloc(size_t size);	在堆（heap）中分配内存空间，size 是分配的字节数
void*calloc(size_t num, size_t size);	在堆中分配内存空间，并用 0 初始化每个元素，num 是元素数量，size 是每个元素的字节数
void*realloc(void *memblock, size_t size);	在堆中重新分配内存块，memblock 指向已分配的内存块，size 是新分配的字节数
void free(void *memblock);	释放已分配的内存块，memblock 指向已分配的内存块
void *alloca(size_t size);	在栈（stack）中分配存储空间，使用完毕会自动释放，size 是分配的字节数。但栈中可使用的空间非常小

C++语言增加了运算符 new 和 delete 来实现动态分配和释放内存空间。运算符 new 和 delete 相对 C 语言的库函数来说更简便且功能更强，在 C++代码基本都使用 new 和 delete 进行动态内存的分配和释放。

下面是运算符 new 和 delete 的使用形式，它们都有两种形式，而且是一一对应的。

（1）为单个变量分配内存和释放单个变量的内存：

```
类型* p = new 类型 (初值);
delete p;
```

初值表示给变量分配内存空间的同时初始化的值，但这不是必需的，可以忽略。

（2）为多个变量分配内存和释放多个变量的内存：

```
    类型* p = new 类型[size];
delete [] p;
```

new [] 相当于分配数组，size 代表数组的大小，对应释放时一定要使用 delete []，如果使用 delete 释放有可能导致内存泄漏的问题。

下面通过示例程序来比较 C 和 C++风格的动态内存管理的区别。

【示例程序 2.7】输入若干整型数据，因为不能确定需要输入的数据数量，使用数组比较难达到要求，所以使用动态内存分配来实现。

```
1    // lz2.7.cpp ：使用动态内存实现输入若干整型数据
2    #include <iostream>
3    using namespace std;
4    int main()
5    {    int num;
6         int* p;
7         printf("C风格\n");
8         printf("输入数据个数: ");                    // C 风格
9         scanf("%d", &num);
10        p = (int*) malloc(num*sizeof(int));
11        for (int i = 0; i < num; i++)
12            scanf("%d", &p[i]);
13        for (int i = 0; i < num; i++)
14            printf("%d ", p[i]);
15        free(p);
16        cout << endl;
17        cout << "C++风格" << endl;
18        cout << "输入数据个数: ";                    // C++风格
19        cin >> num;
20        p = new int[num];
21        for (int i = 0; i < num; i++)
22            cin >> p[i];
23        for (int i = 0; i < num; i++)
24            cout << p[i] << " ";
25        delete [] p;
26        return 0;
27   }
```

程序解析：

（1）第 8~15 行是 C 风格的实现方式，第 18~25 行是 C++风格的实现方式。

（2）第 10 行是 C 风格的内存分配，因为函数 malloc()参数是分配的字节数，所以需要使用 sizeof 得到整型的字节大小，然后计算出 num 个整型占用的内存字节数。另外，malloc()函数返回的是 void*，所以还需要将其强制转换为需要的 int*。

（3）第 20 行是 C++风格的内存分配，只需要分配 num 个整型就可以，不需要计算占用的内存字节数，也不需要转换为 int*，所以比 C 风格简便。

（4）第 15 行是 C 风格的内存释放。第 25 行是 C++风格的内存释放，注意 delete[] 的形式一定要和 new [] 的形式对应。

本示例程序的运行结果如图 2.6 所示，从图中可以看出 C 和 C++风格的动态内存管理基本上都能达到使用需求。但 new 和 delete 还有另外一个强大功能——动态创建和删除对象，这是 C 的库函数没法实现的，具体参见 4.5 节的内容。

```
C风格
输入数据个数: 2
3
7
3 7
C++风格
输入数据个数: 3
1
7
3
1 7 3
```

图 2.6　运行结果

2.11　本章小结

在这一章中，我们介绍了 C++对 C 的主要扩充知识，这些知识包括完全新增的 C++标准库、字符串类、引用、引用参数、默认实参、作用域运算符、函数重载、内置函数、new 和 delete 运算符，以及在原有 C 的基础上增强的 const、函数声明、作用域。

总结

- C++标准库定义了功能强大的库函数，使用时需要#include 相应的头文件，C++标准库头文件没有 ".h" 后缀。
- 字符串 string 类比 C 风格的字符串（char []）使用更加方便，功能更强大。
- 使用字符串类 string 需要#include<string>。
- string 字符串可以使用 "=" 进行赋值，可以使用 "+" 进行连接，可以使用关系运算符进行比较。
- 使用下标运算符 "[ ]" 可以修改 string 字符串中的某个字符。
- 可以使用 string 类的成员函数 length()获得字符串长度，使用成员函数 replace()可对字符串进行替换。
- 函数声明告诉编译器函数的名称、函数返回的数据类型、函数的参数个数及这些参数的类型和顺序。
- 函数声明的一个重要特征是实参类型强制转换，即把实参强制转换成函数形参所指定的类型。
- 实参值和函数原型中的形参类型不匹配时，编译器会按照 C++升级规则将实参转换成合适的类型。升级规则指明了如何在两种类型间进行无数据丢失的转换。
- const 可以定义常量，定义常量必须同时初始化。
- const 的本质含义是不可修改。
- 引用的本质是给已存在的变量取个别名。
- 引用定义必须初始化，即绑定一个已存在的变量。
- 引用不能独立使用，必须和其他类型结合使用。
- 引用类型必须和其绑定的变量类型一致。
- 引用参数的优点是高效，大多数情况下可以替代指针参数的使用。
- 使用 const 引用参数是替代按值传参的最佳选择。

- 默认参数可以简化一些频繁使用的实参值。
- 默认实参必须是函数的参数列表中最靠右边（尾部）的参数。
- 默认实参应该在函数名首次出现时指定。
- 作用域是指标识符在程序中可以被引用的范围。
- 作用域运算符":;"可以让不同作用域使用对方的某些实体（变量、函数等），只需要在实体前面加作用域名和"::"。
- 全局作用域是匿名作用域，如果要使用全局变量直接在它之前加"::"。
- 内置函数可以让某些短小且频繁使用的函数在调用时提高时间性能。在函数定义的返回类型前添加关键字 inline，是"建议"编译器在调用的地方插入该函数代码的副本。
- C++可以定义多个具有相同函数名的函数，只要这些函数具有不同的参数列表，这就是函数重载。
- 在调用一个重载函数时，C++编译器通过检查函数调用中实参的个数、类型和顺序来确定相应的函数。
- new 和 delete 运算符让 C++风格的动态内存管理比 C 风格的动态内存管理更方便和强大。
- new 和 delete 运算符有 new/delete 和 new []/delete []两种形式，它们需要对应使用。

本章习题

1. 填空题。

（1）标识符的_____是指它在程序中可以使用的范围。

（2）_____告诉编译器检查传递给函数的实参的个数、类型和顺序。

（3）在 C++中，可能有多个函数具有相同的名字，但是它们的参数类型或者参数个数不同，这称为_____。

（4）在 C++中，运算符_____释放由 new 分配的内存空间。

（5）引用变量和它绑定的变量共享_____。

2. 一些信息可以使用一个简单的"移动 7"算法进行加密，它使得字母表中的每个字符向后移动 7 个位置。因此，"a"变成了"h"，而"z"变成了"g"。移动 7 算法是一个对称加密的例子，对称密钥就是加密和解密时使用相同的密钥。

（1）编写一个使用移动 7 算法的加密消息的程序。

（2）编写一个移动 7 程序作为密钥来解密已经加密消息的程序。

3. 编写一个使用冒泡排序对字符串进行排序的程序，字符串的数量和字符串的内容通过 cin 输入。

4. 编写一个 C++程序，它有两个可选的函数，它们都简单地把定义在 main()中的变量 count 的值增至三倍。这两个函数的说明如下：

（1）tripleByValue()通过按值传递 count，把该 count 的值增至三倍并返回这一结果。

（2）tripleByReference()通过引用参数来传递 count，通过该引用参数把 count 的值增至三倍。

5. 编写一个程序，它利用名为 min 的函数重载确定两个数据中的较小值，实现确定整型、字符型和浮点型数据的最小值。

第 3 章

类和对象

3

本章学习目标

- 什么是类、对象、成员函数和数据成员
- 如何定义类与由类创建对象
- 如何定义类中的成员函数实现类的行为
- 如何声明类中的数据成员实现类的属性
- 如何调用对象的成员函数,让成员函数完成它的功能
- 创建对象时,如何通过构造函数保证对象数据的初始化
- 如何设计类,使得它的实现与接口分离

在前面两章中给出了一些简单的程序例子,可以向用户显示信息、从用户那里获得数据、执行计算和做出判断,但基本都属于面向过程的编程。

在本章中,将介绍基于对象的编程。通常,在实际项目中开发的程序将由 main 函数(程序入口函数)与一个或多个类组成,每个类包含数据成员和成员函数。因此,程序员如何设计和实现这些类就是首先要解决的问题。

3.1　类和对象简介

类是面向对象语言的基本编程单位,是类类型的简称(为了方便表达)。类类型和 C 语言的结构体类型类似,是用户自定义类型,可以表示复杂的数据结构。将一组相似对象的共性和特征抽象出来就得到类,类将相关数据和操作封装在一起。对象是类的具体实例。

C++语言中要使用类首先要声明类,然后类实例化,创建对象。

下面先通过一个例子来对 C++语言中的类进行声明和定义,同时介绍相关的对象、成员函数、数据成员、实例化等概念,让读者建立基本的印象。

示例程序 3.1 来自示例程序 1.4 的学生成绩管理系统的数据输入功能，学生信息是主要数据，输入学生信息是系统的基本功能。

【示例程序 3.1】学生成绩管理系统——输入学生信息。

学生相关的信息有很多，在设计类时要考虑系统的需要，学生成绩管理系统必要的数据是学号（唯一标识）、姓名、所属班级（便于分类）。本例的功能是输入数据，另外最好显示数据输入的结果。

```cpp
1    // lz3.1.cpp：学生信息类的声明和定义，以及类的使用
2    #include <string>                          // 包含字符串类
3    #include <iostream>
4    using namespace std;
5    class Student                              // 类的声明
6    {private:                                  // 私有访问权限
7        string m_strID;                        // 数据成员：学号
8        string m_strName;                      // 数据成员：姓名
9        string m_strClass;                     // 数据成员：所属班级
10   public:                                    // 公有访问权限
11       void Input();                          // 成员函数声明：输入学生信息
12       void Display()                         // 成员函数声明并定义：显示学生信息
13       {
14           cout << "学号：" << m_strID << "  姓名：" << m_strName<< "  班级："
                  << m_strClass;
15       }
16   };
17   void Student:: Input ()                    // 类外定义成员函数
18   {   cout << ("\n=====添加学生信息=====\n");
19       cout << ("学号：");
20       cin >> m_strID;
21       cout << ("姓名：");
22       cin >> m_strName;
23       cout << ("班级：");
24       cin >> m_strClass;
25   }
26   int main()
27   {
28       Student s;                             // 创建类对象（类实例化）
29       s.Input();                             // 类对象调用成员函数
30       s.Display();                           // 类对象调用成员函数
31       return 0;
32   }
```

程序解析：

（1）第 5~16 行是一个类的声明，其中第 5 行被称为类头，第 6~16 行是类体。类头由关键字 class 和后面的类名（Student）组成，类最后需要"；"来结束类声明。

（2）类体中包括类的数据成员和成员函数的声明。第 7~9 行是本类的数据成员声明，第 11 行、第 12 行是成员函数的声明。

（3）成员函数 Input()和 Display()的定义是不同的。Display()函数的定义直接在类体里（第 12~15 行）。Input()函数的定义是在类体之外（第 17~26 行），注意：第 17 行在函数类型（void）和函数名（Input）之间要添加"类名::"即 Student::，因为类是一个独立的作用域，Student::表示函数属于 Student 类的作用域。

（4）第 6 行使用私有访问修饰符（private），表示此后到另外访问修饰符之前（第 7~9 行）的成员都具有私有访问权限。

（5）第 10 行使用公有访问修饰符（public），表示此后到其他的访问修饰符之前或类结束（第 11~15 行）的成员都具有公有访问权限。

（6）第 28 行是创建类对象，类似使用基本数据类型定义变量，C++中习惯把类定义的变量称为对象。

（7）第 29、30 行是类对象调用成员函数，调用方式类似结构体变量访问成员（使用"."符号）。

本示例程序的运行结果如图 3.1 所示。

```
=====添加学生信息=====
学号: 21030101
姓名: 斯特劳
班级: 信安21-1
学号: 21030101    姓名: 斯特劳    班级: 信安21-1
```

图 3.1　运行结果

接下来针对上面提到的概念和用法进行详细解释。

3.1.1　类的声明

从示例程序 3.1 可以得到类的声明形式如下：

```
class 类名                          // 类头
{                                   // 以下是类体
public:
                                    // 公有的成员函数和数据成员
private:
                                    // 私有的成员函数和数据成员
    ...
};                                  // ;表示类声明结束，必须有
```

类的成员（成员函数和数据成员）必须声明访问权限。C++中访问权限的声明采用的是区块方式（和 Java、C#语言不同），某个成员访问修饰符 A 之后到另一个成员访问修饰符 B 之前的成员都具有 A 访问权限。类里可以有多个访问权限区块，不同成员访问修饰符的顺序也无任何限制。

C++成员访问修饰符有 public、private、protected，各修饰符的说明如表 3.1 所示。

表 3.1　成员访问修饰符说明

修饰符	说明
public	公有成员访问修饰符，在任意作用域都可以访问（本类函数和类外函数中）
private	私有成员访问修饰符，只有在本类函数里才能访问，类外函数不能访问
protected	被保护成员访问修饰符，只有在本类函数里才能访问，类外函数不能访问，但在派生类函数中可以直接访问（具体见第 6 章）

C++语言利用成员访问修饰符 private 实现了类的数据隐藏（Data Hiding），满足面向对象的封装性。

另外要特别说明的是，类开始的成员访问修饰符可以省略不写，此时默认的是 private，也就是说如果类开始时没有成员访问修饰符，则默认这部分成员是私有成员。

C++对结构体功能进行了扩展，使得类和结构体非常相似。结构体也有成员函数和访问权限限制等，但与类有细微差别，其中结构体开始的成员访问修饰符如省略不写，此时默认的是 public。

【示例程序 3.2】同样的内容分别使用类和结构体来实现。

（1）类的方式：

```
1    class Student                        // 类的声明
2    {                                    // 私有访问权限
3        string m_strID;                  // 数据成员：学号
4        string m_strName;                // 数据成员：姓名
5    public:                              // 公有访问权限
6        void Input();                    // 成员函数声明：输入学生信息
7    };
8    void Student::Input ()               // 成员函数定义
9    {
10       cout << ("学号: ");
11       cin >> m_strID;
12       cout << ("姓名: ");
13       cin >> m_strName;
14   }
```

（2）结构体方式：

```
1    struct Student                       // 类的声明
2    {                                    // 公有访问权限
3        void Input();                    // 成员函数声明：输入学生信息
4    private:                             // 私有访问权限
5        string m_strID;                  // 数据成员：学号
6        string m_strName;                // 数据成员：姓名
7    };
8    void Student::Input ()               // 成员函数定义
9    {
10       cout << ("学号: ");
11       cin >> m_strID;
12       cout << ("姓名: ");
13       cin >> m_strName;
14   }
```

虽然这两种方式实现的代码可以达到同样的目的，但一般还是提倡使用类的方式。

3.1.2　对象和实例化

声明类后，就可以像使用基本数据类型一样使用类来定义变量，C++语言通常称之为创建对象，面向对象中也称之为实例化（Instantiate），实例化就是用类创建对象的过程。

创建对象的方法和 C 语言的结构体定义变量相似。以示例程序 3.2 来说明：

```
struct Student s;                        // 结构体定义变量
class Student s;                         // 类创建对象
```

这是延续了 C 语言的方式。

```
Student s;
```

这是 C++语言的方式，省略掉前面的关键字 class 或 struct，使用起来更简单方便。另外，C++之父 Stroustrop 希望尽可能地使用户自定义的类型（类、结构体等）在使用上和基本数据类型一致。

```
基本数据类型定义变量: 类型变量名;
类定义对象（变量）: 类对象名;
```

虽然上面两种用法都正确，但在 C++代码里通常使用第 2 种用法。

创建对象和结构体定义变量一样，需要分配内存。C 的结构体只有成员变量，因此只需分配内存保证存储成员变量。而 C++的类里面除了数据成员还有成员函数，此时要如何分配内存呢？类创建对象也是只需分配内存保证存储数据成员，那成员函数如何存储呢？后面会专门讨论这个问题。

图 3.2 是通过调试示例程序 3.1 观察到的类 Student 的对象 s 所占内存的情况，可以看出 s 中存储的首先是数据成员 m_strID，然后是数据成员 m_strName，最后是数据成员 m_strClass。

☐ ✦ s	{m_strID="21030101" m_strName="斯特劳" m_strClass="信安21-1" }
⊞ ✦ m_strID	"21030101"
⊞ ✦ m_strName	"斯特劳"
⊞ ✦ m_strClass	"信安21-1"

图 3.2　对象在内存中的存储示意图

3.2　成员函数的声明和定义

类的成员函数的声明和 C 语言里的函数声明类似，有函数类型（返回值类型）、函数名，还可以有形参。成员函数的定义也是给出函数体（实现代码）。

和 C 语言的函数一样，成员函数的声明和定义可以分开，也可以在一起。但类的成员函数也有其特别的地方，一是它位于类的作用域里，二是它要定义访问权限。

成员函数因为其特别之处，所以调用时和普通函数是有区别的。

（1）类的其他成员函数的调用可以和普通函数一样，直接调用。

（2）如果在类外的其他函数中，因为成员函数在类的作用域内，所以必须通过类的对象加成员运算符（.）调用（如示例程序 3.1 的第 29、30 行）。另外，还要看它的访问权限，只有公有成员函数才可以被调用。比如示例程序 3.1 中如果把 Input()函数的访问权限变为私有的，那编译代码时第 29 行就会报错（error C2248: 'Student::Input' : cannot access private member declared in class 'Student'）。

下面通过示例程序来说明成员函数声明和定义在一起以及分开的用法。

【示例程序 3.3】学生成绩管理系统——输入专业信息。

专业信息在此系统里有专业名就基本满足需求，本例操作先只考虑输入数据。

```
1    // lz3.3.cpp : 专业信息类的声明和定义
2    #include <string>                              // 包含字符串类
3    #include <iostream>
4    using namespace std;
5    class Major
6    {private:
7        string m_strName;
8    public:
9        void Input()                               // 成员函数的声明和定义
10       {
11           cout << ("\n=====添加专业信息=====\n");
12           cout << ("专业名: ");
13           cin >> m_strName;
14       }
15   };
```

上面的程序代码是把成员函数 Input()的声明和定义放在一起，此时函数的定义在类体里，这种函数定义在类体里的一般默认为内置（inline）函数。从上面的程序代码可以看出和 C 语言的函数定义很类似，只是整个函数包含在类体里面，而且有访问权限限制，本例是公有访问权限（public），因此 Input()也称为公有成员函数。

下面是成员函数的声明和定义分开的用法。

```
1    // lz3.3.cpp ：专业信息类的声明和定义
2    #include <string>                         // 包含字符串类
3    #include <iostream>
4    using namespace std;
5    class Major
6    {public:
7        void Input();                         // 成员函数的声明
8    private:
9        string m_strName;
10   };
11   void Major::Input()                       // 成员函数的定义
12   {    cout << ("\n=====添加专业信息=====\n");
13        cout << ("专业名: ");
14        cin >> m_strName;
15   }
```

成员函数的定义是在类体之外，为了能确定此成员函数属于哪个类，需要在函数名之前添加Major::（类名::），这样就知道这是类 Major 的成员函数 Input()的定义。

如果定义函数 Input()时忘记添加 Major::，那么编译器就会把第 11~15 行代码看作一个普通的全局函数。此时编译将会报错（error C2065: 'm_strName' : undeclared identifie），因为此全局函数 Input()不在 Major 类的作用域内，它不能访问类里的数据 m_strName。

3.3　数据成员的声明及设置函数与获取函数

本节主要介绍数据成员的声明，以及设置函数和获取函数的定义规则和使用方法。

3.3.1　数据成员的声明

类的属性在 C++语言里表示为变量，这些变量称为类的数据成员。

类的数据成员的声明和 C 语言结构体里的成员变量声明类似，差别是类的数据成员有访问权限限制。通常根据面向对象技术特点的封装性，类的数据成员不定义为公有权限，也就是类之外不能访问这些数据成员，从而保证类数据成员的安全性。如果数据成员需要修改，则必须通过类提供的成员函数（也称为对外接口）来完成，也就是类对数据成员的修改具备可控性。

在上面几个例子中，类的数据成员都声明为私有访问权限，因为这些类基本都是单独的类。类之间通过继承关联，基类里的数据成员就可能要定义为 protected 权限（被保护访问权限），相关内容的详细说明可阅读本书的第 5 章。

3.3.2　设置函数和获取函数

因为类的数据成员通常定义为私有访问权限，所以在类之外是不能访问这些数据成员的，但实际应用中有很多要访问类数据成员的需要。比如示例程序 3.1 的类 Student 创建对象 s 并调用成员函数 Input()输入学生的信息,此时在类之外(比如 main 函数里)怎么知道这个学生 s 的姓名,另外如果 s 转专业后他的班级需要修改又该如何实现,等等。

　　C++编程中为了解决这些问题,通常会提供一组特别的成员函数:设置函数和获取函数。设置函数用来修改某个数据成员,获取函数用来读取某个数据成员。

（1）设置函数的声明和定义规则如下:

● 通常函数名用 Set 或 set 开头,后面跟着要设置的数据成员名。(注意:这不是 C++语言的要求,因此不是强制的,只是这样做能方便大家读懂代码,这在项目开发中非常重要。)

● 通常函数有一个形参,该形参类型和要设置的数据成员一致。(注意:大多数情况下满足这要求,但可能有少数特例。)

● 通常函数没有函数类型(不需要返回值)。

● 通常函数只有赋值代码,将形参变量赋值给要设置的数据成员。(注意:有时赋值前可能要增加对形参变量值的合法性检查,如果数据成员是数组,赋值可能会麻烦些。)

（2）获取函数的声明和定义规则如下:

● 通常函数名用 Get 或 get 开头,后面跟着要获取的数据成员名。(注意:这同样也不是 C++语言的要求,因此不是强制的,只是这样做能方便大家读懂代码。)

● 通常函数没有形参(注意:大多数情况下满足此要求,但可能有少数特例)。

● 通常函数类型(返回值类型)和要获取的数据成员一致。(注意:大多数情况下满足这要求,但可能有少数特例。)

● 通常只有一条语句,返回要获取的数据成员。

　　下面通过一个示例程序让大家了解如何使用设置函数和获取函数。

【示例程序 3.4】学生成绩管理系统——课程信息的处理。本例中课程只简单包含课程名和课程学分两个数据。

```
1    // lz3.4.cpp : 课程信息类的声明和定义,以及类的使用
2    #include <string>                                // 包含字符串类
3    #include <iostream>
4    using namespace std;
5    class Course
6    {public:
7        void SetName(string strName)    {            // 设置函数
8            m_strName = strName;
9        }
10       string GetName() {                           // 获取函数
11           return m_strName;
12       }
13       void SetCredit(float fCredit) {              // 设置函数
14           m_fCredit = fCredit;
15       }
16       float GetCredit() {                          // 获取函数
17           return m_fCredit;
18       }
19       void Input();
20   private:
21       string m_strName;                            // 数据成员: 课程名
22       float m_fCredit;                             // 数据成员: 学分
```

```
23    };
24    void Course::Input()
25    {    cout << ("\n=====添加课程信息=====\n");
26         cout << ("课程名: ");
27         cin >> m_strName;
28         cout << ("学分: ");
29         cin >> m_fCredit;
30    }
31    int main()
32    {    Course c;
33         c.Input();
34         cout << "课程: " << c.GetName();                // 通过获取函数读取课程名
35         cout << "  学分: " << c.GetCredit() << endl;   // 通过获取函数读取学分
36         float f;
37         cout << ("修改学分: ");
38         cin >> f;
39         c.SetCredit(f);                                 // 通过设置函数修改学分
40         cout << "课程: " << c.GetName() << "  学分: " << c.GetCredit() << endl;
41         return 0;
42    }
```

程序解析:

（1）第 7~9 行和第 13~15 行是设置函数，分别设置数据成员 m_strName 和 m_fCredit。

（2）SetName()函数的形参和 m_strName 同为字符串，SetCredit()函数的形参和 m_fCredit 同为浮点数。

（3）SetCredit()函数将形参值赋值给 m_fCredit，SetName()函数将形参值赋值给 m_strName。

（4）第 10~12 行和第 16~18 行是获取函数，分别返回数据成员 m_strName 和 m_fCredit 的值。

（5）GetCredit()函数返回值的类型和 m_fCredit 同为浮点数，GetName()函数返回值的类型和 m_strName 同为字符串。

本示例程序的运行结果如图 3.3 所示。

```
=====添加课程信息=====
课程名: 面向对象程序设计
学分: 3
课程: 面向对象程序设计  学分: 3
修改学分: 2
课程: 面向对象程序设计  学分: 2
```

图 3.3　运行结果

3.4　成员函数的存储和 this 指针

前面 3.1.2 节提到创建对象时只分配内存给数据成员，而不会给成员函数。如果每个对象里都包含成员函数（见图 3.4），并且程序里创建的对象数量在理论上是没有限制的，那么在存储时将会占用非常多的内存空间。因此 C++采用如图 3.5 所示的方式统一存储成员函数，类无论创建多少个对象，成员函数占用的内存空间都是固定的，因此空间效率非常高。

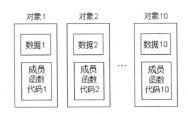

图 3.4　每个对象中都包含成员函数　　　　图 3.5　类的成员函数统一存储

但这种处理成员函数的方式也带来一个问题：每个对象分配内存保存自己的数据成员，每个对象的数据成员的值也不尽相同，而类的成员函数或多或少地都会访问数据成员，由于类的成员函数是统一存储的，此时成员函数代码里的数据成员的值应该是哪个对象？为了解决这个问题，C++加入了 this 指针的概念。

什么是 this 指针？this 是 C++增加的关键字,每个对象都可以使用 this 指针去访问自己的地址，但这个 this 指针不包含在对象里面。当对象 A 去调用成员函数时, this 指针就是对象 A 的地址,C++编译器会把 this 指针作为一个隐式参数传递给成员函数（注意只是给非 static 成员函数,static 成员函数的相关内容参见第 4 章）,然后成员函数里的所有数据成员前面都会添加 this->,根据指针运算符的操作可知,此时成员函数里数据成员的值就是 A 对象的数据成员的值。

这个隐式参数的类型是什么？因为 this 指针要访问类对象的地址，所以这个参数起码应该是类的指针（类 * this）。具体编译器会使用什么类型？以类 Major 为例，这个隐式参数类型是 Major * const this,大家注意到此处多了 const, * const 表示不能修改 this 所指的地址。这是从安全角度考虑,如果没有* const 就表示可以修改 this 所指的地址,那么 this 就可能不再指向调用成员函数的对象地址,这样成员函数里数据成员的值就完全错误了,因此编译器加上* const 就避免了这种错误的出现。

下面通过示例程序来对比程序员的代码和编译器的代码,让大家了解 this 指针是如何发挥作用的,让成员函数里的数据成员获得正确对应的值。

【示例程序 3.5】学生成绩管理系统——专业信息处理。观察 this 指针的使用。

```
1    // lz3.5.cpp ：专业信息类的声明和定义，以及说明 this 指针的使用
2    #include <string>                        // 包含字符串类
3    #include <iostream>
4    using namespace std;
5    class Major
6    {private:
7        string m_strName;
8    public:
9        void Input();                        // 成员函数的声明
10       void SetName(string strName);
11   };
12   void Major::Input()                      // 成员函数的声明和定义
13   {   cout << "this=" << this << endl;     // 输出 this 指针的值
14       cout << ("\n=====添加专业信息=====\n");
15       cout << ("专业名: ");
16       cin >> m_strName;
17   }
18   void Major::SetName(string strName)
19   {   m_strName = strName;
20   }
21   int main()
22   {   Major m1;
23       cout << "m1 地址: " <<&m1 << endl;    // 输出对象地址
24       m1.Input();
```

```
25        Major m2;
26        cout << "m2 地址: " <<&m2 << endl;      // 输出对象地址
27        m2.Input();
28        return 0;
29    }
```

程序解析：第 13、23、26 行代码是为了解释 this 指针而添加的代码，在实际程序中可以删掉。本示例程序的运行结果如图 3.6 所示。

```
m1地址: 0018FF14
this=0018FF14

=====添加专业信息=====
专业名: 信息安全
m2地址: 0018FEF8
this=0018FEF8

=====添加专业信息=====
专业名: 通信
```

图 3.6　运行结果

从运行结果可以看出，this 指针指向调用成员函数的对象的地址。另外，在成员函数 Input()结束之前的数据成员情况，以及返回之后的 m1 对象的情况如图 3.7 所示，从图中可以看到，数据成员的内存地址和值完全一样。

⊟ this	0x0018ff2c
⊞ m_strName	{0x005017b1 "信息安全"}

⊟ m1	0x0018ff2c
⊞ m_strName	{0x005017b1 "信息安全"}

图 3.7　this 和对象的数据成员情况

表 3.2 列出了程序员编写的代码和在定义对象后使用对象调用成员函数（编译器生成）的代码之间的对照。

表 3.2　代码对照

程序员编写的代码	**编译器生成的代码**
1void Major::Input()	1voidInput(Major* const this)
2　{	2　{
3　　cout<< ("\n===添加专业信息===\n");	3　　cout<< ("\n===添加专业信息===\n");
4　　cout<< ("专业名: ");	4　　cout<< ("专业名: ");
5　　cin>>m_strName;	5　　cin>>this->m_strName;
6　}	6　}
7void Major::SetName(stringstrName)	7void SetName(Major* const this,stringstrName)
8{m_strName =strName;	8{　this->m_strName =strName;
9}	9}
10 int main()	10int main()
11 {	11　{
12　　Major m1;	12　　Major m1;
13　　m1.Input();	13　　Input(&m1);
14　　return 0;	14　　return 0;
15　}	15　}

对比两个代码可以看出，利用 this 指针加上编译器的精心设计，C++语言实现了类的成员函数的统一存储，并且还能保证区分不同对象的数据成员。

提示 无论成员函数是否有形参，编译器都会把隐式参数 this 放在第一个。

3.5 使用构造函数初始化对象

现实世界的每个事物都可以看作对象，面向对象语言中的对象也希望尽可能去描述现实中的对象。C++语言中的类是抽象的，程序里只有使用类创建对象后才能使用。前面提过创建对象时会分配适当的内存给类的数据成员，但这些内存里可能是一些杂乱无章的数据，我们希望创建的对象和现实中的事物一样是有规律的、活生生的对象。就好比现实中要建房子，房子的设计图就如同类，买下一块地就如同分配了合适的内存，但必须按照图纸建起合适的墙、屋顶、门窗等才能算真正的房子。对于 C++来说，就是创建对象时给数据成员设置合适的值，这就是构造函数的功能。

构造函数的作用就是把一堆杂乱无章的内存变成一个有规律的、活生生的对象，对象是一个实体，应该有确定的值，也就是对象的数据成员要有初始值。前面也提过为了满足面向对象的封装性，数据成员的访问权限通常不能是公有权限，类外不能访问，只有通过成员函数去实现。因此，C++语言提供了一种特殊的成员函数——构造函数（Constructor）来实现这个任务，构造函数就是对对象进行初始化，为数据成员设置初始值。

3.5.1 构造函数的声明和定义

构造函数的声明和定义规则如下：

（1）构造函数的函数名必须和类相同以便于和其他成员函数区分。
（2）不需要函数类型（即没有返回值）。
（3）形参和普通函数一样，没有数量和类型的限制。
（4）用户如果不定义构造函数，编译器会生成一个。
（5）创建对象时系统自动调用构造函数，且只能调用这一次。
（6）构造函数执行完毕对象才创建成功。
（7）构造函数的定义和其他成员函数一样，既可以在类体里定义，也可以在类体之外定义。

从这些规则可以知道，用户可以自定义构造函数，但函数名称是不能选择的。

因为构造函数就是为创建对象而服务的，所以创建返回的只能是该类的类型而不能是别的类型，所以没必要定义函数类型，以免节外生枝。

因为构造函数的形参和普通函数一样，所以根据前面函数重载的条件，构造函数也可以有函数重载。另外，无论用户是否定义了构造函数，类都至少会有一个构造函数。因此类的构造函数可以多个且不少于一个。

构造函数是对象第一个调用的成员函数，而且它的调用不能像其他成员函数那样通过对象去调用（为什么？大家思考）。

下面通过示例程序来说明如何声明、定义和使用构造函数。

【示例程序 3.6】学生成绩管理系统——课程信息的处理。使用构造函数初始化数据成员。

```cpp
1    // lz3.6.cpp ：课程信息类的声明和定义，以及使用构造函数进行初始化
2    #include <string>                              // 包含字符串类
3    #include <iostream>
4    using namespace std;
5    class Course
6    {public:
7        Course()                                   // 无参数的构造函数
8        {   m_strName = "";
9            m_fCredit = 0;
10       }
11       Course(const string& strName, float fCredit);  // 有参数的构造函数
12       string GetName() {                         // 获取函数
13           return m_strName;
14       }
15       float GetCredit() {                        // 获取函数
16           return m_fCredit;
17       }
18   private:
19       string m_strName;                          // 数据成员：课程名
20       float m_fCredit;                           // 数据成员：学分
21   };
22   Course::Course(const string& strName, float fCredit) // 有参数的构造函数
23   {   m_strName = strName;
24       m_fCredit = fCredit;
25   }
26   int main()
27   {   Course c1;                                 // 创建对象
28       cout << "课程: " << c1.GetName() << " 学分: " << c1.GetCredit() << endl;
29       Course c2("面向对象程序设计", 2);             // 创建对象
30       cout << "课程: " << c2.GetName() << " 学分: " << c2.GetCredit() << endl;
31       return 0;
32   }
```

程序解析：

（1）第 7~10 行声明和定义了一个无参数的构造函数，用于对数据成员赋初值。

（2）第 11 行声明了一个有参数的构造函数，第 22~25 行是这个构造函数的定义。因此构造函数既可以在类体里声明和定义，也可以先在类体里声明，再在类体之外定义。

（3）第 27 行使用无参数的构造函数创建对象，这从第 28 行运行的输出结果可以看出。

（4）第 29 行使用有参数的构造函数创建对象，这从代入的实参可以看出。

（5）类定义了两个构造函数，只是它们的形参列表不一样（一个无参数，一个有两个参数），所以构造函数也可以进行函数重载，规则和普通函数的函数重载一样。

 提示　构造函数虽然和其他成员函数有很多相似处，但也有不同处。比如使用无参数构造函数创建对象的正确写法是 Course c1;，不要写成 Coursec1();（为什么？大家思考）。另外，构造函数声明时不要加函数类型，否则会报错（error C2380: type(s) preceding 'Course' (constructor with return type, or illegal redefinition of current class-name?)）。

本示例程序的运行结果如图 3.8 所示。

```
课程:     学分: 0
课程: 面向对象程序设计 学分: 2
```

图 3.8　运行结果

3.5.2　默认构造函数

示例程序 3.6 中在主函数里创建了对象 c1 和 c2，c1 没有代入任何实参，因此调用的是无参数的构造函数，而 c2 代入了 2 个参数，因此调用的是有 2 个参数的构造函数。但我们知道在实际应用中经常出现同样的对象有很多的情况（比如一个专业有几十门课程，一个学校有成百上千的课程），因此不可能一个一个地去声明和定义这些对象。

对象数组就解决了这个问题，对象数组和基本数据类型定义的数组一样。比如：

```
int a[20];
Course c[20];
```

它们的语法格式都是：类型变量名[大小];。只是类定义的数组通常叫作对象数组，数组的元素都是这个类的对象。但和基本数据类型定义的数组不一样的是，对象数组里的每个对象都需要通过构造函数进行初始化。从数组定义的形式可以知道，此时不可能代入任何参数，所以 Course c[20];这条语句会调用 20 次的无参数构造函数初始化数组的 20 个对象。

这种无参数的构造函数最主要的作用就是为了在定义对象数组时初始化其中的对象。这种无参数的构造函数有个特别的名称，叫作默认构造函数（Default Constructor）。

默认构造函数是创建对象时不需要代入"实参"的构造函数，因此有两种情况的构造函数是默认的构造函数：

（1）无参数的构造函数。

（2）形参列表中的所有参数都有默认参数。

如果用户不定义任何构造函数，编译器就会提供一个无参数的构造函数，即默认构造函数。如果用户定义了构造函数，那么编译器就不会提供这种构造函数，因此用户需要自定义默认构造函数。

提示　根据函数重载的规则，类只能有一个默认构造函数。

【示例程序 3.7】学生成绩管理系统——创建多个课程信息。（前面类的部分代码和示例程序 3.6 一样）

```
1    // lz3.7.cpp: 创建及使用对象数组
2    int main()
3    {    Course c[3];                          // 创建对象数组
4         string strName;
5         float fCredit;
6         for(int i = 0; i < 3; i++)
7         {
8              cout << "课程: ";
9              cin >>strName;
10             cout << "学分: ";
11             cin >> fCredit;
12             c[i] = Course(strName, fCredit);    // 利用有参数的构造函数给不同对象赋值
13        }
14        for(int i = 0; i < 3; i++)
15        {
16             cout << "课程: " << c[i].GetName() << " 学分: " << c[i].GetCredit() << endl;
17        }
18        return 0;
19   }
```

程序解析：

（1）第 3 行创建对象数组时调用了 3 次默认构造函数（示例程序 3.6 第 7 行的函数），如果程序处于调试状态下可以发现进入该函数 3 次。

（2）此时数组里的对象值都一样（课程名为空，学分为 0）。

（3）第 12 行通过有参数的构造函数把创建的对象赋值给数组里的对象元素，让它们有不同的值。

本示例程序的运行结果如图 3.9 所示。

```
课程：C程序设计
学分：3
课程：高等数学
学分：4
课程：密码学
学分：3
课程：C程序设计   学分：3
课程：高等数学   学分：4
课程：密码学   学分：3
```

图 3.9   运行结果

3.5.3   带默认实参的构造函数

在前面的第 2 章中提到，函数的形参列表中可以定义默认实参。构造函数虽然是一个特殊的函数，但构造函数也可以定义默认实参，定义的形式和其他函数一样。下面通过例子来具体说明。

示例程序 3.8 利用带默认实参的构造函数简化示例程序 3.6 的构造函数。

【示例程序 3.8】课程信息的类，使用带默认实参的构造函数。

```cpp
1    // lz3.8.cpp ：使用带默认实参的构造函数
2    #include <string>                                      // 包含字符串类
3    #include <iostream>
4    using namespace std;
5    struct Course
6    {public:
7        Course(const string& strName = "", float fCredit = 0);   // 带默认实参的构造函数
8        string GetName() {                                 // 获取函数
9            return m_strName;
10       }
11       float GetCredit() {                                // 获取函数
12           return m_fCredit;
13       }
14   private:
15       string m_strName;                                  // 数据成员：课程名
16       float m_fCredit;                                   // 数据成员：学分
17   };
18   Course::Course(const string& strName, float fCredit)   // 有参数的构造函数
19   : m_strName(strName), m_fCredit(fCredit)
20   {  }
21   int main()
22   {
23       Course c1;                                         // 创建对象
24       cout << "课程: " << c1.GetName() << "  学分: " << c1.GetCredit() << endl;
25       Course c2("面向对象程序设计", 2);                   // 创建对象
26       cout << "课程: " << c2.GetName() << "  学分: " << c2.GetCredit() << endl;
27       return 0;
28   }
```

程序解析:

（1）第 7 行对示例程序 3.6 中的有参数构造函数的参数设置默认实参。

（2）注意第 18 行，默认实参只在声明时给出，成员函数（构造函数）在类体之外定义时不需要给出，如给出编译就会报错。比如改为 Course::Course(const string& strName, float fCredit = 0)，就会报错（error C2572: 'Course::Course' : redefinition of default parameter : parameter 2）。

（3）比较示例程序 3.8 和示例程序 3.6，差别是示例程序 3.8 少了无参数的默认构造函数，就是因为第 7 行的有默认实参的构造函数涵盖了下面几种构造函数：默认构造函数（课程名为""，学分为 0）、有一个参数（课程名，学分为 0）的构造函数、有两个参数的构造函数。

本示例程序的运行结果和示例程序 3.6 的运行结果一样（见图 3.8）。

3.5.4 参数初始化列表

数据成员初始化通常都是在构造函数里通过赋值语句进行的，但 C++还提供了另外一种形式的数据成员初始化——参数初始化列表。参数初始化列表也称成员初始化列表（Member Initializer List），它为构造函数的初始化提供了一种更高效的方法。

参数初始化列表是对构造函数的首部进行扩展，在原来的首部后面加 ":"，然后对数据成员初始化部分，每个数据成员的初始化形式为"数据成员(形参)"或者"数据成员(常量)"，每个数据成员的初始化之间使用 ","分开。构造函数执行的时候是先执行参数初始化列表，再进入构造函数。

下面是示例程序 3.6 里面的构造函数使用参数初始化列表的定义（只有构造函数部分的代码）。

```
1    class Course
2    {
3    public:
4        Course(): m_strName(""), m_fCredit(0)      // 无参数的构造函数
5        {    }
6        Course(const string& strName, float fCredit);   // 有参数的构造函数
7    private:
8        string m_strName;                          // 数据成员：课程名
9        float m_fCredit;                           // 数据成员：学分
10   };
11   Course::Course(const string& strName, float fCredit)   // 有参数的构造函数
12   : m_strName(strName), m_fCredit(fCredit)
13   {    }
```

第 4 行和第 12 行中的阴影部分就是参数初始化列表。

大多数情况下初始化可以选择在函数里赋值和使用参数初始化列表这两种方式（建议选择参数初始化列表，因为其更简洁、效率更高），但有些特殊情况只能选择其中的一种。

（1）只能使用参数初始化的情况：

● const（常量）数据成员或者引用数据成员，因为这两种类型的变量都是声明时要同时初始化。

● 数据成员是其他类的对象且这类没有默认构造函数。

● 派生类的构造函数且它继承的基类没有默认构造函数。

（2）只能在函数里赋值的情况：

- 使用数组或指针传递许多数据。
- 为了数据安全需要检查传递的参数是否有效。

【示例程序 3.9】学生成绩管理系统——课程信息类。引用数据成员和常量数据成员的初始化。

```
1   // lz3.9.cpp : 引用数据成员和常量数据成员的初始化
2   #include <string>                                    // 包含字符串类
3   #include <iostream>
4   using namespace std;
5   struct Course
6   {public:
7       Course(const string& strName, float fCredit, int nHour);   // 有参数的构造函数
8   private:
9       string m_strName;                                // 数据成员：课程名
10      const float m_fCredit;                           // 常量数据成员：学分
11      int& m_nHour;                                    // 引用数据成员：学时
12  };
13  Course::Course(const string& strName, float fCredit, int nHour) // 有参数的构造函数
14  : m_strName(strName), m_fCredit(fCredit), m_nHour(nHour)
15  { }
```

上面的示例程序是把常量数据成员和引用数据成员放在参数初始化列表中进行初始化，这是正确的用法，编译可顺利通过。但如果把第 14 行删掉，第 15 行用下面的代码替代。

```
{   m_strName =strName;
    m_fCredit = fCredit;
    m_nHour = nHour;
}
```

此时，在编译时就会报错：

（1）引用数据成员 m_nHour 的错误是 error C2758: 'Course::m_nHour' : must be initialized in constructor base/member initializer list。

（2）常量数据成员 m_fCredit 的错误是 error C2758: 'Course::m_fCredit' : must be initialized in constructor base/member initializer list 和 error C2166: l-value specifies const object。

3.5.5　转换构造函数

大多数程序都可以处理多种类型的信息，有时所有的操作都会"集中在一个类型上"。例如，int 数据和 int 数据相加产生一个 int 数据。然而，经常有必要把数据从一种类型转换为另一种类型，比如在赋值、计算、传递值到函数和从函数返回值等各种情形中。我们知道，编译器可以在基本类型之间进行特定转换，程序员也可以使用强制类型转换运算符在基本类型之间进行强制转换。那么用户自定义的类型该如何转换呢？编译器预先并不知道在用户自定义的类型之间、用户自定义类型和基本类型之间如何进行转换，因此程序员必须详细说明该怎样做。这些转换中的某些情况可以用转换构造函数实现，转换构造函数是一种将其他类型（包括基本类型）的对象（变量）转换成该类的对象的单参数构造函数。

转换构造函数和将在第 7 章中介绍的转换运算符构成了 C++中的类型转换功能。

| 十提示 | 这里说的单参数构造函数不是声明时构造函数是单参数，而是指创建对象时调用的构造函数只需要传递单个实参的构造函数。 |

以示例程序 3.8 的类 Course 来说明，以下三个构造函数都可以作为转换构造函数：

- Course(const string& strName);
- Course(const string& strName , float fCredit = 0);
- Course(const string& strName = "", float fCredit = 0);

这三个构造函数都可以将 string 变量转换为类 Course 的对象。注意：这三个构造函数不能同时存在，否则编译时可能会报错（error C2668: Course::Course' : ambiguous call to overloaded function，或 error C2535: Course::Course(std::string, float)' : member function already defined or declared）。

```
string name = "数据结构";
Course c = name;
```

定义了转换构造函数，上面的代码编译时就能顺利通过。如没有定义转换构造函数，上面的代码编译时会报错（error C2440: 'initializing' : cannot convert from 'std::string' to 'Course'）。

转换构造函数总结如下：

（1）转换构造函数必须有一个或多个参数。

（2）有多个参数时，除第一个参数外的其他参数都是默认参数（第一个参数也可以是默认参数）。

（3）转换构造函数是将第一个参数的类型转换为本类类型。

3.6　析构函数

析构函数（Destructor）是类的另一种特殊的成员函数。类的析构函数的名字是在类名之前添加字符"~"后形成的字符序列。这个命名约定非常直观，因为字符"~"是按位取补运算符。在某种意义上，析构函数与构造函数是互补的。

构造函数是在创建时初始化对象，而析构函数则与构造函数相反，当对象生命周期结束时，在释放对象占用的内存之前完成一些清理工作。析构函数的主要清理工作就是释放资源，避免出现内存泄漏问题。

析构函数的声明和定义规则如下：

（1）析构函数的函数名是类名前加字符"~"。

（2）不需要函数类型（即没有返回值）。

（3）析构函数没有形参。

（4）用户如果不定义析构函数，编译器会自动生成一个。

（5）对象生命周期结束时系统自动调用析构函数，且只能调用这一次。

（6）析构函数执行完毕对象就结束其生命周期。

（7）析构函数的定义和其他成员函数一样，既可以在类体里定义，也可以在类体外定义。

从这些规则可以知道，用户可以自定义析构函数，但函数名称是不能选择的。

因为析构函数没有形参，所以不能有函数重载。另外，无论用户是否定义了析构函数，类都会有一个析构函数，因此类的析构函数有且只有一个。

析构函数是对象最后一个调用的成员函数，而且很可能是隐式调用析构函数（在代码上不体现），只能通过判断对象何时结束生命周期来确定何时调用析构函数。

下面通过一个示例程序来说明如何声明和定义析构函数，以及析构函数起到的作用。

【示例程序 3.10】学生成绩管理系统——成绩信息类，该类针对某门课程的成绩进行处理。

```
1    // lz3.10.cpp : 学生成绩类的声明和定义，以及析构函数的使用
2    #include <string>
3    #include <iostream>
4    using namespace std;
5    struct STUDENTSCORE                              // 学生成绩信息
6    {    string strID;                               // 学号
7         int nScore;                                 // 成绩
8    };
9    class Result
10   {public:
11        Result(const string strName, int nYear, int nTerm, int nNum, STUDENTSCORE*
pScores);
12        virtual ~Result(void);
13   protected:
14        string m_strCourseName;                     // 课程名
15        int m_nYear;                                // 课程开课年份
16        int m_nTerm;                                // 课程开课学期。1：秋季学期，2：春季学期
17        int m_nStudentNum;                          // 该课程选课的学生数
18        STUDENTSCORE* m_pScores;                     // 所有学生成绩
19   };
20   Result::Result(const string strName, int nYear, int nTerm, int nNum, STUDENTSCORE*
pScores)
21   : m_strCourseName(strName), m_nYear(nYear), m_nTerm(nTerm), m_nStudentNum(nNum)
22   {    m_pScores = NULL;
23        if( m_nStudentNum > 0 && pScores != NULL )
24        {    m_pScores = new STUDENTSCORE[m_nStudentNum];      // 分配资源
25             cout << "分配资源成功" << endl;
26             for (int i = 0; i < m_nStudentNum; i++)
27                  m_pScores[i] = pScores[i];
28        }
29   }
30   Result::~Result(void)
31   {    delete [] m_pScores;                        // 释放资源
32        cout << "释放资源成功" << endl;
33   }
34   int main()
35   {    const int nStudentNum = 2;
36        STUDENTSCORE scores[nStudentNum];
37        scores[0].strID = "21030101";  scores[0].nScore = 80;
38        scores[1].strID = "21030102";  scores[1].nScore = 90;
39        {
40             Result r("C 程序设计", 2021, 1, 2, scores);
41        }
42        return 0;
43   }
```

程序解析：

（1）第 25、32 行代码是为了说明何时分配和释放资源而添加的代码，在实际程序中可以删掉。

（2）第 30~33 行定义了析构函数，里面只有一条语句释放在定义构造函数时分配的资源（指

针类型数据成员 m_pScores）。析构函数也可以在类体里声明时定义。

（3）第 39~41 行设置了一个局部域，让我们能够观察何时调用析构函数。

（4）第 20~29 行是构造函数的定义代码，从中可以看到有些数据成员放在参数初始化列表里，但也有数据成员放在函数体内。一是因为学生成绩 pScores 是多个数据（指针/数组），二是要验证参数是否有效（如第 23 行）。

本示例程序的运行结果如图 3.10 所示。

```
分配资源成功
释放资源成功
```

图 3.10　运行结果

从程序的运行结果可以看到，对象生命周期结束时会调用析构函数进行清理工作（释放资源），如果使用调试模式单步执行则可以看得更清楚，而且在调试模式时观察 m_pScores 数据成员所占内存，可以看到执行第 30 行删除 m_pScores 后，其所占内存会被清空。但如果没有第 30 行代码，析构函数执行后那片内存的内容还继续存在，实际就是造成了内存泄漏。

提示　只要在类的成员函数里（不只是构造函数）分配的资源，都要在析构函数里释放。

3.7　何时调用构造函数和析构函数

系统自动调用构造函数和析构函数。

构造函数在创建对象时调用，下面列出调用构造函数的情况：

（1）类声明对象时将调用构造函数。

（2）类声明对象数组（数组大小如为 n），将调用 n 次构造函数。

（3）用 new 运算符创建对象时将调用构造函数。

下面列出何时会调用析构函数：

（1）C++变量或对象的作用域非常多，不像 C 的变量只有全局和局部作用域。对象只要离开作用域其生命周期就结束，即所有{ }块中定义的对象，在程序代码执行到 } 处都会结束生命周期，此时调用析构函数。

（2）在全局域定义的全局对象，则在程序结束时（主函数 main()结束或调用 exit()函数），全局对象生命周期结束并调用析构函数。

（3）定义的 static 对象（静态对象），也是在程序结束时（主函数 main()结束或调用 exit()函数），全局对象生命周期结束并调用析构函数。

（4）用 new 运算符动态创建的对象，当用 delete 运算符释放时该对象生命周期结束，此时调用析构函数。

但当一个作用域内定义了多个对象时，这些函数调用的顺序由执行过程进入和离开对象实例化的作用域的顺序决定。一般而言，析构函数的调用顺序与相应的构造函数的调用顺序相反。但有特例：如果对象是通过 new 运算符创建，就取决于何时使用 delete 运算符删除该对象。

【示例程序 3.11】在示例程序 3.10 基础上保留类 Result 的声明和定义，只修改 main()函数里的代码，演示构造函数和析构函数的调用顺序。

```
1    // lz3.11.cpp：演示构造函数和析构函数的调用顺序
2    #include <string>                                    // 包含字符串类
3    #include <iostream>
4    using namespace std;
5    struct Course
6    {public:
7        Course(const string& strName, float fCredit);    // 有参数的构造函数
8        ~Course();                                       // 析构函数
9    private:
10       string m_strName;                                // 数据成员：课程名
11       float m_fCredit;                                 // 数据成员：学分
12   };
13   Course::Course(const string& strName, float fCredit) // 有参数的构造函数
14   : m_strName(strName), m_fCredit(fCredit)
15   {   cout << "构造函数；课程名：" << m_strName<< endl;
16   }
17   Course::~Course()                                    // 析构函数
18   {   cout << "析构函数；课程名：" << m_strName<< endl;
19   }
20   int main()
21   {   Course c1("面向对象程序设计", 2);                   // 创建对象
22       Course* c2 = new Course("密码学", 2);              // 创建对象
23       Course c3("C 程序设计", 3);                        // 创建对象
24       delete c2;
25       return 0;
26   }
```

程序解析：

（1）第 15 行和第 18 行是为了执行程序时能观察到构造函数和析构函数的调用而添加的，在实际程序中可以删掉。

（2）第 21、22、23 行分别创建了 c1、c2、c3 三个对象，按顺序调用三次构造函数，输出"面向对象程序设计""密码学""C 程序设计"三门课程的构造函数。

（3）第 22 行 c2 对象是通过 new 运算符创建的，它需要通过 delete 结束生命周期，也就是第 24 行，此时将会调用析构函数输出课程"密码学"的析构函数。

（4）其他两个对象 c1、c3 在函数退出结束生命周期时调用析构函数，按照和构造函数相反的顺序调用，即输出"C 程序设计""面向对象程序设计"的析构函数。

本示例程序的运行结果如图 3.11 所示。

```
构造函数；课程名：面向对象程序设计
构造函数；课程名：密码学
构造函数；课程名：C程序设计
析构函数；课程名：密码学
析构函数；课程名：C程序设计
析构函数；课程名：面向对象程序设计
```

图 3.11 运行结果

总之，一般创建的对象按照构造函数先调用而析构函数后调用的顺序完成程序的执行，而 new 运算符创建的对象不加入这种顺序，它的析构函数的调用时机取决于何时使用 delete 运算符。

3.8 类的可重用性

创建类定义的好处之一是:当类正确封装时,它可能被全球范围的程序员所重用。例如,前面例子中可以看出,通过在程序中包含头文件<string>,我们可以在任何一个 C++程序中重用 C++标准库类 string。用户定义的类也应该这样。

3.8.1 一个类对应一个独立文件

前面的例子我们已经开发了不少类(Student、Major、Course、Result),希望在其他的例子里能重复使用这些类,提高代码的开发效率。这些类的示例程序代码都放在一个文件里,下面我们试试在新的例子里包含其中一个文件(比如示例程序 3.5 的 Major 类)。

【示例程序 3.12】在新项目中重用 Major 代码,并复制示例程序 3.5 的代码文件 lz3.5.cpp 到新项目目录下。新项目除了包含(#include)文件 lz3.5.cpp 外,先不添加其他新代码。

```
1    // lz3.12.cpp : 类重用
2    #include "lz3.5.cpp"
3    int main()
4    {    return 0;
5    }
```

编译器会报错(error C2084: function 'int main(void)' already has a body)。这个错误表示程序里已经有了一个 main()函数,如果在具有一个类定义的相同文件中有了 main()函数,将妨碍这个类被其他程序重用。为了能让定义的类可以被其他程序重用,我们需要将类的定义和使用这个类的 main()函数放在不同文件里,也就是类的定义使用独立的文件。

我们把示例程序 3.5 的代码重新整理,把 Major 类的定义分离出来放入一个独立的文件。在建立一个面向对象的 C++程序时,通常在一个文件中定义可重用源代码(例如一个类)。按照惯例这个文件的扩展名为.h,文件也被称为头文件(headerfile)。程序使用#include 预处理指令包含头文件,并利用可重用软件组件,例如 C++标准库提供的类 string,以及用户自定义的类如 Major 类等,实现代码重用。

我们示例程序 3.5 的文件 lz3.5.cpp 的代码分成两个文件:major.h 和 lz3.5.cpp。Major 类的定义放在 major.h,主函数等代码还留在 lz3.5.cpp。为了方便 Major 类的使用,添加获取函数 GetName(),major.h 具体代码如下:

```
1    // major.h : 专业信息类的声明和定义
2    #include <string>
3    #include <iostream>
4    using namespace std;
5    class Major
6    {public:
7        void Input();                              // 成员函数:输入类信息
8        string GetName();                          // 获取函数:获得专业名
9    private:
10       string m_strName;
11   };
12   void Major::Input()
13   {    cout << ("\n=====添加专业信息=====\n");
```

```
14          cout << ("专业名: ");
15          cin >> m_strName;
16   }
17   string Major::GetName()
18   {    return m_strName
19   }
```

把 Major 类的声明和定义分离后，重新修改示例程序 3.12，在示例程序 3.12 的代码中只包含 major.h，也就是第 2 行改为#include "major.h"，并在主函数里使用 Major 类，重新编译的代码就可顺利通过。新的代码如下：

```
1   // lz3.12.cpp : 包含定义 Major 类的文件，使用 Major 类
2   #include "major.h"
3   int main()
4   {    Major m;
5        m.Input();
6        cout << "\n该专业名:" << m.GetName() << endl;
7        return 0;
8   }
```

程序解析：第 2 行指示 C++预处理器，在程序被编译前拷贝 major.h 的代码（即 Major 类的定义）替代该行代码。这样在编译 lz3.12.cpp 文件时，该文件包含了 Major 类的定义，就基本和示例程序 3.5 的 lz3.5.cpp 文件中的代码差不多了。

> **提示** 为了保证预处理能够正确找到头文件，#include 预处理指令应该将用户自定义的头文件放在双引号中（如"major.h"），而将 C++标准库头文件名放在尖括号中（如<iostream>）。

本示例程序的运行结果如图 3.12 所示。

```
=====添加专业信息=====
专业名: 信息安全
该专业名: 信息安全
```

图 3.12　运行结果

通过将 Major 类的定义放在一个独立头文件中，以让这个类可以重用。但遗憾的是，在一个头文件中放置一个类定义，依然会向类的客户暴露类的整个实现。因为 major.h 只是一个文本文件，任何人都可以打开和阅读。我们希望做到：使得使用类的用户只需要知道调用什么样的成员函数，提供给每个成员函数什么样的实参，以及从每个成员函数返回的类型是什么，而用户无须知道这些函数是如何实现的，也就是要隐藏类的实现细节。下面的内容将介绍如何解决这个问题。

3.8.2　接口和实现的分离

将类的接口和实现分离，是开发项目（尤其是大型项目）的基本原则。

1. 类的接口

接口（Interface）定义并标准化人和系统等诸如此类事物彼此交互的方式。比如智能手机，通过对手机屏幕的点击和滑动就可以操作手机的各种功能。对屏幕的点击、滑动就可以看作用户和手机之间的接口，通过这些接口可以对手机进行一系列的操作。或许不同手机实现这些操作的情况不一定相同，但用户不用关心这些，只需要关心这些接口让用户自己能进行什么操作。

类似地，一个类的接口描述了该类的用户所能使用的服务，以及如何请求这些服务，但不描述类如何实现这些服务。类的接口由类的 public 成员函数（也称为类的公共服务）所组成。例如，Major 类的接口包括 Input()、GetName()等，使用 Major 类的用户可以调用这些函数请求类的访问。通常我们只需要列出成员函数名、函数类型（返回类型）和形参类型的类定义，就可以说明一个类的接口。

2. 分离接口与实现

在前面的例子中，每个类的声明和定义都放在一个文件里，而且有些成员函数的定义和声明一起放在类体里。这样的类的实现代码无法做到信息隐藏。

我们将示例程序 3.12 中的 Major 类的声明和成员函数定义分离，将 major.h 文件一分为二，分成 major.h 和 major.cpp 两个文件。major.h 里放接口内容（类的声明），major.cpp 里放实现内容（类的成员函数定义）。通常一个类的接口文件和实现文件的文件名相同（习惯是和类名一致），然后它们的扩展名不同，接口文件扩展名是.h（头文件），实现文件扩展名是.cpp（源代码文件）。

【示例程序 3.13】 在示例程序 3.12 的基础上将 Major 类的接口和实现分离。

（1）Major 类的接口（major.h 文件）：

```
1    // major.h: Major 类的声明
2    #include <string>
3    #include <iostream>
4    using namespace std;
5    class Major
6    {public:
7        void Input();
8        string GetName();
9    private:
10       string m_strName;
11   };
```

（2）Major 类的实现（major.cpp 文件）：

```
1    // major.cpp : Major 成员函数的定义
2    #include "major.h"
3    void Major::Input()
4    {    cout << ("\n=====添加专业信息=====\n");
5         cout << ("专业名: ");
6         cin >> m_strName;
7    }
8    string Major::GetName()
9    {    return m_strName;
10   }
```

程序解析：

（1）major.h 是类的声明，和前面一些例子不一样的是本例类开始部分具有 public 权限。通常类声明时习惯把具有 public 权限的部分放前面，因为使用类的用户最关心的是作为接口的公有成员函数。

（2）major.cpp 是类的成员函数的定义，注意第 2 行包含 major.h 头文件这句不能少，表示 major.cpp 文件定义的成员函数代码也属于 Major 类的一部分。如没有这句则编译时会报一系列错，因为这些成员函数定义时不知道它们的声明。

（3）本例的主函数代码文件和示例程序 3.12 一样，程序的执行结果也相同，这里就不再赘述了。

上面的示例程序将一个类的接口和实现分离开，这样在开发项目程序时的执行过程就可能如图

3.13 所示。某位程序员负责设计并实现类 Major，另外一位程序员负责连接 Major 类的接口后实现用户代码，再把这些代码集成到一起，编译、连接最终生成可执行程序。

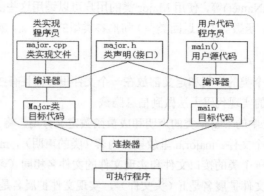

图 3.13　编译连接生成可执行程序的过程

3.9　C++空类说明

如果我们只是声明一个空类，也就是类体中没有任何代码，则编译器在我们需要时会自动生成一个默认构造函数、一个拷贝构造函数、一个赋值运算符、一对取地址运算符和一个析构函数。所谓需要时，也就是这些函数只有在第一次被调用时，才会被编译器创建。所有这些函数都是 inline 和 public 的。

表 3.3 列出空类代码和相对应的编译器代码。

表 3.3　代码对照

空类代码	编译器生成的代码	

1class Empty
2　{
3　};
	1class Empty
	2　{public:
	3　　Empty();
	4　　Empty(const Empty&);
	5　　~Empty();
	6　　Empty&operator=(const Empty&);
	7　　Empty* operator&();
	8　　const Empty* operator&() const;
	9};
		// 默认构造函数
		// 拷贝构造函数
		// 析构函数
		// 赋值运算符
		// 取地址运算符
		// 取地址运算符 const

3.10　本章小结

在这一章中，我们首先介绍了如何创建类，如何创建和使用这些类的对象。然后介绍了类的数据成员，它们为类的每个对象保存数据，以及如何定义操作这些数据的成员函数。再介绍了如何调用对象的成员函数来请求它提供服务，以及如何区分众多对象的成员函数中的数据成员的具体值。说明了如何使用构造函数来初始化对象数据成员的初始值，用析构函数释放类分配的资源。最后介绍了如何将类的接口同它的实现分离，从而实现用户定义类的可重用性。

总结

- 在程序可以执行类所描述的任务之前，必须创建类的对象。这是 C++ 成为面向对象语言的原因之一。
- 类的定义开始于后面跟着类名的关键字 class。
- 类的定义包含数据成员和成员函数，它们分别定义类的属性和行为。
- 出现在成员访问修饰符 public 后的成员函数，可以被程序中的其他函数及其他类的成员函数调用。
- 创建类的对象后才能调用成员函数。
- 通过在对象名之后跟随成员运算符（.）、函数名和包含函数实参的一对小括号（()）来调用成员函数。
- 声明为 private 的数据成员或成员函数只有本类的成员函数可以访问。
- 通常情况下，数据成员是私有的，实现信息隐藏。
- 对于在类外定义的每个成员函数，函数名前必须有类名和作用域运算符（::）。
- 类常常提供 public 成员函数，允许类的用户设置或者获取 private 数据成员。这些成员函数的名字通常以 Set 或者 Get 开头，称为设置函数和获取函数。
- 声明的每个类应该提供在对象被创建时初始化类对象的构造函数。构造函数是特殊的成员函数，必须用和类一样的名字定义，让编译器可以将它与类的其他成员函数区别开来。
- 构造函数不能返回值，因此它们没有函数类型（甚至 void 也不行）。通常构造函数声明为公有的。
- 不接收实参的构造函数称为默认构造函数。在没有包含构造函数的任何类中，编译器提供一个默认构造函数。如果程序员为类定义了构造函数，C++ 将不创建默认的构造函数。
- 构造函数对数据成员的初始化尽量选择在参数初始化列表里进行。
- 单参数构造函数（调用时只需要一个实参）称为转换构造函数，可以将其他类型对象转换为本类型对象。
- const（常量）数据成员或者引用数据成员必须在参数初始化列表里初始化。
- 析构函数名是在取反运算符（~）后接类名。析构函数没有参数也不返回值，一个类只能有一个析构函数。
- 析构函数在对象生命周期结束前进行清理工作。
- 如果程序员不显式提供析构函数，编译器会自动生成一个析构函数。
- 通常析构函数的调用和对象的作用域相关。一般而言，析构函数的调用顺序和构造函数的调用顺序正好相反，但使用 new 运算符动态创建的对象不包括在内。
- 类一般将接口和实现分离，将类的声明放在头文件，类成员函数的实现放在源代码文件，从而实现类的可重用性。

本章习题

1. 填空题。

（1）设计图纸和汽车之间的关系就像类和_____。
（2）每个类声明时类名前都有关键字_____。
（3）类的声明通常都存放在扩展名为_____的文件中。
（4）关键字 public 是一个_____。
（5）当成员函数在类外定义时，函数首部必须在函数名前面包含类名和_____。
（6）使用成员访问修饰符_____声明的数据成员，只有本类的成员函数可以访问。

2. 什么是默认构造函数？

3. 请说明为什么有必要为数据成员提供设置函数和获取函数。

4. 当为构造函数或析构函数指定返回类型（即使是 void）时，会出现什么问题？

5. 请创建一个名为 Class 的类（班级类，注意大写）。类包括两个数据成员，班级名称和所属专业名称（建议使用 string 类型）。提供两个构造函数，一个是默认构造函数，另一个是有两个参数（传递班级名、所属专业名）的构造函数。再提供一个成员函数 display()显示班级的信息。最后测试该类的功能。

6. 创建名为 Time（时间）的类，数据包括 3 部分信息：时、分、秒。提供有 3 个参数的构造函数对前述的 3 个数据成员进行初始化，并检查参数数据的合法性（如不合法则设置为 0）。提供 3 个数据成员的获取函数。编写测试程序创建 12 点 34 分 56 秒的对象，并显示该时间（用"："分隔时、分、秒）。

7. 创建名为 Account（账户）的类，数据包括客户名（string）和账户余额（float）。提供有参数的构造函数对数据成员初始化，并保证账户初始余额有效。提供成员函数 deposit 存款，成员函数 withdraw 取款，取款时检查余额是否足够，否则维持原余额并打印信息"余额不足"。编写测试程序，创建账户对象，并演示类的功能。

8. 正确的 Time 类定义是否可以同时包含下面两个构造函数？如果不可以，请说明原因。

```
Time( int h = 0 , int m = 0 , int s = 0 );
Time ( );
```

第 4 章

类的深入剖析

4

本章学习目标

- 如何使用类以及访问类的成员
- 对象之间如何赋值
- 如何定义对象的复制
- 什么是 const 对象
- 如何定义及使用 const 成员函数
- 如何定义及使用 static 成员
- 如何定义及使用友元（友元函数、友元类）
- 什么是组合，如何使用组

上一章给出了如何定义类、如何定义类的数据成员、成员函数、构造函数和析构函数、以及如何将类的接口和实现分离（将类的声明和成员函数定义分别放在头文件和源代码文件里）。

本章将进一步讨论基于对象编程的内容。上一章例子已经介绍了创建对象以及调用成员函数的方法，本章将进一步说明如何访问类的成员。另外，通过例子进一步深入剖析类的其他概念。

4.1 类的作用域和类成员的访问

类的数据成员（在类定义中声明的变量）和成员函数属于该类的作用域。其他全局函数在全局作用域中定义。

在类的作用域内，类的成员（数据和函数）可以被类的所有成员函数直接访问。在类的作用域之外，public 类成员通过对象的句柄（handle）之一来访问。句柄可以是对象、对象的引用或者对象的指针。注意：每次通过对象的句柄调用成员函数时，编译器会插入一个隐式的 this 指针。

程序中如何使用类？类和基本数据类型一样，可以使用类定义对象、对象指针和对象的引用（对象的句柄）。类对成员的访问与结构对成员的访问相同。后面会分别介绍对象、对象指针和对象引用如何访问类的成员。

　　类的成员函数可以重载，但是只能在该类的作用域内。重载一个成员函数，只需在类定义中提供该重载函数每个版本的函数原型声明，同时对每个重载函数提供各自独立的函数定义。

　　由于在 C++语言中扩展了作用域的概念（C 语言只有全局域和局部域），除了保留了全局域和局部域外，每个类都有各自的作用域，另外每个命名空间也有各自的作用域（参见第 9 章的内容）。因此，C++程序里有许多作用域，这么多作用域不可避免会出现重名的实体（变量、函数等），为处理这些重名的情况，C++定义了隐藏机制。

4.1.1　隐藏机制

　　在成员函数中定义的变量属于该函数作用域，只有该函数能访问它们。如果成员函数定义了与类的数据成员同名的另一个变量，那么在此函数里函数作用域内的变量将隐藏类的数据成员。这时如果还需要使用被隐藏的数据成员，则可以通过在其名前加类名作用域运算符 "::" 的方法来访问。

　　同样，函数里的变量也会隐藏同名的全局变量，此时可以在全局变量前加作用域运算符来访问。

　　【示例程序 4.1】演示隐藏机制。

```
1    // lz4.1.cpp ：演示隐藏机制
2    #include <string>
3    #include <iostream>
4    using namespace std;
5    class Major
6    {public:
7        Major();
8        void Input();
9        string GetName();
10   private:
11       string m_strName;
12   };
13   Major::Major() : m_strName("")         // 构造函数，给课程名赋值为空字符串
14   { }
15   void Major::Input()
16   {    string m_strName;                 // 定义和数据成员同名的变量
17        cout << ("\n=====添加专业信息=====\n");
18        cout << ("专业名: ");
19        cin >> m_strName;                 // 输入课程名
20   }
21   string Major::GetName()
22   {    return m_strName;
23   }
24   int x = 10;                            // 定义全局变量
25   int main()
26   {    Major m;
27        m.Input();
28        cout << "课程: " << m.GetName() << endl;
29        int x = 20;                       // 定义同名的局部变量
30        cout << x << endl;
31        cout << ::x << endl;
32        return 0;
33   }
```

程序解析：

　　（1）第 16 行定义了和数据成员同名的变量 m_strName，第 19 行给 m_strName 输入值。根据

隐藏机制的规定，此时只是给成员函数 Input() 里的局部变量 m_strName 输入值，所以成员数据的值保持不变。

（2）第 28 行通过成员函数获得对象 m 的课程名，因为创建对象是调用构造函数将课程名初始化为空字符串（第 13 行），所以输出的值是空。

（3）第 24 行和第 29 行分别定义了全局变量 x 和局部变量 x，根据隐藏机制，main() 函数里直接访问的 x 是局部变量，因此第 30 行输出的 x 值为 20。如果要使用全局变量 x，就如第 31 行在 x 前面加运算符"::"，因此第 31 行输出的 x 值为 10。图 4.1 的运行结果证明了这些解释。

```
=====添加专业信息=====
专业名: 信息安全
课程:
20
10
```

图 4.1　运行结果

4.1.2　对象访问类的成员

要通过对象访问类的成员，在对象名后加上成员运算符（.）即可。一般形式如下：

对象名 .成员名;

成员名包括数据成员和成员函数。

 可以访问的成员必须具有公有权限（public），具有私有权限（private）或者被保护权限（protected）的成员是不可以访问的，或者说成员是非公有（非 public）的就不能访问。

特别提示：下面两种情况具有私有权限（或被保护权限）的成员也可以访问：

（1）友元函数或在友元类里（具体参见 4.5 节的内容）。

（2）类成员函数定义的本类对象。

4.1.3　对象指针访问类的成员

要通过对象指针访问类的成员，在对象名后加上间接访问运算符（->）即可。一般形式如下：

对象名->成员名;

成员名包括数据成员和成员函数。

同样：只可以访问具有公有权限的成员，不可以访问具有私有权限或者被保护权限的成员。

4.1.4　对象引用访问类的成员

由 2.5 节的内容可知，对象引用其实就是对象，只是取了另外一个对象名而已。所以对象引用访问类成员就和对象访问类成员一样，在对象引用名后加上成员运算符（.）即可。一般形式如下：

对象引用名 .成员名;

成员名包括数据成员和成员函数。

和对象访问类成员一样要注意成员的访问权限，只可以访问具有公有权限的成员。

4.1.5　类成员访问的例子

下面通过一个示例程序来说明类成员访问的三种情况。

【示例程序 4.2】访问专业信息类成员的例子。

```cpp
1   // lz4.2.cpp : 类成员访问的例子
2   #include <string>
3   #include <iostream>
4   using namespace std;
5   class Major
6   {public:
7       Major(string strName);          // 有参数构造函数
8       string GetName();
9   private:
10      string m_strName;
11  };
12  Major::Major(string strName) : m_strName(strName)
13  { }
14  string Major::GetName()
15  {   return m_strName;
16  }
17  int main()
18  {   Major m("信息安全");              // 创建对象
19      cout<<m.GetName()<<endl;        // 对象访问成员函数，用对象名加 "." 运算符
20      Major& rm = m;                  // 定义对象的引用，rm 引用已存在的对象 m
21      cout<<rm.GetName()<<endl;       // 对象引用访问成员函数，用对象引用名加 "." 运算符
22      Major* pm1 = &m;                // 定义对象指针 pm1，取对象 m 的地址给 pm1
23      cout<<pm1->GetName()<<endl;     // 对象指针访问成员函数，用对象指针名加 "->" 运算符
24      Major* pm2 =                    // 定义对象指针 pm2 并用 new 运算符动态创建对象
            new Major("通信工程");
25      cout<<pm2->GetName()<<endl;     // 对象指针访问成员函数，用对象指针名加 "->" 运算符
26      delete pm2;
27      return 0;
28  }
```

程序解析：

（1）第 19 行，对象访问成员函数：m.GetName()。

（2）第 21 行，对象引用访问成员函数：rm.GetName()。

（3）第 23 行和第 25 行，对象指针访问成员函数：pm1->GetName()，pm2->GetName()。

（4）如果程序中使用对象（或者对象引用、对象指针）去访问数据成员 m_strName，比如加入 m.m_strName;，程序编译时将会报错（error C2248: 'Major::m_strName' : cannot access private member declared in class 'Major'）。

4.2　对象的赋值和复制

4.2.1　对象的赋值

C 语言中对于基本数据类型的变量，可以用同类型的变量或数据通过赋值运算符（=）给它赋值。对于类的对象可以赋值吗？如何赋值？下面内容来解答这些问题。

在 C++语言中，类的对象也可以赋值，同样也是通过赋值运算符（=）将一个对象赋值给另一

个类型相同的对象。默认情况下，这样的赋值通过逐个成员赋值的方式进行，即赋值运算符右边的对象的每个数据成员逐一赋值给赋值运算符左边对象中的同一数据成员，这和 C 语言中的结构变量之间的赋值一样。

C++ 语言中类对象之间可以赋值，是因为 C++ 语言重载了赋值运算符，在重载的赋值运算符里实现数据成员逐一赋值（当然我们也可以自己重载赋值运算符，具体参见第 5 章的内容）。

提示　　(1) 必须同类的对象才可以互相赋值。
　　(2) 类中动态分配的数据，默认赋值运算符不会赋值。默认赋值运算符只实现浅拷贝，如要实现深拷贝就需要重载赋值运算符。
　　(3) 如果自己重载赋值运算符，最好逐一赋值所有的数据成员。

下面通过一个示例程序来详细了解对象的赋值。

【示例程序 4.3】 日期类 Date 的使用。

分别列出 Date 类的头文件、源代码文件以及使用 Date 类的主函数文件 lz4.3.cpp。

```
1    // Date.h : 类声明的头文件
2    class Date
3    {public:
4        Date(int nYear, int nMon, int nDay);          // 构造函数
5        void display();                               // 显示日期
6    private:
7        int m_nYear, m_nMon, m_nDay;                  // 年、月、日
8    }
```

```
1    // Date.cpp : 类定义的源代码文件
2    #include "Date.h"
3    #include <iostream>
4    using namespace std;
5    Date::Date(int nYear, int nMon, int nDay)          // 构造函数
6    : m_nYear(nYear), m_nMon(nMon), m_nDay(nDay)
7    { }
8    void Date::display()                               // 显示日期
9    {   cout <<m_nYear<<"-"<<m_nMon<<"-"<<m_nDay<<endl;
10   }
```

```
1    // lz4.3.cpp : 使用 Date 类，并演示对象的赋值
2    #include "Date.h"
3    #include <iostream>
4    using namespace std;
5    int main()
6    {   Date d1(2021, 1, 1);                           // 创建对象 d1
7        Date d2(2021, 8, 8);                           // 创建对象 d2
8        cout << "d1:";
9        d1.display();                                  // 显示日期 d1
10       cout << "d2:";
11       d2.display();                                  // 显示日期 d2
12       d1 = d2;                                       // 对象赋值
13       cout << "d1:";
14       d1.display();                                  // 显示日期 d1
15       return 0;
16   }
```

程序解析：

（1）主函数中，第 6、7 行分别创建了两个对象，d1 是日期 2021-1-1，d2 是日期 2021-8-8，可从第 8~11 行代码的输出结果来证实。

（2）第 12 行使用赋值运算符将 d2 赋值给 d1，将 d2 的数据成员逐一赋值给 d1 的数据成员，即 d1 的日期也是 2021-8-8。可从第 13、14 行代码的输出结果来证实。

本示例程序的运行结果如图 4.2 所示。

```
d1:2021-1-1
d2:2021-8-8
d1:2021-8-8
```

图 4.2　运行结果

4.2.2　对象的复制

现实中时常会出现复制的情况，比如生物"克隆"。在 C 语言中最常见的复制情况是函数按值传递参数，调用函数时传递实参给形参就需要将实参复制给形参，所以在函数中使用的是实参的副本。在 C++的函数中，对象也可以作为函数的实参按值传递，因此实参对象也需要复制一个实参的副本在函数中使用。

在 C++中，对象的复制通过复制构造函数来实现，复制构造函数也称拷贝构造函数，是一种特别的构造函数。复制构造函数和一般构造函数一样创建新对象，同时将被复制对象的值复制到新创建的对象中。对于每个类，编译器都提供了一个默认的复制构造函数，可以将被赋值对象的每个数据成员逐一复制给新对象的相应数据成员。默认的复制构造函数和默认的赋值运算符一样，也是浅拷贝而不会复制动态分配的数据，需要自己提供复制构造函数。自己提供复制构造函数时，最好逐一复制所有数据成员。

复制构造函数是用一个已有的对象的值去创建一个新的对象，复制构造函数的声明如下：

```
(类 T)：T( T& );
```

或

```
T( const T& );
```

提倡使用后一种声明形式，因为 const 使得复制构造函数不可能对被复制的对象进行修改。

在示例程序 4.3 的基础上增加复制构造函数来说明如何声明和定义复制构造函数。

【示例程序 4.4】带复制构造函数的 Date 类。

分别列出 Date 类的头文件、源代码文件以及使用 Date 类的主函数文件 lz4.4.cpp。

```
1    // Date.h：类声明的头文件
2    class Date
3    {public:
4        Date(int nYear, int nMon, int nDay);        // 构造函数
5        Date(const Date& rhs);                       // 复制构造函数
6        void display();                              // 显示日期
7    private:
8        int m_nYear, m_nMon, m_nDay;                 // 年、月、日
9    };
```

```
1    // Date.cpp：类定义的源代码文件
2    #include "Date.h"
```

```
3    #include <iostream>
4    using namespace std;
5    Date::Date(int nYear, int nMon, int nDay)          // 构造函数
6    : m_nYear(nYear), m_nMon(nMon), m_nDay(nDay)
7    {  }
8    Date::Date(const Date& rhs)                         // 复制构造函数
9    {   m_nYear = rhs.m_nYear;
10       m_nMon = rhs.m_nMon;
11       m_nDay = rhs.m_nDay;
12   }
13   void Date::display()                                // 显示日期
14   {   cout <<m_nYear<<"-"<<m_nMon<<"-"<<m_nDay<<endl;
15   }
```

```
1    // lz4.4.cpp : 使用 Date 类, 并演示对象复制
2    #include "Date.h"
3    #include <iostream>
4    using namespace std;
5    int main()
6    {   Date d1(2021, 1, 1);
7        cout << "d1:";
8        d1.display();
9        Date d2(d1);                                    // 复制 d1 创建对象 d2
10       cout << "d2:";
11       d2.display();
12       return 0;
13   }
```

程序解析：

（1）Date.h 文件中第 5 行声明了复制构造函数，Data.cpp 文件中第 8~12 行定义了复制构造函数。

（2）主函数中，第 6 行创建对象 d1，d1 是日期 2021-1-1，第 9 行复制 d1 创建对象 d2。第 9 行提供 Date 类的复制构造函数创建对象 d2，所以 d2 的值和 d1 一样。可从第 7、8 行和第 10、11 行的输出结果来证实。

本示例程序的运行结果如图 4.3 所示。

```
d1:2021-1-1
d2:2021-1-1
```

图 4.3　运行结果

从前文的内容可知使用复制构造函数的两种情况：一是用已有的对象复制创建新的对象，二是函数按值传递对象参数。另外还有一种情况：函数按值返回对象。

下面用一个示例程序来演示这三种使用情况，在示例程序 4.4 基础上继续使用 Date 类的代码，只修改主函数所在文件的代码。

【示例程序 4.5】演示何时使用复制构造函数。

```
1    // Date.cpp : 类定义的源代码文件
2    #include "Date.h"
3    #include <iostream>
4    using namespace std;
5    Date::Date(int nYear, int nMon, int nDay)          // 构造函数
6    : m_nYear(nYear), m_nMon(nMon), m_nDay(nDay)
7    {  }
8    Date::Date(const Date& rhs)                         // 复制构造函数
```

```
9   {    m_nYear = rhs.m_nYear;
10       m_nMon = rhs.m_nMon;
11       m_nDay = rhs.m_nDay;
12       cout << "复制构造函数: ";
13       display();
14  }
15  void Date::display()                                  // 显示日期
16  {    cout <<m_nYear<<"-"<<m_nMon<<"-"<<m_nDay<<endl;
17  }
```

```
1   // lz4.5.cpp : 演示三种复制构造函数的使用情况
2   #include "Date.h"
3   #include <iostream>
4   using namespace std;
5   void func1(Date d)                                    // 传递对象参数
6   {    }
7   Date func2()
8   {    Date d(2021, 1, 2);
9        return d;                                        // 返回对象
10  }
11  int main()
12  {    Date d1(2021, 1, 1);
13       Date d2(d1);                                     // 复制 d1 创建新对象 d2
14       Date d3 = d1;
15       func1(d1);                                       // 函数传递对象参数
16       Date d3 = func2();                               // 函数返回对象
17       return 0;
18  }
```

程序解析:

（1）Date.cpp 文件中增加了第 12、13 行，这两句是为了演示是否进入了复制构造函数，实际使用代码时可以删除。

（2）在主函数中，第 13 行是用已有对象 d1 复制创建新的对象 d2，因此调用复制构造函数。

（3）在主函数中，第 15 行调用函数并按值传递参数 d1，会复制实参的副本，因此调用复制构造函数。

（4）在主函数中，第 16 行调用函数返回对象，需要复制函数返回的对象再将其赋值给对象 d3，因此调用复制构造函数。

（5）在主函数中，第 14 行定义对象 d3 同时将 d1 赋值给它，注意：此时也相当于用 d1 复制创建对象 d3，因此也调用复制构造函数。

该程序的运行结果如图 4.4 所示。

```
复制构造函数: 2021-1-1
复制构造函数: 2021-1-1
复制构造函数: 2021-1-1
复制构造函数: 2021-1-2
```

图 4.4 运行结果

该示例程序演示了三种使用复制构造函数的情况，主函数中第 13、14 行这两种写法都是用已有对象复制创建新的对象，但建议大家尽量使用第 13 行的写法。

4.3　const 对象和 const 成员函数

4.3.1　const 对象

最小权限原则是程序开发的基本原则之一。最小权限原则是：每个程序和系统用户都应该具有完成任务所必需的最小权限集合。最小权限原则限制代码运行所需的安全权限，可以避免或降低代码在被恶意用户利用时造成的损失。

根据最小权限原则，程序中有一些对象可以修改，而有一些对象则不可以修改。程序员可以使用关键字 const 来指定对象（常对象）是不可修改的，这样任何试图修改该对象的操作都将导致编译错误。例如语句 const Date newyear(2022, 1, 1);，即声明了一个 Date 类的 const 对象 newyear，并将它初始化为 2022 年 1 月 1 日。

对象不可修改就是不可以修改类中任何的数据成员，因此对 const 对象不能有任何修改的企图。对于 const 对象，C++编译器不允许调用成员函数，即使是获取成员函数不修改对象也没法调用（通常就返回一个数据成员）。

4.3.2　const 成员函数

const 对象不可能完全不访问类中的数据成员，为了让 const 对象可以获取数据成员，C++提供了 const 成员函数（常成员函数），允许 const 对象调用 const 成员函数。

const 成员函数是在声明和定义时在函数首部最后面添加 const 关键字。例如：

函数类型函数名（形参列表）　const

提示　在 const 成员函数里不能修改数据成员，否则编译时会报错。

下面的示例程序 4.6 是在示例程序 4.3 的基础上增加了一些获取函数来说明 const 对象和 const 成员函数的使用。

【示例程序 4.6】日期类 Date 的使用，演示 const 对象和 const 成员函数的使用。

```
1    // Date.h : 类声明的头文件
2    class Date
3    {public:
4        Date(int nYear, int nMon, int nDay) ;        // 构造函数
5        void display();                              // 显示日期
6        int getYear();                               // 获取成员函数
7        int getYear() const;                         // const 成员函数
8        int getMon();                                // 获取成员函数
9    private:
10       int m_nYear, m_nMon, m_nDay;  // 年、月、日
11   };
```

```
1    // Date.cpp : 类定义的源代码文件
2    #include "Date.h"
3    #include <iostream>
4    using namespace std;
5    Date::Date(int nYear, int nMon, int nDay)        // 构造函数
```

```
6        : m_nYear(nYear), m_nMon(nMon), m_nDay(nDay)
7        { }
8        void Date::display()                                      // 显示日期
9        {    cout <<m_nYear<<"-"<<m_nMon<<"-"<<m_nDay<<endl;
10       }
11       int Date::getYear()                                       // 获取成员函数
12       {    return m_nYear;
13       }
14       int Date::getYear() const                                 // const 成员函数
15       {    return m_nYear;
16       }
17       int Date::getMon()                                        // 获取成员函数
18       {    return m_nMon;
19       }
```

```
1     // lz4.6.cpp : 演示 const 对象和 const 成员函数的使用
2     #include "Date.h"
3     #include <iostream>
4     using namespace std;
5     int main()
6     {    Date d1(2021, 1, 1);
7          const Date d2(2021, 1, 1);
8          cout <<d1.getYear()<<"-"<<d1.getMon()<<endl;
9          cout <<d2.getYear()<<endl;
10         cout <<d2.getYear()<<"-"<<d2.getMon()<<endl;
11         return 0;
12    }
```

程序解析：

（1）Date.h 文件中第 7 行声明 const 成员函数，Date.cpp 文件中第 14~16 行定义 const 成员函数，在函数首部最后面都有 const 关键字。

（2）Date.h 文件中第 6 行和第 7 行声明的成员函数名都是 getYear()，属于函数重载，所以非 const 成员函数和 const 成员函数是不同的。

（3）lz4.6.cpp 文件中定义了 const 对象 d2（第 7 行），第 10 行 d2 调用成员函数 getYear()、getMon()，因为 getMon()不是 const 成员函数，所以编译时会报错（error C2662: 'Date::getMon' : cannot convert 'this' pointer from 'const Date' to 'Date &'）。第 9 行 d2 调用的是 const 成员函数，所以编译会顺利通过。

（4）如果在 Date.cpp 文件中的第 14~16 行 getYear()函数的定义中修改数据成员，比如：m_Year = 2020;，那么编译将会报错（error C2166: l-value specifies const object）。

（5）如果在 const 成员函数中调用非 const 成员函数，比如 const getYear()函数中调用 getMon() 函数，编译也会报错（error C2662: 'Date::getMon' : cannot convert 'this' pointer from 'const Date' to 'Date &'）。

深入分析（3）的错误：在 3.4 节介绍过，编译时会在成员函数里插入一个 this 指针，该指针值是调用成员函数这个对象的地址。从表 3.2 可以知道这个 this 指针的类型是"类*const this"，这表示能通过指针修改对象值。而 d2 是 const 对象，因此它的地址是 const Date*，所以类型没法适配。

深入分析（5）的错误：因为第 3 章还没有讲述 const 成员函数，那个 this 指针只是针对非 const 成员函数。而 const 成员函数的 this 指针的类型是"const 类*const this"，所以在 const getYear()函数里的 this 指针是 const Date* const，而 getMon()函数的 this 指针是 Date*const this，所以类型没法适配。

4.3.3　mutable 数据成员

const 对象的任何数据成员都不能修改,但有时也有特例。比如,某个数据成员总是可以修改的,这时如果不使用 const 对象又无法保证其他数据成员的安全。对此,C++语言提供了 mutable 数据成员这一特性,定义为 mutable 数据成员就不受 const 对象和 const 成员函数的限制,可以任意修改。

在类中声明数据成员时,在前面加关键字 mutable,这种数据成员就是 mutable 数据成员,可以对它任意修改。

4.3.4　const 对象和 const 成员函数的说明

针对 const 对象和 const 成员函数总结出以下几点说明:

(1) const 对象从创建后数据成员值就保持不变。

(2) const 对象只能调用 const 成员函数。

(3) const 成员函数不能修改任何数据成员。

(4) const 成员函数里只能调用 const 成员函数。

(5) 构造函数和析构函数因为其特殊性不能声明为 const 成员函数,因为构造函数的主要作用就是初始化数据成员,析构函数是释放资源,它们都必须对数据成员进行某些修改。

(6) mutable 修饰的数据成员可以随意修改,不受(3)的限制。

4.4　类作为函数参数

函数参数类型如果是类,和基本数据类型一样,也有 3 种情况:

(1) 类对象(按值传递)。

(2) 类对象指针(按地址传递)。

(3) 类对象引用(按引用传递)。

另外,const 可以修饰对象(const 对象),所以上面 3 种情况叠加 const 修饰就有 6 种情况。例如类 T 作为函数参数可以有下面 6 种情况:

(1) 类对象: void func(T t)。

(2) 类对象: void func(const T t)。

(3) 类对象指针: void func(T* pt)。

(4) 类对象指针: void func(const T* pt)。

(5) 类对象引用: void func(T&rt)。

(6) 类对象引用: void func(const T& rt)。

分析:其中(1)和(2)用类对象作为参数,实际传递进入函数的是实参的副本,所以这两种情况在函数里不能修改实参,但(2)更是对副本也不能修改。

其中(3)和(4)用类对象指针作为参数,虽然对象指针传递进入函数也是这个对象指针的副本，但因为传递进入函数的是实参的地址，所以通过对象地址能够修改实参对象的值。

其中（4）因为 const 修饰后是禁止通过地址修改实参的，所以（4）的效果和（1）相似。而实际应用中通常更多使用（1），因为（1）更简洁且安全。

其中（5）和（6）用类对象引用作为参数，实际传递进入函数的就是实参本身，所以能够直接修改对象的值。

其中（5）的效果和（3）相似，可以修改实参，但前面 2.5 节提过，使用引用要优于指针。

其中（6）因为 const 修饰后是禁止修改实参的，所以（6）的效果和（1）相似。而实际应用中通常使用（6）更优，因为其效率更优。

下面通过示例程序来演示这 6 种情况。

【示例程序 4.7】日期类 Date 作为函数参数的使用情况。

```
1    // Date.h ：类声明的头文件
2    class Date
3    {public:
4        Date(int nYear, int nMon, int nDay) ;          // 构造函数
5        Date(const Date& rhs);                          // 复制构造函数
6        void setYear(int nYear);                        // 修改年
7        void display() const;                           // 显示日期
8    private:
9        int m_nYear, m_nMon, m_nDay;                    // 年、月、日
10   };
```

```
1    // Date.cpp ：类定义的源代码文件
2    #include "Date.h"
3    #include <iostream>
4    using namespace std;
5    Date::Date(int nYear, int nMon, int nDay)           // 构造函数
6    : m_nYear(nYear), m_nMon(nMon), m_nDay(nDay)
7    { }
8    Date::Date(const Date& rhs)                         // 复制构造函数
9    {   m_nYear = rhs.m_nYear;
10       m_nMon = rhs.m_nMon;
11       m_nDay = rhs.m_nDay;
12       cout << "复制构造函数：";
13       display();
14   }
15   void Date::setYear(int nYear)                       // 修改年
16   {   m_nYear = nYear;
17   }
18   void Date::display() const                          // 显示日期
19   {   cout <<m_nYear<<"-"<<m_nMon<<"-"<<m_nDay<<endl;
20   }
```

```
1    // lz4.7.cpp ：类对象作为函数的参数
2    #include "Date.h"
3    #include <iostream>
4    using namespace std;
5    void func1(Date d)
6    {   d.setYear(2011);                                // 修改年
7    }
8    void func2(const Date d)
9    {   d.setYear(2011);                                // 修改年，错误
10       d.display();
11   }
12   void func3(Date* pd)
13   {   pd->setYear(2012);                              // 修改年
```

```
14    }
15    void func4(const Date* pd)
16    {   pd->setYear(2011);                              // 修改年，错误
17        pd->display();
18    }
19    void func5(Date& d)
20    {   d.setYear(2013);                                // 修改年
21    }
22    void func6(const Date& d)
23    {   d.setYear(2011);                                // 修改年，错误
24        d.display();
25    }
26    int main()
27    {   Date d(2022, 1, 1);
28        func1(d);
29        d.display();
30        cout << "----------\n";
31        func2(d);
32        cout << "----------\n";
33        func3(&d);
34        d.display();
35        cout << "----------\n";
36        func4(&d);
37        cout << "----------\n";
38        func5(d);
39        d.display();
40        cout << "----------\n";
41        func6(d);
42        return 0;
43    }
```

程序编译说明：lz4.7.cpp 中第 9、16、23 行编译时会报错（error C2662: 'Date::setYear' : cannot convert 'this' pointer from 'const Date' to 'Date &'），因为 func2()、func4()、func6() 这三个函数的参数分别是 const 对象、const 对象指针和 const 对象引用，它们只能调用 const 成员函数。而 display() 函数是 const 成员函数（见 Date.h 第 7 行），所以第 10、17、24 行编译能够顺利通过。删掉 lz4.7.cpp 中的第 9、16、23 行对 setYear() 函数的调用代码，程序编译成功。本示例程序的运行结果如图 4.5 所示。

```
复制构造函数：2022-1-1
2022-1-1
----------
复制构造函数：2022-1-1
2022-1-1
----------
2012-1-1
----------
2012-1-1
----------
2013-1-1
----------
2013-1-1
```

图 4.5　运行结果

程序解析：

（1）func1()、func2() 函数使用类对象，所以参数需要复制副本，因此会调用复制构造函数，而且函数任何操作都不会影响实参的值。在 func1() 中已将年份修改为 2011，但主函数中 d 对象的年份还是 2022。

（2）func3()、func4() 函数使用类对象指针，参数需要复制副本，但复制的是指针而不是对象，所以不会调用复制构造函数。func3() 函数中通过实参对象 d 的地址把年份修改为 2012，所以执行 func3() 后主函数中 d 对象的年份变为 2012。func4() 函数因为 const 限制函数参数，所以执行 func4()

后主函数中 d 对象不变。

（3）func5()、func6()函数使用类对象，函数中的参数就是实参（对象 d）本身，所以参数不需要复制副本。func5()函数中可以修改参数（实参本身），把年份修改为 2013，因此 func5()函数执行后主函数中 d 对象的年份变为 2013。func6()函数因为 const 限制函数参数，所以执行 func6()后主函数中 d 对象不变。

4.5   动态创建和删除对象

第 2.10 节提到过，C++语言增加了 new 和 delete 运算符来动态管理内存，通过这两个运算符允许程序员在程序中对任何基本数据类型或用户自定义的类型控制其内存的分配与释放，这被称为动态内存管理。

第 2.10 节介绍了 new 和 delete 运算符针对基本数据类型的使用方法，在第 3.7 节也简单提到过使用 new 创建对象和使用 delete 删除对象，本节详细介绍如何动态创建和删除对象。动态内存针对的是指针类型，本节介绍如何使用对象指针。对象指针也是使用 new 运算符创建，然后使用 delete 运算符删除。

使用 new 运算符创建对象包括两个操作：首先分配对象需要的内存，然后调用构造函数初始化对象。

使用 delete 运算符删除对象包括两个操作：首先调用析构函数释放对象用到的资源，然后释放对象所占的内存。

从上面内容可以知道，对象和其他数据类型的动态创建和删除的区别在于：对象在创建时要调用构造函数，在删除时要调用析构函数。

如果使用 new [] 动态创建多个对象（数组），同样需要使用 delete [] 动态删除多个对象。而且使用 new [] 动态创建多个对象就如同定义对象数组，需要调用默认构造函数。

下面通过一个示例程序来演示动态创建和删除对象。

【示例程序 4.8】动态创建和删除课程类 Course。学校每年开设的课程数量不是固定的，所以动态创建对象比固定对象数组更优。

```
1    // Course.h : 类声明
2    #include <string>
3    #include <iostream>
4    using namespace std;
5    class Course
6    {public:
7        Course();                              // 默认构造函数
8        Course(const string& strName);         // 有参构造函数
9        ~Course();                             // 析构函数
10       void SetName(string strName);          // 设置函数
11   private:
12       string m_strName;                      // 数据成员：课程名
13   };
```

```
1    //  Course.cpp : 类定义
2    #include "Course.h"
3    Course::Course()
```

```
4    {    m_strName = "";
5         cout << "默认构造函数" << endl;
6    }
7    Course::Course(const string& strName)
8    {    m_strName = strName;
9         cout << "构造函数:" << m_strName << endl;
10   }
11   Course::~Course()
12   {    cout << "析构函数" << endl;
13   }
14   void Course::SetName(string strName)                    // 设置函数
15   {    m_strName = strName;
16   }
```

```
1    // lz4.8.cpp : 演示动态创建和删除对象
2    #include "Course.h"
3    int main()
4    {    Course* pCourse1 = new Course("信息安全");
5         delete pCourse1;
6         cout << "------------------\n";
7         Course* pCourse2 = new Course[3];
8         pCourse2[0].SetName("通信工程");
9         delete [] pCourse2;
10        return 0;
11   }
```

程序解析：

（1）在 Course.cpp 文件的构造函数和析构函数中加了一句输出（第 5、9、12 行）是为了演示之用，实际代码是不需要的。

（2）lz4.8.cpp 文件中的第 4、5 行是动态创建和删除单个对象。创建时会调用构造函数，删除时会调用析构函数。

（3）第 7 行是动态创建多个对象（相当于对象数组），第 9 行是动态删除多个对象。和定义对象数组一样，动态创建多个对象时需要多次调用默认的构造函数。此时需要通过类似数组元素去调用设置函数以设置对象的数据成员，如第 8 行。

（4）动态删除多个对象必须使用 delete []（第 9 行），这样会调用多次析构函数（次数和创建时调用构造函数的次数相同），如果使用 delete 就会只调用一次析构函数，而且严重的话可能会导致程序崩溃。

本示例程序的运行结果如图 4.6 所示。图（a）是使用 delete [] 动态删除多个对象的结果，因为动态创建时数量是 3，所以调用了 3 次默认构造函数，然后删除时也调用了 3 次析构函数。图（b）是使用 delete 动态删除多个对象的结果，最后只调用了一次析构函数，因此会导致内存泄漏，严重的话会让程序崩溃。

（a）正确结果

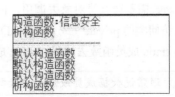

（b）错误结果

图 4.6　运行结果

4.6　static 类成员

对于类的每个对象来说，一般每创建一个对象都会分配内存保存各自的数据成员，即它们各自拥有类所有数据成员的一份副本。但是，现实当中会有些例外，有些数据可能是类对象共享的，在这种情况下，仅有数据的一份副本供类的所有对象共享。static（静态）数据成员正是由于这样的情况而被使用，这样的数据成员表示了"整个类范围或作用域意义上"的信息（即类的所有对象所共享的一个性质，而不是类的某个特定对象的一个属性）。static 成员的声明由关键字 static 开头。

让我们通过一个例子来进一步说明对类范围的 static 数据的需求。假设有个轿车工厂，为了记录轿车的生产情况，需要一个计数器来统计工厂从投产开始累计生产的轿车数量。在类 Car 里需要有数据成员 carCount 来统计轿车数量，我们可以将 carCount 作为 Car 类的每个对象的数据成员。如果这样，每个 Car 对象都将有一份独立的该数据成员的副本。每次当我们创建一个新的 Car 对象时，都不得不更新所有 Car 对象的数据成员 carCount。这就需要每个 Car 对象都具有可以访问内存中所有其他 Car 对象的方法。所以，这些多余的副本将浪费空间，并且更新每份单独的副本也将浪费时间。为此我们将 carCount 声明为 static，这样使得 carCount 成为类范围的数据。每个 Car 都可以访问 carCount，就好像它是这个 Car 对象的数据成员一样，但是实际上仅有 static 的 carCount 的一份副本由 C++进行维护，这样就节省了空间。此外，通过用 Car 构造函数使 static 变量 carCount 的值自增，通过 Car 的析构函数对 carCount 的值自减，从而节省了时间。因为只有一份副本，就不用再考虑为每个 Car 对象各自的 carCount 副本进行自增或自减操作的问题了。

尽管类的 static 数据成员看上去就像是全局变量，但实际上是 static 数据成员只在类的作用域起作用。另外，static 成员和其他数据成员（非 static 数据成员）一样具有访问权限，可以被声明为 public、private 或 protected。static 数据成员通常在文件作用域（换言之，在类体之外）进行定义（此时给 static 数据成员分配内存），并可以在定义时初始化（不一定必须初始化）。

> 提示　（1）基本类型的 static 数据成员默认情况下初始化为 0。
> 　　　（2）const int（或枚举类型）的 static 数据成员在类体中定义并初始化。
> 　　　（3）类类型的 static 数据成员需要通过构造函数初始化（显式调用或者隐式调用默认的构造函数）。

类的 public 的 static 数据成员，在类外也具有访问权限，因此只需简单地在 static 数据成员名前加上类名和作用域运算符（::）即可访问。

类的 private（或 protected）的 static 数据成员和其他非 static 的 private（或 protected）成员一样，在类外没有访问权限，只有通过类的 public 成员函数访问（或者类的友元访问，参见 4.5 节）。而 public 成员函数需要通过类对象去调用，但即使没有任何类的对象存在，类的 static 成员仍然存在，此时要如何访问类的 private（或 protected）的 static 数据成员？对此 C++提供了 static 成员函数，通过 public 的 static 成员函数去访问。static 成员函数和 static 数据成员统称为 static 成员。

> 提示　通常说数据成员或成员函数就是指"非 static 数据成员"或"非 static 成员函数"。

在类中，static 成员的使用和非 static 成员基本一样。但在类外使用 static 成员和非 static 成员有些区别。

- 相同的是都需要考虑访问权限,只有 public 成员可以访问;都可以通过对象加成员运算符(.)或对象指针加间接访问运算符(->)去访问。
- 不同的是 static 成员可以不需要对象,通过在前面加类名和作用域运算符(::)去访问。而且提倡使用这种方式去访问 static 成员。

下面通过示例程序子来演示 static 成员的使用。

【示例程序 4.9】轿车工厂里定义轿车类 Car,统计工厂生产的轿车总数量以及平均年产量(通过开始生产年份和当前生产年份来计算)。

```
1   // Car.h : 类声明
2   class Car
3   {public:
4       Car();
5       static void setCurrentYear(int year)        // 设置当前生产年份
6       {   currentYear = year;
7       }
8       static int getCount()                        // 获取生产总数量
9       {   return carCount;
10      }
11      static float average();                      // 平均年产量
12  private:
13      static int carCount;                         // 生产轿车总数量
14      static int startYear;                        // 工厂开始生产轿车时的年份
15      static int currentYear;                      // 当前生产年份
16  };
```

```
1   // Car.cpp : 类定义
2   #include "Car.h"
3   int Car::carCount = 0;                           // 计数器初始化为 0
4   int Car::startYear = 2020;                       // 工厂从 2020 年开始生产
5   int Car::currentYear;
6   Car::Car()
7   {   carCount++;
8   }
9   float Car::average()                             // 平均年产量
10  {   float aver = (float)carCount/(currentYear-startYear+1);
11      return aver;
12  }
```

```
1   // lz4.9.cpp : static 成员的使用
2   #include "Car.h"
3   #include <iostream>
4   using namespace std;
5   int main()
6   {   Car* pCar1 = new Car[1000];                  // 2020 年生产 1000 辆
7       Car* pCar2 = new Car[1400];                  // 2021 年生产 1400 辆
8       Car* pCar3 = new Car[1500];                  // 2022 年生产 1500 辆
9       Car::setCurrentYear(2022);                   // 当前年份为 2022 年
10      cout << "总数量: " << Car::getCount() << endl;
11      cout << "平均产量: " << Car::average() << endl;
12      delete [] pCar3;
13      delete [] pCar2;
14      delete [] pCar1;
15      return 0;
16  }
```

程序解析：

（1）Car.h 第 13~15 行声明了 3 个 static 数据成员，Car.cpp 第 3、4 行定义 static 数据成员并初始化，第 5 行定义 static 数据成员。注意：声明时数据成员前面加关键字 static 表示为 static 数据成员，但类外定义 static 数据成员时前面不需要 static，如在 Car.cpp 第 3 行前面加 static 会报错（error C2720: 'Car::carCount' : 'static ' storage-class specifier illegal on members）。

（2）Car.h 第 5~10 行声明并定义了 2 个 static 成员函数，第 11 行声明了一个 static 成员函数 average()，Car.cpp 第 9~12 行定义了 static 成员函数 average()。因为 static 成员函数在类里和类外都可以定义。注意：同样声明时成员函数前面加关键字 static 表示为 static 成员函数，但类外定义 static 成员函数时前面不需要 static，如在 Car.cpp 第 9 行前面加 static 会报错（error C2724: 'Car::average' : 'static' should not be used on member functions defined at file scope）。

（3）static 成员在类外定义时要在 static 数据成员前面或 static 成员函数名前面加上类名和作用域运算符（::）。如 Car.cpp 第 9 行的 Car::。

（4）Car.cpp 的构造函数中 carCount++; 表示每创建一个轿车就自增 1。

（5）static 成员在类外通过类名加上作用域运算符（::）来访问，如 lz4.9.cpp 的第 9~11 行访问 static 成员函数。当然也可以使用类对象加成员运算符去访问，比如第 9 行也可以写成：pCar1[0].setCurrentYear（2022）。但不提倡这种用法，因为前一种写法可以很明确知道访问的是 static 成员函数，而后一种写法不能确定。

（6）lz4.9.cpp 第 6~8 行表示 2020—2022 年每年生产的轿车（1000 辆、1400 辆、1500 辆），所以总数量应该是 3900 辆，年平均产量应该是 1300 辆。

本示例程序的运行结果如图 4.7 所示。

```
总数量：3900
平均产量：1300
```

图 4.7 运行结果

从 3.4 节可知，成员函数是统一存储的，并且通过 this 指针知道成员函数里访问的数据成员是哪个对象的。但此内容针对的是非 const 成员函数，现在增加了 const 成员函数的概念。const 成员函数也是统一存储，但因为 const 成员函数可以直接通过类名去访问，所以 const 成员函数里没有 this 指针（this 指针是调用成员函数的对象的地址）。进一步，因为 const 成员函数里没有 this 指针，所以它不能访问非 const 数据成员（从 3.4 节可知，通过 this 指针才知道成员函数里的非 const 数据成员是哪个对象的）。

【示例程序 4.10】在示例程序 4.9 的基础上增加一个数据成员——轿车类型。演示在某 static 成员函数里使用该数据成员。

```
1    // Car.h ：类声明
2    #include<string>
3    usingnamespacestd;
4    class Car
5    {public:
6        Car();
7        static void setCurrentYear(int year)        // 设置当前生产年份
8        {   currentYear = year;
9            carModel = "Model A";
10       }
```

```
11  private:
12      string carModel;              // 每辆轿车的类型
14      static int carCount;          // 生产轿车总数量
15      static int startYear;         // 工厂开始生产轿车时的年份
16      static int currentYear;       // 当前生产年份
17  };
```

程序解析：第 12 行增加了一个数据成员 carModel（非 const），在 const 成员函数 setCurrentYear() 里增加对 carModel 的使用（第 9 行），但程序编译时会报错（error C2597: illegal reference to non-static member 'Car::carModel'），所以在 const 成员函数里不能使用非 const 数据成员。

4.7 友元函数和友元类

从 3.1 节可知，类的成员是有访问权限限制的。在类之外只能访问 public 成员，而不能直接访问 private 成员（或 protected 成员）。此处不讨论 private 成员函数（或 protected 成员函数），因为这属于类设计的问题，成员函数是类的接口，如果设计为 private 成员函数（或 protected 成员函数）表示不作为对外接口。而类外如果要访问 private 数据成员（或 protected 数据成员）只有通过 public 成员函数（比如 3.3 节的设置函数和获取函数），但这种机制也会带来如下问题：

（1）使用函数会消耗资源和降低性能，让代码更复杂。

（2）有些复杂的问题可能需要多个类去描述。

对于上面两个问题，问题（1）通过内置（或内联）函数勉强可以解决。但问题（2）就不那么容易解决了。

现实生活中问题（2）这种情况也不少见，比如计算机，它由主板、中央处理器、内存、硬盘、显卡、网卡、显示器、键盘、鼠标、电源等组成，而每个组成部件都不简单。如果用类来描述，最好是每个部件定义一个类，然后使用组合方式将这些类组成计算机类（下一节会讲述组合内容）。这些类之间关系非常紧密，互相之间有非常多的操作，比如中央处理器和内存之间、内存和硬盘之间等。所以这种关系比较紧密的类是否可以有种特权，能够访问 private 数据成员（或 protected 数据成员）。

C++语言提供了"友元"这种方式来实现访问 private 数据成员（或 protected 数据成员）的特权。友元来自关键字"friend"，友元有两种情况：

（1）在类声明中，如果在函数原型前加关键字 friend，该函数就声明为该类的友元函数。该函数可以是全局函数或其他类的成员函数。

（2）在类声明中，如果在其他类前加关键字 friend，其他类就声明为该类的友元类。

声明为类的友元函数和友元类，就能够访问该类的 private 数据成员（或 protected 数据成员）。

（1）友元不受访问权限限制，即友元的声明可以在类的任何部分。

（2）友元函数不是类的成员函数。

（3）友元关系是授予的而不是索取的，类 A 声明类 B 是友元，是授予类 B 访问类 A private 数据成员的权利，而不是索取访问类 B private 数据成员的权利。

（4）友元关系是不对称的，类 A 声明类 B 是友元，并不表示类 A 也是类 B 的友元（否则（3）点就不成立了）。

（5）友元关系也不是传递的，即如果类 A 是类 B 的友元，类 B 是类 C 的友元，并不能由此推断类 A 是类 C 的友元。

下面通过示例程序来演示友元函数的使用。

【示例程序 4.11】 日期类 Date，不使用本类的成员函数实现时间。

```
1    // Date.h : 类声明
2    #include <iostream>
3    using namespace std;
4    class Date
5    {public:
6        Date(int nYear, int nMon, int nDay) ;        // 构造函数
7        int getYear() const;                         // 获取成员函数
8        int getMon() const;                          // 获取成员函数
9        int getDay() const;                          // 获取成员函数
10       friend void display(const Date& );           // 友元函数：显示日期
11       friend class Time;                           // 友元类
12   private:
13       int m_nYear, m_nMon, m_nDay;                 // 年、月、日
14   };
```

```
1    // Date.cpp : 类定义
2    #include "Date.h"
3    Date::Date(int nYear, int nMon, int nDay)        // 构造函数
4    : m_nYear(nYear), m_nMon(nMon), m_nDay(nDay)
5    { }
6    int Date::getYear() const                        // 获取成员函数
7    {  return m_nYear;
8    }
9    int Date::getMon() const                         // 获取成员函数
10   {  return m_nMon;
11   }
12   int Date::getDay() const                         // 获取成员函数
13   {  return m_nDay;
14   }
15   void display(const Date& d)                      // 友元函数：显示日期
16   {  cout <<d.m_nYear<<"-"<<d.m_nMon<<"-"<<d.m_nDay<<endl;
17   }
```

```
1    // lz4.11.cpp : 演示友元的使用
2    #include "Date.h"
3    class Time
4    {public:
5        void display(const Date& );
6    };
7    void Time::display(const Date& d)
8    {  cout <<d.m_nYear<<"-"<<d.m_nMon<<"-"<<d.m_nDay<<endl;
9    }
10   int main()
11   {  Date d(2021, 10, 1);
12      display(d);                                   // 调用友元函数
13      Time t;
```

```
14        t.display(d);
15        return 0;
16    }
```

程序解析：

（1）Date.h 文件的第 10 行声明了友元函数 display()，在函数最前面加 friend。Date.cpp 文件的第 15~17 行定义了函数 display()，注意：此时函数前面不需要加 friend。在函数代码中可以通过 Date 的对象 d 去访问 private 数据成员。如果没有把函数 display()声明为友元函数，程序编译时则会报错（error C2248: 'Date::m_nYear' : cannot access private member declared in class 'Date'）。

（2）Date.h 文件的第 11 行声明了友元类 Time，在 class 关键字和类名前加 friend，注意不能少了 class，否则会报错（error C2433: 'Time' : 'friend' not permitted on data declarations）。此时 lz4.11.cpp 文件中 Time 类的成员函数 display()中，通过 Date 的对象 d 可以访问 private 数据成员，同样如果没有把类 Time 声明为友元类，程序编译时也会报错（error C2248: 'Date::m_nYear' : cannot access private member declared in class 'Date'）。

 C++语言利用成员访问修饰符 private 让类外成员不能访问 private 数据成员，实现了类的数据隐藏（Data Hiding），从而满足面向对象的封装性。但本节的友元让类外的访问有了特例，似乎打破了类的封装性。从表面看是如此，但实质上面向对象的封装性严格说不是单纯指类，而是指的是要描述的问题。对于复杂问题需要几个类来描述的时候，通过友元类可以将它们封装为一个整体，而对外又保证了数据隐藏。另外，类的友元是由类自己来声明的，在安全上也是有保证的。

4.8　组合

为了避免同学忘记某些重要日期（如开学、考试），可以设计一个备忘录类 Memo。类 Memo 的对象需要知道哪天发出提醒信息，因此为什么不将 Date 对象纳入 Memo 类的定义中作为它的一个成员呢？这种方式称为组合（Composition），有时也称为"有一个"（has a）关系。上一节提到的计算机的例子，也是这种组合关系，即计算机"有一个"主板、中央处理器、内存、硬盘、显卡、网卡、显示器、键盘、鼠标、电源等。

这种一个类将其他类的对象作为其成员的组合方式，是软件重用的普遍方式。类中包含的其他类的对象，有时也称为子对象。

由第 3.5 节内容知道在创建对象时构造函数会自动被调用。当包含其他类成员的类创建对象时，其包含的其他类的成员对象也会自动调用构造函数，这些构造函数的调用顺序如何排列？何时何处调用？说明如下：

（1）其他类的成员对象先于包含它们的对象（有时称为宿主对象）之前调用构造函数。

（2）如果包含多个其他类成员对象，则按它们在包含类里声明的先后顺序调用。

（3）其他类的成员对象的构造函数只能在参数初始化列表中调用。

（4）如果其他类有默认构造函数，可以不在参数初始化列表中显式调用。

下面通过备忘录类的示例程序来说明在 C++中如何使用组合方式。

【示例程序 4.12】备忘录类 Memo，类里包含一个日期对象和时间对象，提供成员函数检测是否到备忘时间并给出相应信息。

```
1     s// Date.h : Date 类声明
2     class Date
3     {public:
4         Date(int nYear, int nMon, int nDay) ;           // 构造函数
5         bool compare(const Date& );                     // 比较日期
6     private:
7         int m_nYear, m_nMon, m_nDay;                    // 年、月、日
8     };
```

```
1     // Date.cpp : Date 类定义
2     #include "Date.h"
3     #include <iostream>
4     using namespace std;
5     Date::Date(int nYear, int nMon, int nDay)           // 构造函数
6     : m_nYear(nYear), m_nMon(nMon), m_nDay(nDay)
7     {   cout << "Date 构造函数" << endl;
8     }
9     bool Date::compare(const Date& d)                   // 比较日期
10    {   if( m_nYear == d.m_nYear && m_nMon == d.m_nMon && m_nDay <= d.m_nDay )
11            return true;
12        if( m_nYear == d.m_nYear && m_nMon < d.m_nMon )
13            return true;
14        if( m_nYear < d.m_nYear )
15            return true;
16        return false;
17    }
```

```
1     // Time.h : Time 类声明
2     class Time
3     {public:
4         Time(int nHour, int nMin);                      // 构造函数
5         bool compare(const Time& );                     // 比较时间
6     private:
7         int m_nHour, m_nMin;                            // 时、分
8     };
```

```
1     // Time.cpp : Time 类定义
2     #include "Time.h"
3     #include <iostream>
4     using namespace std;
5     Time::Time(int nHour, int nMin)                     // 构造函数
6     : m_nHour(nHour), m_nMin(nMin)
7     {   cout << "Time 构造函数" << endl;
8     }
9     bool Time::compare(const Time& t)                   // 比较时间
10    {   if((m_nHour == t.m_nHour && m_nMin <= t.m_nMin) || m_nHour < t.m_nHour)
11            return true;
12        return false;
13    }
```

```
1     // Memo.h : Memo 类声明
2     #include <string>
3     #include <iostream>
4     using namespace std;
5     #include "Date.h"
6     #include "Time.h"
7     class Memo
8     {public:
```

```
9        Memo(const string& strMemo, int year, int mon, int day, int hour, int min);
10       void check();                               // 检测是否到备忘时间
11  private:
12       string m_strMemo;                           // 备忘信息
13       Date m_memoDate;                            // 备忘日期
14       Time m_memoTime;                            // 备忘时间
15  };
```

```
1   // Memo.cpp : Memo 类定义
2   #include "Memo.h"
3   #include <ctime>                                 // C 时间函数的头文件
4   Memo::Memo(const string& strMemo, int year, int mon, int day, int hour, int min)
5   : m_strMemo(strMemo), m_memoTime(hour,min), m_memoDate(year,mon,day)
6   { cout << "Memo 构造函数" << endl;
7   }
8   void Memo::check()
9   {   time_t tt;
10      time(&tt);                                   // 获得当前时间
11      struct tm* p = localtime(&tt);               // 转换为当地时间
12      Date d(1900+p->tm_year, p->tm_mon+1, p->tm_mday);// 当前日期
13      Time t(p->tm_hour, p->tm_min);               // 当前时间
14      if( m_memoDate.compare(d) == true && m_memoTime.compare(t) == true )
15          cout << m_strMemo << "已到" << endl;
16      else
17          cout << m_strMemo << "未到" << endl;
18  }
```

```
1   // lz4.12.cpp : 使用 Memo 类，并观察类对象的使用
2   #include "Memo.h"
3   int main()
4   {
5       Memo m("研究生考试", 2022, 12, 24, 8, 0);
6       cout << "----------------\n";
7       m.check();
8       return 0;
9   }
```

程序解析：

（1）Date.cpp 中第 7 行，Time.cpp 中第 7 行和 Memo.cpp 中第 6 行的输出是为了演示构造函数的调用，在实际程序代码中可以删除。

（2）Date.cpp 中第 9~17 行定义的成员函数 compare() 比较参数日期是否和备忘日期相同或超过备忘日期。

（3）Time.cpp 中第 9~13 行定义的成员函数 compare() 比较参数时间是否和备忘时间相同或超过备忘时间。

（4）Memo.cpp 中第 8~18 行定义的成员函数 check() 检测当前日期时间是否已到或超过备忘日期时间，从而输出提醒信息。其中第 9~11 行调用 time() 和 localtime() 函数获得当前本地时间，这两个函数是 C 标准库函数（可参考相关文献）。

（5）Memo.cpp 中第 5 行参数初始化列表调用 Time 和 Date 的构造函数创建对象成员 m_memoTime 和 m_memoDate。

（6）Lz4.12.cpp 中第 5 行创建了 Memo 对象 m，因此按照 Memo.h 中类 Memo 的声明应该会先调用 Date 构造函数，再调用 Time 构造函数，最后调用 Memo 构造函数。

（7）Lz4.12.cpp 中第 7 行调用 Memo 的成员函数 check() 进行检测，根据当前时间输出相应信息。

本示例程序的运行结果如图 4.8 所示。

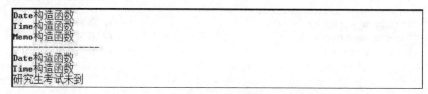

图 4.8　运行结果

进一步说明：如果 Time 类定义一个默认构造函数（时间默认为 0 时 0 分），Memo 类就可以定义一个不需要考虑时间参数的构造函数。因为有些备忘事件有日期就可以了，比如"新年"，只需要给出某年 1 月 1 日。

当已经有了某些类的代码，比如 Date 类，以后在类定义中涉及日期的数据时，就可以提供组合方式在类中定义 Date 类的对象，从而实现 Date 类代码的重用。

4.9　本章小结

在这一章中，我们对类进行了深入的剖析，介绍了通过对象访问类成员的方法，以及类的作用域；对象之间如何赋值，以及复制构造函数的使用；最小权限原则下如何通过 const 对象保护类的数据，以及提供给 const 对象使用的 const 成员函数；类作为函数参数的各种使用情况，以及如何动态创建和删除对象；通过 static 数据成员来使用类的共享数据；如何通过友元方式让某些特殊实体（函数、类）访问类的私有部分；使用"has a"关系将其他类的对象组合到类中，从而实现对类的重用。

总结

- 每个类都有自己独立的作用域，类之外不能直接访问类的成员。
- 在类作用域之外访问类的非 static 成员只能通过对象加运算符（.）或（->）来实现。
- 在类作用域之外访问类的 static 成员通常通过类名加运算符（::）来实现。
- 在类作用域之外访问类的 public 成员。
- 类对象作为函数按值传递参数或者函数返回类对象时，需要使用复制构造函数。
- 类 T 的复制构造函数的最佳声明方式是：T（const T&）;。
- 用户不是必须给出类的复制构造函数，因为编译器会提供一个默认的复制构造函数，此复制构造函数将逐一对数据成员赋值。
- 用户如果给出自己的复制构造函数定义，则最好处理所有数据成员。
- 类数据成员如果存在动态管理的数据成员,用户最好定义自己的复制构造函数并对此数据成员进行深拷贝。
- 关键字 const 用来指定对象是不可更改的，并且任何企图修改对象的操作都将导致编译错误。
- const 对象只能调用 const 成员函数。

- const 成员函数修改自己类的对象将导致编译错误。
- const 成员函数在声明和定义时都应指定为 const。
- 构造函数和析构函数不可以声明为 const。
- 类 T 作为函数的参数，如果函数中不修改实参，有 T、const T* pt、const T& rt 三种方式，但优先选择 const T& rt。
- 类 T 作为函数的参数，如果函数中需要修改实参，有 T* pt、T& rt 两种方式，但通常优先选择 T& rt。
- 使用 new 运算符动态创建对象时，除了给对象分配合适的内存空间，还要调用构造函数初始化对象。
- 使用 delete 运算符动态删除对象时，除了释放对象所占内存空间，还要调用析构函数释放对象使用的资源。
- static 数据成员表示类的所有实例所共享的一个性质，而不是类的某个特定对象的一个属性。
- static 数据成员具有类作用域并且可以声明为 public、private 或 protected。
- 当没有类的任何对象存在时，类的 static 成员依然存在。
- 当没有类的对象存在时，若要访问类的 public static 成员，只需简单地在数据成员前加类名和作用域运算符（::）即可。
- 类的 public static 成员也可以通过类的任何对象访问。
- 如果成员函数不访问类的非 static 数据成员或非 static 成员函数，那么它应当声明为 static。
- 与非 static 成员函数不同的是，static 成员函数不具有 this 指针，因为 static 数据成员和 static 成员函数独立于类的任何对象而存在。
- static 成员函数只能访问 static 数据成员。
- 类的 friend 函数在类的作用域以外被定义，但具有能够访问类的 private（或 protected）成员的权限。单独的函数或者整个类都可以声明为另一个类的友元。
- 友元声明可以出现在类的任何地方。友元本质上是类的 public 接口的一部分。
- 友元关系既不是对称的也不是传递的。
- 类可以使其他类的对象成为它的成员,这个概念称为组合。组合是类代码重用的一种方式。
- 成员对象按照它们在类定义中声明的顺序，在包含它们的对象构造之前构造。
- 成员对象只能在参数初始化列表中显式调用，如果成员对象没有显式调用构造函数，成员对象的默认构造函数将被隐式调用。

本章习题

1. 填空题。

（1）非本类的函数必须声明为类的_____才有权限访问类的 private 数据成员。

（2）_____数据成员表示的是类范围的信息。

（3）如果成员函数不访问类的_____成员，则它可以被声明为 static 成员函数。

（4）成员对象调用构造函数在包含它们的类的_____调用。

2. 解释 C++中友元关系的概念，并说明友元关系可能带来的缺点。

3. 指出下面代码中的错误，并说明应该如何改正。

```cpp
class Integer {
public:
    Integer(int y = 1) : data(y)
    { }
    void AddData() const {
        data++;
    }
    static int getCount() {
        cout << data << endl;
        return count;
    }
private:
    int data;
    static int count;
};
void modify(Integer& i) {
    i.data--;
}
int main() {
    Integer::AddData();
Integer* p = new Integer[5];
delete p;
    return 0;
}
```

4. 创建一个 SavingAccount 类（存款账户）。使用一个 static 数据成员 interestRate 保存存款的年利率。类的每个对象都包含一个 private 数据成员 savingBalance，表示每个存款账户目前的存款金额。提供成员函数 calculateInterest 计算每月的利息，并将这个利息加到 savingBalance 中。还提供一个 static 成员函数 modifyInterestRate，它将 interestRate 设置为一个新值。编写一个程序测试 SavingAccount 类，创建 SavingAccount 类的两个对象 sa1 和 sa2，余额分别是 4000.00 元和 5000.00 元。将 interestRate 设置为 2%，然后计算月利率并打印每个存款账户的新余额。接着再将 interestRate 设置为 3%，计算下一个月的利息并打印每个存款账户的新余额。

第 5 章

面向对象编程之继承

5

本章学习目标

- 什么是继承
- 如何通过继承现有类创建新类
- 什么是基类和派生类
- 如何访问派生类的成员
- 基类和派生类之间的关系
- 派生类中构造函数和析构函数的用法
- 三种继承方式的差别
- 多继承和虚基类

面向对象程序设计有四个主要特点：抽象、封装、继承和多态。前面两章主要涉及抽象和封装两个特点，给出了定义和使用类与对象的方法，以及相关的一些概念，并讨论了基于对象的编程。

本章将讨论面向对象编程的一些内容，学习面向对象程序设计的重要特点——继承（inheritance）。首先讨论继承的概念，介绍基类和派生类，以及如何使用 protected 成员，然后进一步讨论基类和派生类的关系，以及派生类中构造函数和析构函数的用法，最后讨论 public、protected 和 private 三种继承方式的差异。

5.1 继承

本章我们将讨论面向对象编程，介绍它的关键特征——继承。继承性是面向对象程序设计的重要特点，可以说，如果不理解继承的概念、不熟悉继承的使用，就没有掌握面向对象程序设计的实质。

什么是继承？继承是一种现实世界中对象之间独特的关系，它使得某类对象可以继承另外一类对象的特征和能力。从一般概念上看,继承有"接过来""照搬使用"的意思。在程序设计中,继承的基本含义是一类(子类)对象具有另一类(超类)对象的性质(数据和操作)。

在面向对象技术中对继承有两种理解。一种是以分类为基础的理解,带有集合的概念。外延大的集合是外延小(内涵多)的集合的超集(超类、基类),后者被称为子集(子类、派生类)。如生物分类树对应于这种理解,那么全部继承与单重继承是类之间的自然关系。例如,水果为一超类,苹果为水果类的子类,梨也是水果类的子类,水果的特性自然为苹果和梨共享,从而形成单重继承。Java 语言的设计是基于这种理解的。 在现实生活中,我们对事物进行分类时,并不是一次就能分得特别精细,而是先进行粗分类,然后进一步细化分类,继承是使类相互联系而形成完整系统的有机机制。另一种是以使用为基础的理解,其意义是子类对象可以拥有超类对象的数据和操作,从而形成一种代码共享的手段,这样便有了多重继承和单重继承的区分(单重继承指继承源只有一个,而多重继承指继承源有多个)。C++语言的设计是支持这种理解的。

继承也是软件重用的一种方式,程序员通过继承可以利用现有类的数据和操作来创建新类,并增添新的数据和操作来增强新类的功能,这样就可以共享现有类的代码。

在传统的程序设计方法中,人们往往要为每一个应用项目单独进行软件开发,很难利用现有已完成项目的软件资源。即使新开发的项目和已完成的项目有些相似的功能,也很难快速、方便地移植需要的代码。因为以往的程序设计方法和一些编程语言基本没有考虑软件重用机制,因此无法利用现有的丰富的软件资源,造成软件开发中浪费大量的人力、物力和时间,降低开发效率。

软件重用能够节省软件开发时间,鼓励人们重用经过认可、调试的高质量软件,使项目开发更有效率。继承性就是在编程语言中引入软件重用机制的一种选择,C++语言中加入继承后让语言有更强的软件重用的机制。

C++语言提供了继承机制,新创建的类不用再实现共享的特征,而是继承已有类的数据成员和成员函数。继承的主要目的是表达一个现实世界有意义的关系,该关系描述了问题域内的两个实体的行为。继承是因问题域的现实性而出现的,并不是由于解域内的技术目的而出现的。但继承带来的副作用就是不正确的继承有可能导致低级混乱的代码重用。

5.2 基类和派生类

本节主要介绍基类和派生类的相关内容。

5.2.1 C++继承机制

C++语言通过提供继承机制,将基于对象的程序设计扩展为面向对象的程序设计。C++通过一种类派生(Class Derived)的机制来实现继承。程序员创建新类时,有时并不需要创建全新的数据成员和函数,可以指明这个新类继承现有类的成员。这时,现有的类称为"基类",继承创建的新类称为"派生类"(其他一些程序设计语言,如 Java,称基类为超类,派生类为子类)。

派生类代表了一组相对基类对象更加特殊化的对象。典型地,派生类包含了从其基类继承而来的数据和操作,并做必要的扩充。在下一章中我们还将看到,派生类还可以定制(改写)从基类继承而来的操作。派生类显式继承的基类称为直接基类,经两级或更多级类层次继承的类称为间接基类。单继承指派生类由继承一个基类而得到的情况。C++也支持多继承，是指派生类由继承多个基类而得到的情况。

单继承简单明了，而且在实际应用中使用单继承也会更多。接下来的例子大多也是单继承，目的是让读者快速熟悉单继承的使用。

C++提供了三类继承：公有（public），受保护（protected）和私有（private）继承。在实际应用中使用更多的是 public 继承，因此本章重点介绍 public 继承，同时简要介绍另外两种形式的继承。后续内容中如果没明确指出是何种继承，通常就表示是 public 继承。

在现实世界中的很多情况下，一类对象也是另一类的对象。比如本科生是学生，研究生也是学生。表 5.1 列出了几种简单的继承示例。

表 5.1　继承示例

基类	派生类
学生	本科生、研究生、中学生
形状	圆、三角形、矩形、球体、立方体
教职员工	教师、行政人员、后勤人员
贷款	汽车贷款、住房贷款
排序算法	冒泡算法、选择算法、插入算法

继承可以是多级继承，形成层次结构。单继承的层次结构就会形成一个树形结构，如图 5.1 所示。

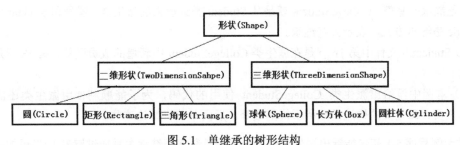

图 5.1　单继承的树形结构

5.2.2　派生类的声明方式

本小节主要介绍 C++如何具体实现继承机制，如何创建派生类。下面先看一个示例程序，已经定义了基本的学生类，然后在此基础上通过继承创建一个大学生类。

【示例程序 5.1】在已有学生类基础上创建大学生类。

```
1    //  Student.h : Student 和 CollegeStudent 类的声明
2    #include <string>
3    using namespace std;
4    // Student 类的声明
5    class Student
6    {public:
7        Student(string strID="", string strName="");    // 构造函数
8        void display();                                 // 输出信息
9    private:
10       string m_strID;                                 // 数据成员: 学号
11       string m_strName;                               // 数据成员: 姓名
12   };
```

```
13    // CollegeStudent 类声明
14    class CollegeStudent : public Student
15    {public:
16        void displayMajor();                          // 新增成员函数
17    private:
18        string m_strMajor;                            // 新增数据成员：学号
19    };
```

```
1    // Student.cpp : Student 和 CollegeStudent 类的定义
2    #include "Student.h"
3    #include <iostream>
4    // Student 类的定义
5    Student::Student(string strID, string strName)
6    : m_strID(strID), m_strName(strName)
7    { }
8    void Student::display()
9    {    cout << "学号: " << m_strID << endl;
10        cout << "姓名: " << m_strName<< endl;
11   }
12   // CollegeStudent 类的定义
13   void CollegeStudent::displayMajor()
14   {    cout << "专业: " << m_strMajor << endl;
15   }
```

程序解析：

（1）Student.h 文件中第 14 行声明类 CollegeStudent，声明的类首部和前面章节中声明的类首部有些不同，它在类名 CollegeStudent 后多出了"：public Student"。冒号后面的 Student 是前面已有的类，就是继承的基类，CollegeStudent 就是从 Student 类继承来的派生类。冒号和 Student 之间的关键字 public 是继承方式，表示公有继承。

（2）Student.h 文件中第 16 行是在派生类 CollegeStudent 中新增的成员函数，第 18 行是新增的数据成员。

（3）本例中没给出派生类 CollegeStudent 使用的代码，为了能顺利使用派生类还需要学习 protected 成员、派生类的构造函数和析构函数等，后面章节将讨论这些。

通过示例程序 5.1 初步能看出派生类的声明方式。通常类继承关系通过冒号"："后加类派生表（Class Derived List）来指定，因此声明派生类的一般形式为：

```
class  派生类名：类派生表
{
    派生类新增加的成员
};
```

类派生表的形式为：

```
基类指明符，基类指明符，…
```

基类指明符形式为：

```
继承方式  基类名
```

继承方式可选择以下三种之一：public、protected、private。若省略不写，则默认为 private。

5.2.3　派生类对象的构成

由第 3 章和第 4 章内容知道一个类的对象是由其非 static 数据成员构成，而引入继承机制后的派生类对象又该如何构成呢？

> **提示**　从第 4 章内容知道，类的对象里不包括 static 数据成员，因此下面讨论内容中的数据成员都是非 static 数据成员。

以示例程序 5.1 来说明，如果使用派生类 CollegeStudent 创建对象 collegeStudent，即在 main() 函数里加入如下代码：

```
CollegeStudent collegeStudent;
```

进入调试状态，可以通过调试的监视窗口监测对象 collegeStudent，如图 5.2 所示。

监视 1		
名称	值	类型
collegeStudent	{m_strMajor=""}	CollegeStudent
Student	{m_strID="" m_strName=""}	Student
m_strID	""	std::basic_string<char,std::char_traits<char>,std::allocator<char> >
m_strName	""	std::basic_string<char,std::char_traits<char>,std::allocator<char> >
m_strMajor	""	std::basic_string<char,std::char_traits<char>,std::allocator<char> >

图 5.2　派生类对象的构成

从图 5.2 中可以看到，派生对象 collegeStudent 里除了自己的数据成员 m_strMajor 之外，还有一个基类 Student 的对象（有 Student 类的数据成员 m_strID、m_strName）。这个对象是个匿名对象（或者叫作无名对象），图中的 Student 是表示该对象的类型而不是该对象的名称。

因此，创建派生类对象时，不仅仅要给自己的数据成员分配内存空间，还要给基类的数据成员分配内存空间。同样，不仅仅要初始化自己的数据成员，也要初始化基类的数据成员，后面会专门介绍派生类的初始化。

派生类的这种构成方式，可能会让读者想到第 4 章介绍过的组合形式（对象作为类的成员）。我们将示例程序 5.1 改造一下变为示例程序 5.2。

【示例程序 5.2】创建大学生类并包含一个已有学生类的对象。

```
1    //  Student.h : Student 和 CollegeStudent 类的声明
2    #include <string>
3    using namespace std;
4    // Student 类的声明
5    class Student
6    {public:
7        Student(string stride="", string strName="");      // 构造函数
8        void display();                                     // 输出信息
9    private:
10       string m_strID;                                     // 数据成员：学号
11       string m_strName;                                   // 数据成员：姓名
12   };
13   // CollegeStudent 类的声明
14   class CollegeStudent
15   {public:
16       void displayMajor();                                // 新增成员函数
17   private:
```

```
18          Student m_Student;                                    // 组合: Student 类对象
19          string m_strMajor;                                    // 新增数据成员: 学号
20    };
```

本示例程序修改了 Student.h 文件, 删掉 CollegeStudent 继承 Student 类, 在 CollegeStudent 中增加一个 Student 类的对象 m_Student。Student.cpp 文件没有修改。同样在 main()函数里加入如下代码:

```
CollegeStudent collegeStudent;
```

进入调试状态, 可以通过调试的监视窗口监测对象 collegeStudent, 如图 5.3 所示。

监视 1		
名称	值	类型
⊟ ⊘ collegeStudent	{m_Student={...} m_strMajor=""}	CollegeStudent
⊟ ⧉ ⊘ m_Student	{m_strID="" m_strName=""}	Student
⊞ ⧉ ⊘ m_strID	""	std::basic_string<char,std::char_traits<char>,std::allocator<char> >
⊞ ⧉ ⊘ m_strName	""	std::basic_string<char,std::char_traits<char>,std::allocator<char> >
⊞ ⧉ ⊘ m_strMajor	""	std::basic_string<char,std::char_traits<char>,std::allocator<char> >

图 5.3   组合形式下类对象的构成

对比图 5.2 和图 5.3 可以看出, 它们的构成非常相似, 内存空间的大小和包含的数据成员完全一样。但差别是派生类对象里的 Student 对象是匿名的, 而组合形式下的 Student 对象是有明确名字的。所以, 通过继承基类在派生类里会包含一个匿名基类子对象, 而通过组合形式在派生类里会包含一个有名的基类子对象(不过这种情况下, 实际上不应该把它们称为派生类和基类, 此处只是为了对比), 这个差别让它们在使用上有了非常大的不同。

上面是对派生类对象构成进行的探讨, 主要涉及的是数据成员。另外对于类的成员函数, 从第 3 章的介绍中我们知道是由类统一存储, 派生类里定义的成员函数也不例外。但派生类除了继承基类数据成员之外, 也继承了基类的成员函数, 有关这些继承而来的成员函数的使用在后面一些章节将会深入讨论。

提示   (1)派生类对象包括匿名基类对象(非 static 数据成员)和新增的非 static 数据成员。
(2)派生类不继承基类的构造函数和析构函数。

5.3   派生类成员的访问

从前面两节的内容可知, 派生类包含了基类成员和自己增加的成员(数据成员和成员函数), 这就产生了这样的问题: 这两部分成员的关系如何以及如何访问它们。根据 5.2 节的内容可知, 派生类对象除了包含派生类新增的数据成员, 还包含匿名的基类对象, 也包含基类的数据成员。另外派生类除了新增的成员函数, 还继承了基类的成员函数。但是, 对派生类新增成员(数据成员和成员函数)的访问和基类成员的访问有不同的处理原则。

从上面分析可以知道和派生类相关的成员包括: 派生类新增的数据成员和成员函数、基类的数据成员和成员函数。因此和派生类成员相关的访问有以下几种情况:

(1)派生类的成员函数访问派生类自己新增的成员。
(2)派生类的成员函数访问基类的成员。

（3）基类的成员函数访问派生类的成员。

（4）派生类外（派生类对象）访问派生类的成员。

（5）派生类外（派生类对象）访问基类的成员。

下面分别分析这几种情况：

第（1）和（4）这两种情况都和继承无关，就是类的成员函数访问类成员和类对象访问类成员。这些访问情况在 3.1 节和 4.1 节已经介绍过了，即类成员函数可以访问自己所有的成员，类的对象只能访问自己的 public 成员而不能访问非 public 成员（private、protected 成员）。

第（3）种情况也比较明确，因为基类里不包含派生类的成员，所以基类成员函数不可能访问派生类的成员。

第（2）和（5）这两种情况就比较复杂，不是简单几句话就能解释清楚。本节的内容就是来详细解释这两种情况。

根据 3.1 节和 4.1 节的内容，读者可能会有以下问题：

① 派生类的成员函数是否能和基类成员函数一样访问所有的基类成员？

② 派生类对象是否能和基类对象一样访问基类的 public 成员？

在第①种情况下，根据表 3.1 应该知道不一样，因为 private 成员只有类自己的成员函数可以访问，所以派生类成员函数不能访问基类的 private 成员。

在第②种情况下，情况可能更复杂，因为这种情况和继承方式有关，而继承方式有 public、protected、private 三种，所以没法简单就给出结论。

下面将详细解释如何来处理第（2）和（5）两种情况。

5.3.1　protected 成员

在第 3 章、第 4 章还没涉及继承时，基本没有特别提及 protected 成员，对 protected 成员的访问基本等同 private 成员，即类的成员函数能够访问，类的对象不能访问，另外也能被类的友元访问。

下面将介绍成员访问修饰符 protected，了解 protected 成员的使用。

protected 访问权限提供了一种介于 public 和 private 访问权限之间的中间层次。基类的 protected 成员除了可以被基类的成员函数和友元访问，也可以被其派生类的成员函数和友元访问。

派生类的成员函数访问基类的 protected 成员的规则如下：

（1）派生类成员函数可以直接访问基类成员（实际是通过派生类中的匿名基类对象访问）。

（2）如果在派生类里定义了一个基类对象（有名对象），通过这个对象不能访问 protected 成员。此时访问权限参照 4.1 节，只能访问 public 成员，不能访问非 public 成员。

下面通过示例程序 5.3 让大家更直观地了解在派生类中如何访问基类的 protected 成员。

【示例程序 5.3】派生类成员函数对基类 protected 成员的访问。

```
1    // Student.h : Student 和 CollegeStudent 类的声明
2    #include <string>
3    using namespace std;
4    // Student 类的声明
5    class Student
```

```
6     {public:
7         Student(string strID="", string strName="");        // 构造函数
8         void display();                                      // 基类成员函数
9     protected:
10        string m_strID;                                      // protected 数据成员：学号
11    private:
12        string m_strName;                                    // private 数据成员：姓名
13    };
14    // CollegeStudent 类的声明
15    class CollegeStudent : public Student
16    {public:
17        void display_D();                                    // 派生类新增成员函数
18    private:
19        Student m_Student;                                   // 组合：Student 类对象
20    };
```

```
1     // Student.cpp : Student 和 CollegeStudent 类的定义
2     #include "Student.h"
3     #include <iostream>
4     // Student 类的定义
5     Student::Student(string strID, string strName)
6     : m_strID(strID), m_strName(strName)
7     {  }
8     void Student::display()
9     {   cout << "学号: " << m_strID << endl;
10        cout << "姓名: " << m_strName<< endl;
11    }
12    // CollegeStudent 类的定义
13    void CollegeStudent::display_D()
14    {   cout << "匿名对象学号: " << m_strID << endl;
15        cout << "匿名对象姓名: " << m_strName<< endl;
16        cout << "有名对象学号: " << m_Student.m_strID << endl;
17        cout << "有名对象姓名: " << m_Student.m_strName<< endl;
18    }
```

程序解析：

（1）Student.h 文件的第 10 行声明了一个 protected 数据成员 m_strID，第 12 行声明了一个 private 数据成员 m_strName。

（2）Student.h 文件的第 15 行声明了派生类 CollegeStudent，public 继承了基类 Student。

（3）Student.cpp 第 8~11 行定义了基类的成员函数 display()，由 3.1 节的知识可以知道其可以访问基类的任意成员，如第 9 行的 protected 成员、第 10 行的 private 成员。

（4）Student.cpp 第 13~18 行定义了派生类的成员函数 display_D()。第 14 行直接访问 protected 成员，没有问题。第 15 行直接访问 private 成员，第 16 行通过对象名访问 protected 成员，第 17 行通过对象名访问 private 成员，这都有问题。编译时会分别报如下三条错误：error C2248: 'Student::m_strName' : cannot access private member declared in class 'Student'、error C2248: 'Student::m_strID' : cannot access protected member declared in class 'Student、error C2248: 'Student::m_strName' : cannot access private member declared in class 'Student'.

（5）如果把 Student.h 文件的第 15 行改为 CollegeStudent 类 protected 继承基类 Student，编译结果和上面完全一样。

（6）如果把 Student.h 文件的第 15 行改为 CollegeStudent 类 private 继承基类 Student，编译时同样会报三条错误，但不同的是第 2 条错误变为 error C2248: 'Student::m_strID' : cannot access private member declared in class 'Student'。为什么？后文会解释。

从上面的在派生类中访问 protected 成员的规则以及示例程序 5.3 可以得出，protected 成员相对于 private 成员的特殊之处是，派生类从基类继承来的 protected 成员（匿名对象的 protected 成员）是可以访问的。如果是有名的基类对象就和第 4 章讲的组合方式下的一样处理，和基类的 private 成员没有区别。

总结上面的内容就可以知道派生类成员函数访问基类成员的规则，也就是前面提到的第（2）种情况：

（1）基类的 public 成员可以任意访问。

（2）基类的 private 成员不能访问。

（3）基类的 protected 成员只能直接访问，通过对象名不能访问。

注意：上面的访问规则和继承方式无关。

5.3.2　不同继承方式下派生类访问基类成员

前面已经给出了派生类成员函数访问基类成员的规则，只剩下第（5）种情况还未解决，即派生类外（派生类对象）访问基类的成员。这种情况较为复杂，它和继承方式紧密相关。

由前面 5.2 节的内容可知，派生类对象是由派生类新增的数据成员和基类匿名对象（基类数据成员）组成，成员函数也是由派生类新增的成员函数和基类的成员函数组成。如果把这两部分成员看成一个整体，当作对象后，就可以使用简单的规则解决访问情况：类对象可以访问 public 成员而不能访问非 public 成员。

当把派生类新增的成员和基类的成员组成一个整体对象时，基类的成员的访问权限还保留其在基类里的原有访问权限吗？答案是否定的！因为派生类继承基类有三种继承方式：public 继承、protected 继承、private 继承。

下面的表 5.2 给出不同继承方式下基类成员在派生类中访问权限的变化情况。

表 5.2　基类各种访问权限成员继承后访问权限的变化

继承方式	public 成员	protected 成员	private 成员
public 继承	public 成员	protected 成员	private 成员
protected 继承	protected 成员	protected 成员	private 成员
private 继承	private 成员	private 成员	private 成员

从表 5.2 可知，访问权限变化是和继承方式密切相关的。为了能用文字简单描述表 5.2 的内容，我们先根据访问权限的使用范围来定义这三种访问权限的优先级。public 访问权限可在任意地方使用，因此 public 优先级最高；protected 访问权限访问范围次之，所以 protected 优先级次之；private 访问权限只能在本类内使用，所以 private 优先级最低。

基类各种成员经过继承后在派生类对象里访问权限的变化规则：比较继承方式和基类成员原访问权限，选择优先级低的作为成员变化后的访问权限。

比如：private 继承方式，因为 private 优先级最低，所以无论基类成员原有访问权限是什么，变化后的成员访问权限都是 private（表中最后一行）。而 public 继承方式，因为 public 优先级最高，所以变化后成员访问权限保留原有的访问权限（表中第一行）。

派生类外（派生类对象）访问基类的成员这种访问情况，解决规则如下：

（1）首先将基类成员和派生类成员看成一个整体（对象），但调整基类成员的访问权限，调整后访问权限是基类成员原有访问权限和继承方式两者优先级低的。

（2）类对象可以访问 public 成员而不能访问非 public 成员。

下面通过示例程序来演示上述规则的使用。

【示例程序 5.4】派生类外（派生类对象）访问基类成员的情况。

```
1    // Student.h : Student 和 CollegeStudent 类的声明
2    #include <string>
3    using namespace std;
4    // Student 类的声明
5    class Student
6    {public:
7        Student(string strID="", string strName="");    // 构造函数
8        void display();                                 // 基类成员函数
9    protected:
10       string m_strID;                                 // protected 数据成员：学号
11   private:
12       string m_strName;                               // private 数据成员：姓名
13   };
14   // CollegeStudent 类声明
15   class CollegeStudent : public Student
16   {
17   };
```

```
1    // Student.cpp : Student 和 CollegeStudent 类的定义
2    #include "Student.h"
3    #include <iostream>
4    // Student 类的定义
5    Student::Student(string strID, string strName)
6    : m_strID(strID), m_strName(strName)
7    { }
8    void Student::display()
9    {   cout << "学号: " << m_strID << endl;
10       cout << "姓名: " << m_strName<< endl;
11   }
```

```
1    // lz5.4.cpp : main()函数，演示派生类访问基类成员
2    #include "Student.h"
3    int main()
4    {   CollegeStudent collegeStudent;
5        collegeStudent.display();
6        collegeStudent.m_strID;
7        collegeStudent.m_strName;
8        return 0;
9    }
```

程序解析：

（1）Student.h 文件中基类 Student 声明了 public 成员 display()函数、protected 成员 m_strID、private 成员 m_strName。

（2）Student.h 文件中第 15 行派生类 CollegeStudent 是 public 继承 Student 基类。

（3）lz5.4.cpp 文件中第 4 行定义了派生类对象 collegeStudent，第 5~7 行通过 collegeStudent 访

问了基类的成员 display()、m_strID、m_strName（派生类外访问基类成员）。

（4）在派生类对象 collegeStudent 中基类成员根据规则调整后：display()为 public、m_strID 为 protected、m_strName 为 private，因为继承方式是 public。

（5）根据对象访问成员的规则：display()可以访问，而 m_strID 和 m_strName 不能访问（非 public 成员）。因此编译时，lz5.4.cpp 文件的第 6、7 行会报错，分别为 error C2248: 'Student::m_strID' : cannot access protected member declared in class 'Student'、error C2248: 'Student::m_strName' : cannot access private member declared in class 'Student'.

（6）如果 Student.h 文件中第 15 行派生类 CollegeStudent 改为 protected 继承 Student 基类。基类成员根据规则调整后：display()为 protected、m_strID 为 protected、m_strName 为 private。因此编译时，lz5.4.cpp 文件的第 5 行也会报错，为 error C2247: 'Student::display' not accessible because 'CollegeStudent' uses 'protected' to inherit from 'Student'. 第 6、7 行报错同上。

（7）如果 Student.h 文件中第 15 行派生类 CollegeStudent 改为 private 继承 Student 基类。基类成员根据规则调整后：display()、m_strID、m_strName 都为 private。因此编译时，lz5.4.cpp 文件的第 5 行也会报错，为 error C2247: 'Student::display' not accessible because 'CollegeStudent' uses 'private' to inherit from 'Student'. 第 6、7 行报错同上。

5.3.3　多级继承的成员访问

以上针对的是一级继承的情况，但实际应用时经常有多级继承的情况，如图 5.4 所示。如果有图 5.4 的继承关系，类 B 继承类 A，类 C 继承类 B。从另一个角度来说，类 B 是类 A 的派生类，类 A 是类 B 的基类；类 C 是类 B 的派生类，类 B 是类 C 的直接基类，类 A 是类 C 的间接基类。因此多级继承时，某个派生类可能有一个直接基类（单继承时）或多个直接基类（多继承时），以及若干个间接基类（类 C）；某个类（类 B）可能既是派生类也是基类；但有一个类是纯粹的基类（类 A）。

图 5.4　多级继承

前面已经给出只有一个基类的派生类的成员访问的处理规则，但有多个基类（直接和间接）的派生类（如类 C）的成员访问该如何处理？下面以图 5.4 的多级继承为例给出方法：

（1）首先将类 B 和它的基类 A 根据前面的调整规则调整基类成员，然后将其看作一个整体类（记为类 AB）。

（2）然后类 C 看成是继承类 AB，这种情况下就相当于是只有一个基类的派生类的成员访问，参照前面的处理规则。

（3）如果还有类 D 从类 C 派生，就可以再把类 C 和类 AB 按规则调整成员，然后看作一个整体类 ABC，这样就又变为只有一个基类的派生类的成员访问。往后都以此类推。

上面的规则可能不太容易理解，下面用示例程序来直观解释。

【示例程序 5.5】演示多级继承下对基类成员的访问。

首先定义一个基类 A，其中包括 public 成员函数 f1_A()，protected 成员函数 f2_A()和数据成员 i2_A，private 成员函数 f3_A()和数据成员 i3_A。

然后定义 public 继承类 A 的派生类 B，其中包括 public 成员函数 f1_B()，protected 成员函数 f2_B()和数据成员 i2_B，private 成员函数 f3_B()和数据成员 i3_B。

再根据上面规则中的第 1 条，调整类 A 和类 B 后将其看成一个整体类 AB。

表 5.3 给出代码对照，可以理解得更清楚些。

表 5.3 代码对照

实际代码	按调整规则调整后的等价代码
1　　class A 2　　{public: 3　　　　void f1_A() { } 4　　protected: 5　　　　void f2_A() { } 6　　　　int i2_A; 7　　private: 8　　　　void f3_A() { } 9　　　　int i3_A; 10　　}; 11　class B : public A // 类 B 公有继承类 A 12　　{public: 13　　　　void f1_B() { } 14　　protected: 15　　　　void f2_B() { } 16　　　　int i2_B; 17　　private: 18　　　　void f3_B() { } 19　　　　int i3_B; 20　　};	1　　class AB 2　　{public: 3　　　　void f1_B() { } 4　　protected: 5　　　　void f2_B() { } 6　　　　int i2_B; 7　　private: 8　　　　void f3_B() { } 9　　　　int i3_B; 10　// 以上是类 B 新增的成员 11　// 以下是从基类继承并调整权限的成员 12　public: 13　　　　void f1_A() { } 14　protected: 15　　　　void f2_A() { } 16　　　　int i2_A; 17　private: 18　　　　void f3_A() { } 19　　　　int i3_A; 20　　};

下面定义一个类 C 且 public 继承类 B，类 C 里声明一个成员函数 f1_C()。

```
1    class C : public B
2    {public:
3        void f1_C();
4    };
```

此时讨论类 C 访问基类（类 B 和类 A）成员的情况，可等同于类 C 从类 AB 继承，因此可利用 5.3.1 节和 5.3.2 节中的规则进行处理。

先讨论类 C 的成员函数访问基类（类 B 和类 A）成员的情况，成员函数 f1_C()只能访问 public 成员，即 f1_A()函数（基类 A 的）和 f1_B()函数（基类 B 的）；可直接访问 protected 成员 f2_A()、i2_A、f2_B()、i2_B；不能访问 private 成员 f3_A()、i3_A、f3_B()、i3_B。

再讨论类 C 定义的对象，通过对象访问基类(类 B 和类 A)成员的情况，因为继承方式是 public，因此能访问 public 成员，即 f1_A()函数（基类 A 的）和 f1_B()函数（基类 B 的），不能访问其他的非 public 成员 f2_A()、i2_A、f2_B()、i2_B、f3_A()、i3_A、f3_B()、i3_B。

读者可以在类 C 的成员函数里加入代码，直接去访问类 A 和类 B 的这些成员，根据上面的分析结果应该知道编译时会出现 4 条错误。

同样，如果在程序里加入通过类 C 定义的对象访问类 A 和类 B 成员的代码，编译时将会出现 8 条错误。

5.3.4　继承下成员访问的规则

总结上面的内容，可以得出引入类继承后成员访问的规则：

（1）定义类对象后，通过类对象访问本类成员，只能访问 public 成员，不能访问 protected、private 成员（非 public 成员）。

（2）在派生类成员函数中，能直接访问基类的 public、protected 成员，不能访问 private 成员；但如果定义基类对象，通过该对象去访问基类成员则使用第 1 条规则。

（3）派生类定义对象后通过派生类对象访问基类成员，可根据继承方式调整基类成员的访问权限后，将派生类和基类看成一个整体，然后使用第 1 条规则。

（4）调整规则是成员的原访问权限和继承方式选优先级低的（public 优先级最高，protected 次之，private 优先级最低）。

（5）多级继承时，先将间接基类和直接基类从上到下依次使用第 3、4 条规则调整为一个整体，然后再使用前面几条规则判断访问情况。

5.4　public、protected 和 private 继承

当由基类派生出一个类时，继承基类的方式有三种：public 继承、protected 继承和 private 继承。实际开发时，一般很少使用 private 继承和 protected 继承，而且使用时还需十分小心。因此在本书中，我们主要讨论 public 继承，所以在后文中，继承就是指 public 继承，如果是 private 继承和 protected 继承就会全称明确指出。像其他一些面向对象编程语言就简化掉继承方式，继承就是类似 C++的 public 继承，如 Java、C#、Python 等。

在用 public 继承时，派生类和基类是"is-a"关系，而 private 和 protected 继承不是。public 继承较好地保留了基类的特征，不但继承了基类的数据成员和成员函数（构造函数和析构函数除外），而且还保留了使用成员原来的访问权限。因此基类的对外接口（公有成员函数）完全保留下来了，也就是通过派生类对象可以执行基类的所有功能。所以，public 继承的派生类也称为基类的子类型，public 继承也称为"类型继承"。

protected 继承就是为了语法的完整性，因此基本不考虑使用。

private 继承和第 4 章提到的组合类似，相当于"has-a"关系的另一种形式，private 继承也称为"实现继承"。下面通过示例程序来介绍如何使用 private 继承实现类似组合的功能。

【示例程序 5.6】使用 private 继承从链表类派生出堆栈类。为了作比较，也给出了组合方式的实现代码，如表 5.4 所示。

表 5.4 代码对照

private 继承实现代码	组合方式实现代码
1 // IntList.h：定义链表，堆栈类	1 // IntList.h：定义链表，堆栈类
2 class ListNode // 链表节点类	2 class ListNode // 链表节点
3 {private:	3 {private:
4 int data; // 节点数据	4 int data; // 节点数据
5 ListNode* nextPtr; // 下一个节点	5 ListNode* nextPtr; // 下一个节点
6 };	6 };
7 class IntList// 链表类	7 class IntList// 链表类
8 {public:	8 {public:
9 IntList(void) : firstPtr(null)	9 IntList(void) : firstPtr(null)
10 { }	10 { }
11 ~IntList(void)	11 ~IntList(void)
12 { }	12 { }
13 // 在链表最前面插入节点	13 // 在链表最前面插入节点
14 void insertAtFront(int value)	14 void insertAtFront(const int& value)
15 { }	15 { }
16 // 删除链表最前面的节点	16 // 删除链表最前面的节点
17 void removeFromFront(int&)	17 void removeFromFront(const int&)
18 { }	18 { }
19 // 链表是否为空	19 // 链表是否为空
20 bool isEmpty() const	20 bool isEmpty() const
21 { return firstPtr == null; }	21 { return firstPtr == null; }
22 private:	22 private:
23 ListNode* firstPtr; // 第一个节点	23 ListNode* firstPtr; // 第一个节点
24 };	24 };
25 class IntStack : private IntList // 堆栈类	25 class IntStack // 堆栈类
26 {public:	26 {public:
27 void push(int value)	27 void push(const int& value)
28 { insertAtFront(value);	28 { list.insertAtFront(value);
29 }	29 }
30 void pop(int& value)	30 void pop(const int& value)
31 { removeFromFront(value);	31 { list.removeFromFront(value);
32 }	32 }
33 bool isStackEmpty()	33 bool isStackEmpty()
34 { return isEmpty();	34 { return list.isEmpty();
35 }	35 }
36 };	36 private:
	37 IntList list; // 链表对象
	38 };

程序解析：

（1）两种方法前面和链表相关的类的定义完全一样。

（2）两种方法的区别：左边代码是 private 继承类 IntList（第 25 行），右边代码是定义一个 IntList 的子对象 list（第 37 行）。

（3）两种方法的相似处：都是重用类 IntList 的代码，这样实现类 IntStack 的代码就简单了。只是左边是直接调用类 IntList 的 public 成员函数（实质是通过基类 IntList 的匿名对象调用），而右边是通过类 IntList 的对象 list 调用 public 成员函数。

（4）IntStack 类 private 继承 IntList 类，此时 IntList 类的成员函数在 IntStack 类中都是私有的，但在实现 IntStack 类的成员函数时可以去调用合适的 IntList 类的成员函数，这种方式称为委托（Delegation）。

（5）因为读者可能还没学过相关的数据结构知识，所以当中有些成员函数没有给出实现代码。

读者如果学过相关的数据结构知识后可以自行完成本例。

5.5　基类和派生类的关系

通过继承（或者派生）将两个类关联起来，目的是达到软件重用。C++中有三种继承方式，通过上一节的介绍可知，C++中最重要、使用最多的是 public 继承。下面针对 public 继承来讨论基类和派生类的关系。

5.5.1　替换原则

前面提过，public 继承时，派生类和基类是"is-a"关系，此时派生类可以看作基类的子类。要解释"is-a"关系，就必须提到面向对象程序设计基本原则之一的替换原则（1987 年由 Barbara Liskov 提出，因此也称作里氏替换原则）。

替换原则指的是"is-a"关系，也就是 C++的 public 继承的情况，因此，替换原则不适用 protected 继承和 private 继承。

替换原则最主要的内容可以简单描述为：派生类对象也是基类对象，但基类对象不是派生类对象。

这句话换个角度可以描述为：派生类对象可以替换基类对象使用，即基类对象可以使用的情况派生类对象也可以使用，反之则不可以。

下面我们来详细解释替换原则的内容。比如"人（Person）"和"学生（Student）"，可以设计如下的继承：

```
class Person { … };
class Student : public Person { … };
```

从我们的日常经验可知，学生肯定是个人，但不是每个人都是学生，这就是替换原则所说的。另外，C++函数中所有参数为基类类型的，其实都可以代入派生类对象，但反之不可以。

我们通过下面的示例程序来进一步加深理解替换原则。

【示例程序 5.7】理解替换原则。

```
1    // 理解替换原则
2    class Person
3    {    };
4    class Student : public Person
5    {    };
6    void walk(Person p)          // 人都可以行走
7    {    }
8    void study(Student s)        // 只有学生学习
9    {    }
10   int main()
11   {    Person p;               // p是一个人
12        Student s;              // s是一个学生
13        walk(p);                // 正确，p是一个人
14        study(s);               // 正确，s是一个学生
15        walk(s);                // 正确，s是一个学生，一个学生"is a"人
16        study(p);               // 错误! p是人但不是学生
17        return 0;
18   }
```

程序解析：

（1）第6、7行定义了 walk()函数，其参数是基类 Person 类型；第8、9行定义了 study()函数，其参数是派生类 Student 类型。

（2）第13、14行调用函数 walk()、study()，因为传入的是匹配的参数，所以正确。

（3）第15行调用 walk()函数，传入派生类对象 s，根据替换原则知道派生类对象可以替换基类对象使用，所以正确。

（4）第16行调用 study()函数，传入基类对象 p，根据替换原则知道基类对象不能替换派生类对象使用，所以编译报错（error C2664: 'study' : cannot convert parameter 1 from 'Person' to 'Student'）。

替换原则是面向对象程序设计和面向对象语言的重要基础理论，后面章节的内容里还会提到它的作用。

5.5.2　基类与派生类的转换

在第2章中提到过不同类型的数据之间在一定条件下是可以进行类型转换的，比如把整型数据赋值给单精度类型的变量，赋值前将整型数据转换为单精度数据然后赋值给单精度变量。这种不同类型数据之间的转换和赋值称为赋值兼容。

在继承情况下，派生类和基类是否也存在赋值兼容？派生类对象能否转换为基类对象？基类对象能否转换为派生类对象？下面来详细讨论这些问题。

首先，讨论派生类对象能否转换为基类对象。基类、派生类的构成如图 5.5 所示，因为派生类对象里包含一个匿名基类对象，派生类对象只要剥离掉新增的数据成员留下的就是一个完整的基类对象，所以派生类对象可以赋值给基类对象，也就是派生类对象可以转换为基类对象。比如，示例程序 5.7 的第15行 walk(s)，其实就是将派生类对象 s 转换为基类对象，从而匹配函数参数类型。

以示例程序 5.7 的类定义为基础，将派生类对象赋值给基类对象，下面代码编译是正确的：

```
Person p;
Student s;
p = s;                          // 派生类对象转换为基类对象，赋值兼容
```

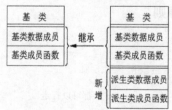

图 5.5　基类、派生类的构成

然后，讨论基类对象能否转换为派生类对象。从前面提到的派生类的构成可知，派生类对象所占内存空间是大于基类对象的（因为派生类通常会新增数据成员），基类对象只能填补派生类的匿名基类对象部分，派生类新增的部分无法确定，因此基类对象不能赋值给派生类对象，即基类对象不能转换为派生类对象。比如，示例程序 5.7 的第16行 study(p)，因为不能将基类对象 p 转换为派生类对象，所以无法匹配函数参数类型，导致编译报错。

通过上面对问题的讨论，在使用上加深了读者对替换原则的理解，特别是类作为函数参数时，实参和形参匹配的情况。

另外，类除了定义类对象，还可以定义类的引用变量和类的指针变量。下面再分别讨论这两种情况：基类的引用变量能否引用派生类对象？派生类的引用变量能否引用基类对象？

从第 2 章有关引用的内容可知，引用变量和被引用的变量（引用物）的类型必须一致。因此，基类的引用变量只能绑定基类对象，派生类的引用变量只能绑定派生类对象。根据上面基类对象和派生类对象互相能否转换的结果可知，基类的引用变量可以引用派生类对象（实质是绑定派生类中的匿名基类对象），但派生类的引用变量不能引用基类对象。如下代码例子：

```
1    class Person { … };
2    class Student : public Person { … };
3    int main()
4    {    Person p;
5         Student s;
6         Person& rp = s;                    // 正确
7         Student& rs = p;                   // 错误
8         return 0;
9    }
```

程序解析：

（1）第 6 行中派生类对象可以转换为一个基类对象，因此基类引用变量 rp 可以绑定派生类对象 s。

（2）第 7 行中因为基类对象不能转换为派生类对象，因此派生类引用变量 rs 不能绑定基类对象 p，编译时会报错（error C2440: 'initializing' : cannot convert from 'Person' to 'Student &'）。

下面再讨论：基类的指针变量能否指向派生类对象地址（派生类指针）？派生类的指针变量能否指向基类对象地址（基类指针）？

由指针的概念可知，某类型指针变量必须指向同类型变量所在内存的起始地址。同样，根据上面基类对象和派生类对象互相能否转换的结果可知，基类指针变量可以指向派生类对象的地址，而派生类指针不能指向基类对象的地址。

前者比较容易理解，派生类对象可以转换为基类对象，因为派生类对象中包含匿名基类对象，所以基类指针指向派生类对象的地址，其实质是指向派生类中匿名基类对象的地址。

而后者可以通过下面例子反证。

```
1    class Person { … };
2    class Student : public Person
3    { public:
4         string  m_major;                   // 派生类新增数据成员
5    };
6    int main()
7    {    Person p;
8         Student s;
9         Student* ps = &s;                  // 正确
10        ps->m_major = "信息安全";
11        ps = &p;                           // 错误
12        ps->m_major = "信息安全";
13        return 0;
14   }
```

程序解析：

（1）第 4 行在派生类里新增了一个数据成员 m_major，因此派生类对象比基类对象要多此数据成员。

（2）第 9 行将派生类指针变量 ps 指向派生类对象 s 的地址，没有任何问题，因此第 10 行可以通过指针变量 ps 给数据成员 m_major 赋值。

（3）第 11 行将派生类指针变量 ps 指向基类对象 p 的地址，编译会报错（error C2440: '=' : cannot convert from 'Person *' to 'Student *'）。假如不报错，也就是假设派生类指针变量可以指向基类对象地址，那么第 12 行代码就有疑问了，因为基类对象 p 里没有 m_major 这个数据成员，"信息安全"就不知道赋值到什么地方。但如果第 12 行代码有错误，但代码和它完全一样的第 10 行却正确，这就无法解释了。因此说明前面的假设不成立，所以派生类指针不能指向基类对象地址。

虽然基类指针可以指向派生类对象的地址，但因为实质是指向派生类对象中的匿名基类对象的地址，所以此时的基类指针也只能访问派生类从基类继承来的成员，而不能访问派生类新增的成员。

同样，基类引用可以绑定派生类对象，因为实质绑定的是派生类对象中的匿名基类对象，所以此时的基类引用也只能访问派生类从基类继承来的成员，而不能访问派生类新增的成员。

下面通过示例程序来说明这种情况。（在第 6 章学习多态性和虚函数后将进一步讨论这个问题）

【示例程序 5.8】基类指针指向派生类对象地址（或基类引用绑定派生类对象）时访问成员的情况。

```
1    // Person.h : 定义类 Person, Student
2    class Person
3    {public:
4        void walk()                          // 基本能力：行走
5        {    }
6    };
7    class Student : public Person
8    {public:
9        void study()                         // 基本能力：学习
10       {    }
11   };
```

```
1    // lz5.8.cpp : 说明基类指向派生类对象后访问成员的情况
2    #include "Person.h"
3    int main()
4    {    Student s;
5        Person* ps = &s;
6        ps->walk();
7        ps->study();
8        Person& rs = s;
9        rs.walk();
10       rs.study();
11       return 0;
12   }
```

程序解析：

（1）在 Person.h 文件中定义了基类 Person，其中有一个成员函数 walk()。派生类 Student 继承基类 Person，其中新增了一个成员函数 study()。

（2）在 lz5.8.cpp 文件中，第 4 行创建了派生类对象 s。第 5 行将基类指针 ps 指向了派生类对象 s 的地址。第 6 行通过基类指针访问基类成员函数 walk()，没有问题。但第 7 行通过基类指针访问派生类新增的成员函数 study()，编译会报错（error C2039: 'study' : is not a member of 'Person'）。

（3）在 lz5.8.cpp 文件中第 8 行将基类引用 rs 绑定派生类对象 s。第 9 行通过基类引用访问基类成员函数 walk()，没有问题。但第 10 行通过基类引用访问派生类新增的成员函数 study()，编译时会报错（error C2039: 'study' : is not a member of 'Person'）。

下面是对 public 继承时，基类和派生类关系的几点总结：

（1）派生类和基类是"is-a"关系，此时派生类是基类的子类型。

（2）派生类可以替换基类使用，但基类不能替换派生类使用。

（3）派生类可以转换为基类，但基类不能转换为派生类。

（4）基类指针可以指向派生类的地址（指针），但反之则不行。

（5）基类引用可以引用派生类对象，但反之则不行。

（6）虽然基类指针可以指向派生类对象地址（或基类引用可以引用派生类对象），但此时也只能访问从基类继承而来的成员，并不能访问派生类新增的成员。

其中，第（4）、（5）条是 C++实现面向对象程序设计中多态的基础之一，后面第 6 章将详细讨论。

5.5.3　派生类对基类同名成员的隐藏

4.1.1 节的隐藏机制描述：作用域外和作用域中同名的变量、函数等会被隐藏。因此，派生类会隐藏基类里同名的数据成员和成员函数。如果需要访问基类的同名成员，需要使用基类名称加作用域运算符（::）。

```
1    // 派生类隐藏基类同名成员
2    class Base
3    { protected:
4        int i;
5    };
6    class Derived : public Base
7    { protected:
8        int i;
9        void f();
10   };
11   void Derived::f()
12   {    i = 10;                    // 派生类中的 i 隐藏了基类的 i
13        Base::i = 20;              // 访问基类的 i
14   };
```

5.6　派生类的构造函数和析构函数

由 3.5 节的内容可知，任何对象在创建时都会自动调用构造函数，在销毁对象时会自动调用析构函数。派生类创建对象时自然也需要调用构造函数，销毁对象时也会自动调用析构函数。但派生类是从基类继承而来，因此它和第 3 章中介绍的单独类的对象创建和销毁会有些不同，同样派生类的构造函数和析构函数也有些特别之处。下面将专门讨论派生类的构造函数和析构函数，了解它们都有哪些特别的要求。

前面提到过，派生类继承了基类的成员函数，但不会继承基类的构造函数和析构函数，如果程序员不显式提供派生类的构造函数和析构函数，编译器会默认给派生类生成构造函数和析构函数。

派生类构造函数和析构函数除了满足第 3 章规定的基本要求，还有如下特别要求：

（1）派生类的构造函数需要调用基类的构造函数，而且只能在参数初始化列表中调用。

（2）如果基类有默认构造函数，可以不在参数初始化列表中显示调用。

（3）基类构造函数将先于派生类构造函数调用。

（4）派生类的析构函数会自动调用基类的析构函数，和构造函数调用顺序相反，派生类析构函数先于基类析构函数调用。

派生类构造函数必须在参数初始化列表里调用基类构造函数，也就是不能在派生类构造函数体内调用。这点和 Java 语言完全不同，Java 语言没有参数初始化列表的概念，因此只能在子类（派生类）构造函数里调用父类（基类）构造函数。

下面分别详细介绍派生类构造函数和析构函数的使用。

5.6.1　简单派生类的构造函数

派生类构造函数的声明和单独类构造函数没区别，但在定义时有区别，具体如下：

```
派生类构造函数名(形参列表)：基类构造函数名(参数表),…
    {   // 派生类中新增数据成员初始化语句    }
```

（1）派生类构造函数要调用基类构造函数，但基类构造函数里的参数表只需要变量名（或常量），而不需要变量的类型，这和派生类构造函数里的形参列表不同。

（2）参数初始化列表里通常先调用基类构造函数，然后再执行派生类新增数据成员的初始化。

（3）在设计派生类构造函数的形参列表时通常要考虑基类构造函数的参数需要。

（4）基类如果没有默认构造函数，则一定要显式定义派生类的构造函数去显式调用基类构造函数。

（5）通常情况下，派生类构造函数只能调用其直接基类的构造函数。

下面通过示例程序来说明派生类构造函数的使用。

【示例程序 5.9】派生类构造函数的使用。

```
1    // Person.h : 声明类 Person, Student
2    #include <string>
3    using namespace std;
4    class Person
5    {public:
6        Person(const string& strName);
7    protected:
8        string m_strName;                        // 姓名
9    };
10   class Student : public Person
11   {public:
12       Student(const string& strName, const string&strClsTeacher);
13   protected:
14       string m_strClsTeacher;                  // 班主任/班导师
15   };
```

```
1    // Person.cpp : 定义类 Person, Student
2    #include "Person.h"
3    #include <iostream>
4    Person::Person(const string& strName) : m_strName(strName)
5    {    cout << "基类构造函数" << endl;
6    }
```

```
7    Student::Student(const string& strName, const string&strClsTeacher)
8        : Person(strName), m_ strClsTeacher(strClsTeacher)
9    {    cout << "派生类构造函数" << endl;
10   }
```

```
1    // lz5.9.cpp ：创建派生类对象
2    #include "Person.h"
3    int main()
4    {    Student s("李雷", "陈奇");
5        return 0;
6    }
```

程序解析：

（1）Person.h 文件第 12 行声明派生类 Student 的构造函数，和其他类声明构造函数没有什么区别，只是形参列表里可能要考虑调用基类构造函数所需要的参数。

（2）Person.cpp 文件第 7、8 行就是派生类构造函数的定义形式，必须在参数初始化列表中调用基类的构造函数。如果把调用基类的构造函数放在派生类构造函数里，编译时将会报错（error C2512: 'Person' : no appropriate default constructor available）。

（3）如果 Person.cpp 文件第 8 行没有调用基类构造函数，编译也会报错（error C2512: 'Person' : no appropriate default constructor available）。但如果 Person.h 文件第 6 行改为 Person(const string& strName = "")，此时基类有默认构造函数，编译就能顺利通过。

（4）lz5.9.cpp 文件第 4 行创建派生类 Student 的对象 s，此时将会先调用基类构造函数初始化派生类中的匿名基类对象，然后调用派生类构造函数初始化派生类新增的数据成员（如 m_strClsTeacher）。

本示例程序的运行结果如图 5.6 所示。

```
基类构造函数
派生类构造函数
```

图 5.6　运行结果

5.6.2　组合方式下派生类的构造函数

在 4.8 节中介绍了组合方式，即类里可以包含其他类的对象为数据成员（子对象），此时该类在创建对象时不仅要调用该类的构造函数，还需要调用所包含的其他类的构造函数。但当派生类中也包含其他类的对象作为数据成员时，此时派生类构造函数如何定义和使用？其他类的构造函数何时调用？

这种情况下，派生类构造函数的声明和单独类构造函数同样没区别，但定义时有区别，具体如下：

```
派生类构造函数名(形参列表)：基类构造函数名(参数表),子对象名(参数表),…
    {  // 派生类中新增数据成员初始化语句    }
```

此时在创建派生类对象时，需要调用基类构造函数、派生类构造函数、其他类构造函数，它们的调用顺序为：基类构造函数、其他类构造函数、派生类构造函数。下面通过示例程序来说明在包含其他类对象的情况下，派生类构造函数的定义，以及几种构造函数的调用顺序。

【示例程序 5.10】派生类中包含其他类对象的情况下，派生类构造函数的使用。

```
1    // Person.h : 声明类 Class,Person, Student
2    #include <string>
3    using namespace std;
4    class Class                                  // 班级类
5    {public:
6        Class (const string& strName);
7    protected:
8        string m_strName;                        // 班级名
9    };
10   class Person                                 // 基类
11   {public:
12       Person(const string& strName);
13   protected:
14       string m_strName;                        // 姓名
15   };
16   class Student : public Person                // 派生类
17   {public:
18       Student(const string& strName, const string& strClsTeacher, const string&
strClass);
19   protected:
20       Class m_class;                           // 班级类对象
21       string m_strClsTeacher;                  // 班主任/班导师
22   };
```

```
1    // Person.cpp : 定义类 Class, Person, Student
2    #include "Person.h"
3    #include <iostream>
4    Class:: Class(const string& strName) : m_strName(strName)
5    {    cout << "班级类构造函数" << endl;
6    }
7    Person::Person(const string& strName) : m_strName(strName)
8    {    cout << "基类构造函数" << endl;
9    }
10   Student::Student(const string& strName, const string& strClsTeacher, const string&
strClass)
11   : Person(strName), m_class(strClass), m_strClsTeacher(strClsTeacher)
12   {    cout << "派生类构造函数" << endl;
13   }
```

```
1    // lz5.10.cpp : 创建派生类对象
2    #include "Person.h"
3    int main()
4    {    Student s("李雷", "陈奇","信安 22 班");
5        return 0;
6    }
```

程序解析：

（1）Person.h 文件第 18 行声明派生类 Student 的构造函数，和其他类声明构造函数没什么区别，只是形参列表里可能要考虑调用基类构造函数以及其他类构造函数所需要的参数。

（2）Person.cpp 文件第 10、11 行就是派生类构造函数的定义形式，必须在参数初始化列表中调用基类和其他类（Class）的构造函数。如果把调用 Class 类的构造函数放在派生类构造函数里，编译时将会报错（error C2512: Class: no appropriate default constructor available）。

（3）如果 Person.cpp 文件第 11 行没有调用 Class 类构造函数，编译时也会报错（error C2512: Class: no appropriate default constructor available）。但如果 Person.h 文件第 6 行改为 Class(const string& strName = "")，此时 Class 类有默认构造函数，编译就能顺利通过。

（4）lz5.10.cpp 文件中第 4 行创建派生类 Student 的对象 s，此时将会先调用基类构造函数初始化派生类中的匿名基类对象，再调用 Class 类构造函数初始化子对象 m_class，最后调用派生类构造函数初始化派生类新增的数据成员（如 m_strClsTeacher）。如图 5.7 所示的运行结果证实了该调用顺序。

```
基类构造函数
班级类构造函数
派生类构造函数
```

图 5.7　运行结果

5.6.3　多级继承时派生类的构造函数

C++语言可以多级继承，形成派生的层次结构。前面已经介绍了单级继承情况下，派生类构造函数的定义和使用，在此基础上很容易就可以解释清楚多级继承时，派生类构造函数该如何定义和使用。

要解释多级继承时派生类的使用，要用到 5.6.1 节中的第 5 条提示：通常情况下，派生类构造函数只能调用其直接基类的构造函数。

在多级继承情况下，派生类一般有一个（单继承时）或多个（多继承时）直接基类，以及若干间接基类。此时，派生类构造函数要且只要调用直接基类的构造函数，而不要去调用间接基类的构造函数。

但要注意 5.6.1 节中的提示要点“通常情况下”，言外之意就是还有特例，即虚基类不在这条提示范围限制内，下节内容将解释这种特例。

依据这条提示就可以说明多级继承时派生类的使用情况。派生类构造函数只负责调用其直接基类的构造函数，而其直接基类的构造函数又调用它的直接基类的构造函数，以此类推就解决了多级继承下构造函数调用的问题。但要注意，因为这种类推的关系，当创建最底层派生类对象时，会从最顶层的间接基类开始逐级依次调用基类构造函数，直到其直接基类构造函数，最后调用派生类自己的构造函数。

例如前面的图 5.4 中，类 C 继承类 B，类 B 又继承类 A，此时类 C 构造函数只能调用类 B 构造函数，而类 B 构造函数只能调用类 A 的构造函数。但在创建类 C 对象时，将依次调用类 A 构造函数、类 B 构造函数、类 C 构造函数。

当某些基类（无论直接或间接）中包含子对象，派生类创建对象时，将在同级基类构造函数调用后调用子对象的类构造函数，以此类推。

下面通过示例程序来说明在多级继承情况下，派生类构造函数的定义，以及创建对象时多个构造函数的调用顺序。

【示例程序 5.11】多级继承构造函数的使用。

```
1    // Person.h : 声明类 Class, Person, Student, CollegeStudent
2    #include <string>
3    using namespace std;
4    class Class                                          // 班级类
5    {public:
6        Class(const string& strName);
7    protected:
8        string m_strName;                                // 班级名
9    };
```

```
10   class Person                                      // 基类
11   {public:
12       Person(const string& strName);
13   protected:
14       string m_strName;                             // 姓名
15   };
16   class Student : public Person                     // 第一级派生类
17   {public:
18       Student(const string& strName, const string& strClsTeacher, const string&
strClass);
19   protected:
20       Class m_class;                                // 班级类对象
21       string m_strClsTeacher;                       // 班主任/班导师
22   };
23   class CollegeStudent : public Student             // 第二级派生类
24   {public:
25       CollegeStudent(const string& strName, const string& strClsTeacher, const string&
strClass, const string& strMajor);
26   protected:
27       string m_strMajor;                            // 专业
28   };
```

```
1    // Person.cpp : 定义类 Class, Person, Student, CollegeStudent
2    #include "Person.h"
3    #include <iostream>
4    Class::Class(const string& strName) : m_strName(strName)
5    {   cout << "班级类 Class 构造函数" << endl;
6    }
7    Person::Person(const string& strName) : m_strName(strName)
8    {   cout << "基类 Person 构造函数" << endl;
9    }
10   Student::Student(const string& strName, const string& strClsTeacher, const string&
strClass)
11   : Person(strName), m_class(strClass), m_strClsTeacher(strClsTeacher)
12   {   cout << "派生类 Student 构造函数" << endl;
13   }
14   CollegeStudent::CollegeStudent(const string& strName, const string& strClsTeacher,
const string& strClass, const string& strMajor)
15   : Student(strName, strClsTeacher, strClass), m_strMajor(strMajor)
16   {   cout << "派生类 CollegeStudent 构造函数" << endl;
17   }
```

```
1    // lz5.11.cpp : 创建派生类对象
2    #include "Person.h"
3    int main()
4    {   CollegeStudent s("李雷", "陈奇", "信安 22 班", "信息安全");
5        return 0;
6    }
```

程序解析：

（1）Person.h 文件第 25 行声明派生类 CollegeStudent 的构造函数，和派生类 Student 声明构造函数没什么区别，同样只是形参列表里可能要考虑调用它的直接基类（Student）构造函数所需要的参数。

（2）Person.cpp 文件第 14、15 行就是派生类 CollegeStudent 构造函数的定义形式，必须在参数初始化列表中调用它的直接基类（Student）的构造函数。如果调用其间接基类 Person 的构造函数，编译时将会报错（error C2614: 'CollegeStudent' : illegal member initialization: 'Person' is not a base or member）。

（3）lz5.11.cpp 文件第 4 行创建派生类 CollegeStudent 的对象 s，此时将会先调用直接基类 Student 的构造函数初始化派生类 CollegeStudent 中的匿名 Student 对象，而 Student 构造函数的调用又会先调用它的直接基类 Person 的构造函数，以及再调用 Class 类构造函数初始化它类中的子对象 m_class，再执行 Student 的构造函数，最后调用的是派生类 CollegeStudent 的构造函数。如图 5.8 所示的运行结果证实了该调用顺序，且图 5.8 前面的结果和图 5.7 中的完全一样，因为派生类 CollegeStudent 就是先调用其直接基类 Student 的构造函数再调用自己的构造函数，而 Student 构造函数的调用结果就如图 5.7 所示。

```
基类Person构造函数
班级类Class构造函数
派生类Student构造函数
派生类CollegeStudent构造函数
```

图 5.8　运行结果

5.6.4　派生类的析构函数

析构函数在对象销毁时自动被调用，用于进行必要的清理工作。派生类的析构函数不能继承基类的析构函数，需要自定义析构函数。

派生类析构函数除了需要对新增的成员进行清理工作，还需要调用基类的析构函数，而且通常只调用直接基类的析构函数（和构造函数一样，也有存在虚基类的特例）。派生类调用基类析构函数对派生类中的匿名基类对象进行清理，同时基类析构函数也会调用它的直接基类析构函数（如有继承），以此类推。派生类中如果还包含其他类的子对象，也需要调用其他类的析构函数对子对象进行清理工作。

这样就涉及派生类、基类、其他类的析构函数调用，这些析构函数的调用顺序和构造函数的调用顺序正好相反，顺序为：派生类析构函数、其他类析构函数、基类构造函数。

下面通过示例程序来说明派生类析构函数的使用以及调用顺序。

【示例程序 5.12】析构函数的使用。

```
1    // Person.h : 声明类 Class, Person, Student
2    #include <string>
3    using namespace std;
4    class Class                              // 班级类
5    {public:
6        Class(const string& strName);
7        ~Class();
8    protected:
9        string m_strName;                    // 班级名
10   };
11   class Person                             // 基类
12   {public:
13       Person(const string& strName);
14       ~Person();
15   protected:
16       string m_strName;                    // 姓名
17   };
18   class Student : public Person            // 派生类
19   {public:
20       Student(const string& strName, const string& strClsTeacher, const string&
strClass);
21       ~Student();
22   protected:
```

```
23        Class m_class;                    // 班级类对象
24        string m_strClsTeacher;           // 班主任/班导师
25   };
```

```
1    // Person.cpp : 定义类 Class, Person, Student
2    #include "Person.h"
3    #include <iostream>
4    Class::Class(const string& strName) : m_strName(strName)
5    {    cout << "班级类构造函数" << endl;
6    }
7    Class::~Class()
8    {    cout << "班级类析构函数" << endl;
9    }
10   Person::Person(const string& strName) : m_strName(strName)
11   {    cout << "基类构造函数" << endl;
12   }
13   Person::~Person()
14   {    cout << "基类析构函数" << endl;
15   }
16   Student::Student(const string& strName, const string& strClsTeacher, const string&
strClass)
17   : Person(strName), m_class(strClass), m_strClsTeacher(strClsTeacher)
18   {    cout << "派生类构造函数" << endl;
19   }
20   Student::~Student()
21   {    cout << "派生类析构函数" << endl;
22   }
```

```
1    // lz5.12.cpp : 创建派生类对象
2    #include "Person.h"
3    int main()
4    {    Student s("李雷", "陈奇", "信安 22 班");
5         return 0;
6    }
```

程序解析：

（1）Person.h 文件中第 21 行声明了派生类 Student 的析构函数，在 Person.cpp 中第 20~22 行定义了派生类 Student 的析构函数，可以看出和一般类的析构函数的声明和定义完全一样。

（2）lz5.12.cpp 文件中第 4 行创建派生类 Student 的对象 s，会依次调用基类构造函数、子对象班级类的构造函数、派生类构造函数；当 main()函数退出时会销毁对象 s，因此会依次调用派生类析构函数、子对象班级类的析构函数、基类析构函数，和构造函数调用正好相反，如图 5.9 所示的运行结果可清楚看到构造函数和析构函数的调用顺序。

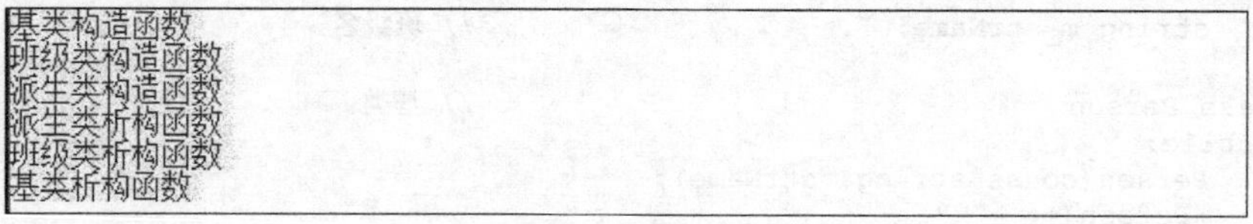

图 5.9　运行结果

5.6.5　派生类构造函数的显式定义

在第 3 章中提到，类的构造函数不是必须显式定义，此时编译器会自动生成一个无代码的空构造函数。类不需要显式定义构造函数表示类创建对象时没有需要初始化的工作，但派生类判断是否需要显式定义构造函数相对复杂些。下面列出需要显式定义派生类的情况：

（1）派生类的新增数据成员需要初始化（这情况和一般类一样）。

（2）派生类的直接基类没有定义默认构造函数。

（3）派生类包含其他类的对象，而这些其他类没有定义默认构造函数。

（4）派生类的间接基类中包含的虚基类没有默认构造函数。

以上情况只要出现一种就需要显式定义派生类的构造函数，其中第 4 种情况在实际开发应用中比较少见，因此大家重点关注前面 3 种情况。

5.7　多继承和虚基类

前面几节讨论的派生类都是从一个基类派生出来的单继承。在 C++中，我们可以用多继承技术让一个类从多个类派生出来。这种强大的功能极大地鼓励了软件重用，但是也不可避免地产生了一些问题。多继承是一个比较难的概念，有经验的程序员才能用好它，发挥有效的作用，所以在实际开发应用中使用多继承的情况比较少见。事实上一些和多继承相关的问题都是很微妙的，以至于一些后来出现的面向对象编程语言（比如 Java、C#、Python）都不支持多继承。

5.7.1　多继承的声明方法及派生类构造函数

若已有类 B1、B2、B3，可通过多继承得到派生类 D。声明方法如下：

```
class D : public B1, protected B2, private B3
{   派生类新增的成员   }
```

注意：每个基类的继承方式是各自独立的。

多继承派生类的构造函数形式与单继承时的构造函数形式基本相同，只是在初始化时包含多个基类的构造函数。例如：

```
派生类构造函数名（总参数表列）：基类 1 构造函数名（参数表列），
     基类 2 构造函数名（参数表列），基类 3 构造函数名（参数表列），…
   {   派生类中新增数据成员初始化语句   }
```

派生类构造函数执行顺序是：先调用基类构造函数，且按派生表里各基类顺序先后执行，然后再调用派生类的构造函数。

如上面派生类 D 的派生类构造函数如下：

```
D(int i1, int i2, int i3) : B1(i1), B2(i2), B3(i3)
{ … }
```

构造函数执行顺序是：类 B1 的构造函数、类 B2 的构造函数类、类 B3 的构造函数、派生类 D 的构造函数。

5.7.2　多继承下基类同名成员的二义性问题

使用多继承通常会出现一个问题，即继承的多个基类中有可能包含了具有相同名字的数据成员

和成员函数，这会导致编译时出现二义性（Ambiguous）问题。如下面的例子，类 Derived 继承类
Base1 和 Base2。

【示例程序 5.13】多继承的使用。

```
1    class Base1
2    {public:
3        int getData()
4        {    return m_value;    }
5    protected:
6        int m_value;
7    };
8    class Base2
9    {public:
10       char getData()
11       {    return m_letter;  }
12   protected:
13       char m_letter;
14   };
15   class Derived : public Base1, public Base2
16   {  };
17   int main()
18   {   Derived d;
19       d.getData();
20       return 0;
21   }
```

程序解析：

（1）第 15 行类 Derived 从 Base1 和 Base2 两个基类 public 派生而来。在类 Base1 中定义了公
有的 getData()函数（第 3、4 行），在类 Base2 中也定义了公有的 getData()函数（第 10、11 行），
也就是基类中出现了同名成员函数。

（2）第 19 行，因为基类中 getData()是公有的，且 Derived 是 public 继承 Base1 和 Base2，所以
通过派生类的对象 d 可以访问 getData()，但编译时会报错（error C2385: ambiguous access of 'getData'），
表示同名 getData()成员函数会导致二义性错误。

当派生类从多个基类继承具有相同名字的成员函数时会引起二义性，如示例程序 5.13 中的
getData()函数。使用作用域运算符(::)可以很容易解决这个问题，比如将第 19 行改为 d.Base1::getData()
或 d.Base2::getData()，此时编译就会顺利通过。

5.7.3　虚基类

上一节讨论了多继承时因为多个基类有同名成员而带来的二义性问题，并且给出了通过基类名
加作用域运算符的解决方法。但多继承带来的二义性问题不只这一种情况，还有如下情况：C++标
准库中的 basic_iostream 类，如图 5.10 所示。

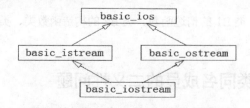

图 5.10　多继承生成的 basic_iostream 类

类 basic_ios 是两个单继承类 basic_istream 和 basic_ostream 的基类，而类 basic_iostream 是从类 basic_istream 和 basic_ostream 多继承而来的。这让类 basic_iostream 同时具有类 basic_istream 和 basic_ostream 的功能。在多级多继承的层次中，这种继承关系称为菱形继承，从图 5.10 可以很直观地看到。

这种菱形继承存在一个潜在问题：因为类 basic_istream 和 basic_ostream 都是从类 basic_ios 继承而来，它们都包含 basic_ios 类的匿名子对象。而 basic_iostream 同时继承类 basic_istream 和 basic_ostream，导致类 basic_iostream 中包含两个 basic_ios 匿名子对象，一个来自 basic_istream，一个来自 basic_ostream。这种情况同样会导致编译时出现二义性问题，因为编译器不知道使用哪个版本的 basic_ios 成员。这种问题使用前面提到的基类名加作用域运算符的方法也不能解决，因为基类名都是 basic_ios。

虚基类可以消除这种多个相同匿名子对象的问题。当某个基类是以虚基类方式被继承时，只会有一个该基类的匿名子对象出现在派生类中，这种方式称为虚基类继承。

虚基类指明符形式为：

`virtual 继承方式 基类名`

和一般基类指明符的区别在于前面加了关键字 virtual。

当使用虚基类后，该基类通过多条派生路径被一个派生类继承时，该派生类只继承该基类一次，即派生类中只会保留一个该基类匿名子对象。这样就解决了菱形继承带来的二义性问题。

虚继承解决了多继承可能带来的二义性问题，但也带来了虚基类的初始化的复杂性，也就是虚基类构造函数的调用问题。C++规定，最终的派生类需要负责虚基类的初始化，即此派生类除了调用直接基类的构造函数还需要调用虚基类的构造函数。因此，由虚基类派生而来的所有派生类都需要调用该虚基类的构造函数，当虚基类没有定义默认构造函数时，所有派生类都需要显式调用虚基类的构造函数。

下面通过示例程序来说明虚基类的使用。类 Student、类 Teacher 都继承自类 Person，类 GraduateStudent 同时继承类 Student 和 Teacher（研究生助教），为了防止二义性问题而使用虚继承，Person 成为虚基类。

【示例程序 5.14】 虚基类的使用以及虚基类构造函数的调用。

```
1    // Person.h : 定义类 Person, Student, Teacher, GraduateStudent
2    #include <string>
3    #include <iostream>
4    using namespace std;
5    class Person                                              // 人
6    {public:
7        Person(string strName) : m_strName(strName)
8        {    cout << "类 Person 构造函数" << endl;
9        }
10   protected:
11       string m_strName;                                     // 姓名
12   };
13   class Student : virtual public Person                     // 学生
14   {public:
15       Student(string strName, string strMajor) : Person(strName), m_strMajor(strMajor)
16       {    cout << "类 Student 构造函数" << endl;
17       }
18   protected:
19       string m_strMajor;                                    // 专业名
```

```
20      };
21      class Teacher : virtual public Person                    // 教师
22      {public:
23          Teacher(string strName, string strCourse) : Person(strName), m_strCourse(strCourse)
24          {   cout << "类 Teacher 构造函数" << endl;
25          }
26      protected:
27          string m_strCourse;                                  // 课程名
28      };
29      class GraduateStudent : public Student, public Teacher   // 研究生
30      {public:
31          GraduateStudent(string strName, string strMajor, string strCourse)
32              : Person(strName), Student(strName, strCourse), Teacher(strName, strCourse)
33          {   cout << "类 GraduateStudent 构造函数" << endl;
34          }
35      };
```

```
1   // lz5.14.cpp : 创建派生类 GraduateStudent 对象
2   #include "Person.h"
3   int main()
4   {   GraduateStudent gs("李雷","计算机技术", "密码学");
5       return 0;
6   }
```

程序解析：

（1）在 Person.h 中第 13 行类 Student 虚继承类 Person，第 21 行类 Teacher 虚继承类 Person，因此类 Person 是虚基类。

（2）在 Person.h 中第 29 行类 GraduateStudent 同时继承类 Student 和 Teacher，因此需要调用类 Student 和 Teacher 的构造函数（直接基类），但也需要调用类 Person 的构造函数（虚基类），见第 32 行。

（3）如果第 13 行或第 21 行的关键字 virtual 删掉，编译时会出现二义性错误（error C2385: ambiguous access of 'Person'）。

（4）虽然在派生层次中会多次继承类 Person，但因为是虚基类，所以只会调用一次类 Person 的构造函数，如图 5.11 所示的运行结果证明了这点。

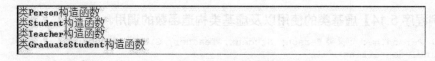

图 5.11　运行结果

从上面的代码可以看到派生类中显式调用 Person 构造函数 3 次（Person.h 的第 15、23、32 行），但创建 GraduateStudent 对象的运行结果可以看出只调用 Person 构造函数一次，也就是创建了一个 Person 匿名子对象。这是因为虚继承是"按引用组合"的继承机制。以示例程序 5.14 来说明：最后的派生类 GraduateStudent 创建一个 Person 匿名子对象，类 Student、类 Teacher 通过引用和类 GraduateStudent 共享这个虚基类 Person 匿名子对象。

5.8　本章小结

　　在这一章中，介绍了面向对象的重要概念——继承，以及基类、派生类；介绍了通过继承创建新类，通过吸收现有类的数据成员和成员函数并用新的功能增强它们来创建新类，特别介绍了成员访问修饰符 protected，派生类的成员函数可以直接访问基类的 protected 成员；详细说明在继承体系下，不同继承方式对派生类所有成员的访问情况；介绍了基类和派生类的关系，基类和派生类之间如何转换，以及里氏替换原则；讨论了 public、protected、private 三种继承方式的区别，并学习了派生类中构造函数和析构函数的使用方法，知道了继承层次中类对象的构造函数和析构函数的调用顺序；最后介绍了多继承，以及通过虚基类解决多继承带来的二义性问题。

总结

- 软件重用节省了软件开发的时间和成本。
- 继承是软件重用的一种方式，程序员通过继承现有类的数据和行为来创建新类。现有的类被称为基类，创建的新类被称为派生类。
- 派生类的直接基类是派生类显式继承的类（在派生类定义的第一行中由冒号（:）右边的类名指定），间接基类是指在类层次中经过两级或两级以上继承的类。
- 在单继承中，类从一个基类派生而来。在多继承中，类从多个基类（可以是不相关的）继承而来。
- 当从基类派生类时，有三种继承方式：public、private 和 protected。
- 派生类的每个对象也都是基类的对象，但是基类的对象并不是其派生类的对象。
- public 继承表示 "is-a" 关系。在 "is-a" 关系中，派生类的对象都可以看作其基类的一个对象。
- private 继承表示 "has-a" 关系，"has-a" 关系表示组合。在 "has-a" 关系中，一个对象可以把其他类的一个或多个对象拿来作为自己的成员。
- 派生类不能直接访问其基类的 private 成员，否则将破坏基类的封装性。但是，派生类可以直接访问基类的 protected 和 public 成员。
- 基类对象或者基类的派生类对象都可以访问基类的 public 成员。
- 基类的 private 成员只能在基类的成员函数中或者由基类的友元访问。
- 基类的 protected 成员提供了介于 public 和 private 访问之间的中间保护层次。基类的 protected 成员既可以被基类的成员和友元访问，又可以被任何派生类的成员和友元访问。
- 派生类从基类继承的成员需要调整访问权限，调整规则是选择继承方式和成员原访问权限两者中权限低的（由高到低：public、protected、private）。因此，在 public 继承的派生类中，基类成员访问权限不变；在 private 继承的派生类中，基类成员的访问权限都变为 private；在 protected 继承的派生类中，基类 public 成员的访问权限还是 public，其他成员访问权限变为 protected。

5

- 当实例化派生类的对象时，基类的构造函数会立即调用（显式或是隐式调用），从而（在派生类数据成员初始化之前）初始化派生类对象中的基类数据成员。调用顺序是，先调用基类的构造函数，然后调用派生类的构造函数。
- 当销毁派生类的对象时，基类的析构函数会自动调用。析构函数的调用顺序和相应的构造函数的调用顺序刚好相反，即先调用派生类的析构函数，然后调用基类的析构函数。
- 多继承常见的问题就是多个基类出现同名的数据成员或成员函数，这会导致编译的二义性错误，通常通过类名加作用域运算符来解决这种问题。
- 菱形继承(多继承派生类的多个基类又是从同一基类派生而来)也会导致编译的二义性，使用虚继承可以解决这种问题。
- 使用虚继承的基类称为虚基类，当使用虚基类后，此后不论任何情况下都只会有一个虚基类子对象出现在派生类里。
- 虚基类如果没有定义默认的构造函数，那么从它派生而来的类都要显式调用虚基类的构造函数。

本章习题

1. 填空题。

（1）当以____的方式从基类继承，只有一个基类子对象出现在派生类中。

（2）当一个类从多个基类派生而来，这样的派生称为_____。

（3）_____是一种软件重用的方式，新类吸收了现有类的数据和行为。

（4）基类的____成员只能在基类的成员函数中或派生类的成员函数中直接访问。

（5）在一个____关系中，派生类的对象都可以被视为基类的对象。

（6）在一个____关系中，类对象可以让一个或者多个其他类的对象作为它的成员。

（7）基类对象或者基类的派生类对象，都可以访问基类的____成员。

（8）当实例化派生类的对象时，会显式或隐式调用基类的____函数，从而对派生类对象中的基类数据成员进行必要的初始化工作。

（9）当采用 public 继承从基类派生类时，基类的 public 成员成为派生类的____成员，基类的 protected 成员成为派生类的____成员。

（10）当采用 protected 继承从基类派生类时，基类的 public 成员成为派生类的____成员，基类的 protected 成员成为派生类的_____成员。

2. 画一张类似图 5.1 所示层次的大学学生继承层次图。首先以 Student 作为该层次的基类，然后派生出类 UndergraduateStudent（本科生）和类 GraduateStudent（研究生）。接着继续扩展继承层次，越深越好（即尽可能多地添加层次）。例如，可以从 UndergraduateStudent 派生出 Freshman（一年级）、Sophomore（二年级）、Junior（三年级）和 Senior（四年级），从 GraduateStudent 派生出博士生类 DoctoralStudent、硕士生类 MasterStudent。画出层次图后，讨论图中各类之间存在的关系。注意：本题不用编写任何代码。

3. 以示例程序 5.5 为基础，分析在下面几种情况下，类 C 的 f1_c()成员函数里对基类 A、B 的成员哪些可以访问和哪些不能访问，类 C 的对象对基类 A、B 的成员哪些可以访问和哪些不能访问。

（1）类 B 是 protected 继承类 A，类 C 是 public 继承类 B。

（2）类 B 是 public 继承类 A，类 C 是 protected 继承类 B。

（3）类 B 是 private 继承类 A，类 C 是 public 继承类 B。

（4）类 B 是 public 继承类 A，类 C 是 private 继承类 B。

（5）类 B 是 private 继承类 A，类 C 是 protected 继承类 B。

4. （Course 继承层次）以课程类 Course 作为基类，基类包括课程名、课程学分、必修/选修，类的构造函数初始化这些数据成员。从基类派生以下课程类：公共基础课、通识教育课、学科基础课（如数学、物理）、专业核心课、专业选修课、实践课。根据对自己专业课程的了解在各派生类中增加新的成员。编写测试程序，创建若干课程对象，并分别计算各类课程的总学分，以及计算必修课的总学分、选修课的总学分。

5. （Package 继承层次）快递公司都会提供多样化的服务，同时也收取不同的费用。创建一个表示各种不同包裹的继承层次。以包裹类 Package 作为基类，特快专递类 EMSPackage 和外地包裹类 NonlocalPackage 作为派生类。基类 Package 应该包括寄件人和收件人姓名、地址和电话等数据成员，类的构造函数应初始化这些数据成员。此外，还应包含存储包裹重量（以千克计）和按重量计费的计费标准的数据成员，并确保重量和重量计费标准为正值。Package 应该提供 public 成员函数 calculateCost，该函数计算重量和计费标准的乘积，得到的是运输该包裹的费用并返回（返回值类型为 double）。派生类 EMSPackage 应继承基类 Package 的功能，还应包含一个数据成员，表示付给特快专递服务的加急费，EMSPackage 构造函数应初始化这个数据成员。类 EMSPackage 还应该重新定义基类的成员函数 calculateCost 来计算运输费用，具体方法是将加急费加到由基类 Package 的 calculateCost 函数计算得到的基于重量的费用中。派生类 NonlocalPackage 应继承基类 Package 的功能，还应包含一个数据成员，表示外地运输费用需要额外增加的比例（double 类型），NonlocalPackage 构造函数应初始化这个数据成员。类 NonlocalPackage 还应该重新定义基类的成员函数 calculateCost 来计算运输费用，具体方法是重量和计费标准的乘积再乘以（1+额外比例）。编写测试程序，创建每种 Package 的对象并测试成员函数 calculateCost()。

6. 有类 A、类 B1、类 B2、类 C、类 X、类 Y，分析下面几种情况下构造函数和析构函数的调用顺序。

（1）类 C 继承类 B1，类 B1 继承类 A。

（2）在（1）的基础上，类 A 包含一个类 X 对象，类 B1 包含一个类 Y 对象。

（3）类 C 继承类 B1、B2，类 B1 继承类 A，类 B2 继承类 A。

（4）类 C 继承类 B1、B2，类 B1 虚继承类 A，类 B2 虚继承类 A。

（5）在（4）的基础上，类 A 包含一个类 X 对象。

第 6 章

面向对象编程之多态性

本章学习目标

- 什么是多态性，它如何使程序设计更方便、使软件系统更具扩展性和可维护性
- 声明和使用 virtual 函数（虚函数）来实现多态性
- 抽象类和具体类的区别
- 声明纯 virtual 函数以创建抽象类
- 如何实现向下强制类型转换
- 如何使用 virtual 析构函数来保证对象的彻底清理

面向对象程序设计有四个主要特点：抽象、封装、继承和多态。前面三章已经介绍了抽象、封装、继承三个特点，给出了与它们相关的一些概念。本章将继续讨论面向对象编程的一些内容，学习面向对象程序设计的另一重要特点——多态性。首先是讨论多态性的概念，以及多态性的作用。接着使用虚函数来实现多态性。然后讨论抽象类和具体类的差异，并介绍如何创建抽象类。再介绍继承体系下如何实现基类向下的类型转换。最后介绍虚析构函数的作用。

6.1　多态性

从第 3~5 章，我们讨论了面向对象编程的一些关键技术，包括类、对象、封装和继承等，本章我们将继续介绍面向对象编程的另一个关键技术——多态性。

在面向对象的方法中一般是这样描述多态性的：向不同的对象发送同一个消息，不同的对象在接收后会产生不同的行为。也就是说，每个对象可以用自己的方式去响应共同的消息。C++语言中，所谓消息，就是调用函数，不同的行为就是指不同的函数实现，即执行不同的函数。

从系统实现角度看，多态性分为两类：静态多态性和动态多态性。

在 C++语言中，多态性表现形式之一是：具有不同功能的函数可以用同一个函数名，这样就可以用一个函数名调用不同功能的函数。这就是前面第 2 章介绍过的函数重载，函数重载形成的多态性就属于静态多态性，函数重载是在编译时通过函数的实参决定调用的具体函数。因此，在编译时能够确定调用同名函数中的哪一个就属于静态多态性，所以静态多态性又称为编译时的多态性。静态多态性的函数调用速度快、效率高，但在程序运行前就要决定调用的函数，因此缺乏灵活性。

动态多态性是不在编译时确定调用哪个函数，而是在程序运行过程中才动态地确定调用哪个函数，所以又称为运行时的多态性。动态多态性的优点是具有灵活性和可扩展性。

本章讨论的就是动态多态性，在类的继承层次体系下解释和演示动态多态性（本章内容为了方便叙述，多态性就是指动态多态性）。多态性使我们能够进行"通用化编程"，而不是"特殊化编程"。特别是，多态性使我们编写的程序在处理同一个类层次结构下类的对象时就好像它们是基类的所有对象一样。多态性是利用基类的指针变量或基类的引用变量，而不是利用基类的对象变量。

我们考虑下面一个多态性的例子。假设我们在为某生物研究设计一个程序，用于模拟研究几种动物的运动情况。鸟类（Bird）、鱼类（Fish）和狗类（Dog）分别表示三种被研究的动物。设计这三个类都从基类 Animal（动物类）继承而来，基类包括一个 move()函数来控制动物的位置移动。因为每种动物的运动能力都不一样，所以每个派生类都要实现自己的 move()函数。我们的程序有一个指针数组，数组元素是指向各种各样 Animal 派生类对象的指针。为了模拟这些动物的运动，程序每秒都向所有对象发送一条相同的消息，也就是 move。然而，不同种类的 Animal 对象对 move 消息有自己的响应：Bird 对象可能飞行了 3 米，Fish 对象可能游动了 0.5 米，而 Dog 对象可能行走了 0.8 米。程序向每个动物对象发送相同的消息（即 move 消息），而每个对象都知道怎样根据自己具体的类别相应地移动自己的位置。对于同样的函数调用，由每个对象自己做出正确的响应（即与对象具体类别相适应的反应），这就是多态性的关键思想。同样的消息（在本例中是 move）在发送给各种不同的对象时会产生多种形式的结果，这就是多态性。

利用多态性，我们可以设计和实现更具扩展性的软件系统，只要新增类是程序处理的类继承层次的一部分，就可以在经过少量修改（或不加修改）后加入程序的原有部分。原程序中唯一需要修改以适应新增类的地方就是那些需要添加到继承层次的新增类的直接知识部分。比如，创建一个从类 Animal 派生的树懒类 Sloth（它对 move 消息的反应可能是爬行 0.05 米），那么就只需要编写 Sloth 类和实例化 Sloth 对象的代码。而常规处理每个 Animal 对象的代码可以保持不变。

6.2　典型的多态性实例

在这一节，我们将讨论一个比较典型的多态性例子。利用多态性，一个函数可以根据调用它的对象的不同类型产生不同的行为。这给了程序员极大的发挥空间。

例如，设计一款太空游戏，游戏中有星球 Star、太空飞船 SpaceShip、地球人 Human、太空人 Alien、机器人 Robot 等不同对象，需要在游戏画面中显示和操纵这些对象，因此，设计一个屏幕管理器完成诸多类的对象在游戏画面中的显示和操纵。假定这些类都从一个通用的基类 GameObject 继承而来，该基类有一个成员函数 draw()，该函数的功能就是在屏幕上显示对应的对象。派生类 Star、SpaceShip、Human、Alien、Robot 都以适合自己的方式来实现 draw()函数。屏幕管理器程序维护一个数组，其中数组元素是指向各种不同类对象的 GameObject 指针。为了刷新屏幕，屏幕管理器需定时地向每个不同类型的对象发送同样的消息，也就是 draw。每一种类型的对象都有自己的响应方式。例如，Star 对象可能会把自己绘制成红色的球体；SpaceShip 对象可能会把自己绘制成银白色的飞碟；

Robot 对象可能会把自己绘制成银灰色的人形。这里同样是发送给不同类型对象的相同消息（本例中为 draw）将产生"不同形式"的结果。

设计多态性的屏幕管理器非常便于向系统中添加新类，因为只需做最少量的代码改动即可达到目的。假设我们打算将激光剑 LaserSword 对象添加到上述的游戏中。只需这样做，首先构建一个从 GameObject 类继承而来的 LaserSword 类的对象，但是要提供 LaserSword 自己的成员函数 draw() 的定义。然后，当指向 LaserSword 类对象的指针出现在数组中时，程序员并不需要修改屏幕管理器的代码。屏幕管理器对数组中的每个对象调用成员函数 draw()，而不管对象的类型，所以这样新的 LaserSword 对象只需"直接添加"就行。因此，不需要改动原系统（除了构建和包含类 LaserSword 之外），程序员就可以利用多态性容纳新加入的类，甚至包括那些在系统创建时可能没有预见到的类。

实际软件应用中会有不少类似的例子，因此支持多态性可以让编程语言更加方便、灵活，C++语言就具备这种特性。

6.3 虚函数和多态性

本节介绍如何在 C++中实现多态性。先看一个例子，矩形类 Rectangle 派生于四边形类 Quadrilateral，那么 Rectangle 对象就是一个特殊版本的 Quadrilateral 对象。因此，任何可以在 Quadrilateral 类对象上执行的操作（比如计算周长和面积）都可以在 Rectangle 类对象上执行。同样，这些操作还可以在其他特殊种类的 Quadrilateral 上执行，例如 Square（正方形）、Parallelogram（平行四边形）和 Trapezoid（梯形）。下面通过解析这个例子的代码来解释 C++的动态多态性。

6.3.1 非虚函数和静态绑定

下面的示例程序实现了多种四边形的周长计算。为了简化代码篇幅，只实现了矩形和正方形两种四边形周长的计算。

【示例程序 6.1】计算矩形、正方形的周长。

```
1    // Quadrilateral.h ：声明各类
2    class Point
3    {public:
4        Point(double x, double y);
5        friend double length(const Point& p1, const Point& p2);    // 友元函数计算直线长度
6        friend class Rectangle;                                     // 友元类
7    private:
8        double _x, _y;                                              // 点 x, y 坐标
9    };
10   class Quadrilateral
11   {public:
12       Quadrilateral();
13       double girth();                                             // 计算周长
14   };
15   class Rectangle : public Quadrilateral
16   {public:
17       Rectangle(const Point& l_u, const Point& r_d);
18       double girth();                                             // 计算周长
19   protected:
20       Point m_l_u;                                                // 左上角
```

```
21        Point m_r_d;                                          // 右下角
22  };
23  class Square : public Quadrilateral
24  {public:
25        Square(const Point& l_u,  double length);
26        double girth();                                       // 计算周长
27  protected:
28        Point m_l_u;                                          // 左上角
29        double m_length;                                      // 边长
30  };
```

```
1   // Quadrilateral.cpp : 定义各类
2   #include <math.h>
3   Point::Point(double x, double y) : _x(x), _y(y)
4   {    }
5   double length(const Point& p1, const Point& p2)           // 计算直线长度
6   {    return sqrt((p1._x - p2._x)*(p1._x - p2._x) + (p1._y - p2._y)*(p1._y - p2._y));
7   }
8   Quadrilateral::Quadrilateral()
9   {    }
10  double Quadrilateral::girth()
11  {    return 0;  }
12  Rectangle::Rectangle(const Point& l_u, const Point& r_d)
13  : m_l_u(l_u), m_r_d(r_d)
14  {    }
15  double Rectangle::girth()
16  {    Point r_u(m_r_d._x, m_l_u._y);                         // 右上角
17       return 2*(length(m_l_u, r_u) + length(r_u, m_r_d));
18  }
19  Square::Square(const Point& l_u,  double length)
20  : m_l_u(l_u), m_length(length)
21  {    }
22  double Square::girth()
23  {    return 4*m_length;
24  }
```

```
1   // lz6.1.cpp : 创建各种四边形对象，并计算周长
2   #include "Quadrilateral.h"
3   #include <iostream>
4   using namespace std;
5   int main()
6   {    Quadrilateral* p;
7        p = new Quadrilateral;                                // 创建四边形
8        cout << "四边形周长=" << p->girth() << endl;
9        delete p;
10       Point p1(0, 0), p2(5, 3);
11       p = new Rectangle(p1, p2);                            // 创建矩形
12       cout << "矩形周长=" << p->girth() << endl;
13       delete p;
14       p = new Square(p1, 5);                                // 创建正方形
15       cout << "正方形周长=" << p->girth() << endl;
16       delete p;
17       return 0;
18  }
```

程序解析：

（1）类 Quadrilateral 定义了计算周长的函数 girth()，本例重点在计算矩形和正方形周长，所以类 Quadrilateral 的 girth() 不计算周长默认返回 0。

（2）类 Rectangle 和类 Square 继承基类 Quadrilateral，并定义了各自的函数 girth() 来计算周长

（在 Quadrilateral.cpp 中第 15~18 行和第 22~24 行）。

（3）lz6.1.cpp 中通过基类 Quadrilateral 指针创建四边形（第 7 行）、矩形（第 11 行）和正方形（第 14 行），并分别调用 girth()函数计算周长（第 8、12、15 行）。正确结果是：四边形周长=0，矩形周长=16，正方形周长=20。

本示例程序的运行结果如图 6.1 所示。

```
四边形周长=0
矩形周长=0
正方形周长=0
```

图 6.1　运行结果

从图 6.1 中可以看出，矩形和正方形的周长的结果并不正确。虽然，矩形和正方形都重新定义了计算周长的函数 girth()，但通过基类指针调用同名函数 girth()，并没有根据该指针指向的对象去调用自己的 girth()函数，实际调用的都是基类 Quadrilateral 的 girth()函数。

为什么没有达到多态性的目的？回答这个问题之前先解释一个名词——绑定（Binding）。程序中确定对象调用的具体函数的过程称为绑定，也称为关联。编译时确定调用函数属于静态绑定（也称为静态关联）。前面第 2 章介绍的函数重载就属于静态绑定。

C++中的非虚函数（对应后面介绍的虚函数）属于静态绑定，通过基类指针调用的非虚函数（比如示例程序 6.1 中的 girth()）只和基类绑定。示例程序 6.1 中的 girth()函数因为是非虚函数，并不会考虑运行中指向的对象是什么类型，所以例中 3 次通过基类指针调用的 girth()函数都是基类定义的，这点可从图 6.1 的结果得到证实。

对应静态绑定的是动态绑定，下节内容就介绍虚函数和动态绑定（也被称为动态关联）。

6.3.2　虚函数和动态绑定

我们知道，在同一类中可以定义两个名字相同但参数个数或类型不同的函数，这就是函数重载；但在同一类中是不能定义两个名字相同且参数个数和类型都相同的函数，否则就会导致"重复定义"的编译错误（error C2535:'　': member function already defined or declared）。但是在类的继承层次结构中，在不同的层次中可以出现名字相同且参数个数和类型都相同的函数，只是它们不在同一个类中，因此是合法的。如示例程序 6.1，类 Quadrilateral、类 Rectangle 和类 Square 中都定义了 girth()函数，且参数个数相同（都是 0），编译没有任何问题，但无法达到多态性的目的。

C++为了实现运行时的多态性，引入了 virtual 函数（虚函数）。比如前面提到的太空游戏，游戏的各类都从基类 GameObject 派生，并都定义了自己的 draw()函数来绘制自己。游戏画面中会出现各类的对象，屏幕管理器希望能够像处理基类 GameObject 对象一样统一处理所有的派生类对象。这样，只需简单地利用基类 GameObject 的指针（或引用），通过指向不同的派生类对象地址（或引用不同的派生类对象）来绘制各种派生类对象，动态地（即在程序运行时）决定应该调用哪个派生类的 draw()函数。要做到这一点，必须在基类 GameObject 中把 draw()函数声明为虚函数，并在每个派生类中重新定义 draw()函数，然后通过基类 GameObject 指针（或引用）来访问基类和派生类中的同名函数 draw()。

下面是虚函数概念的几点说明：

（1）在类成员函数声明时，最前面加关键字 virtual 就成为虚函数。

（2）虚函数在类外定义时，不需要加关键字 virtual。

（3）虚函数必须是类的非静态成员函数，不能是静态成员函数。

（4）派生类继承基类虚函数，声明时必须完全一致（函数类型、形参列表）。

示例程序 6.2 在示例程序 6.1 的基础上修改代码，通过使用虚函数实现多态性。

【示例程序 6.2】通过定义虚函数，计算矩形、正方形的周长。

```cpp
1    // Quadrilateral.h : 声明各类
2    class Point
3    {public:
4        Point(double x, double y);
5        friend double length(const Point& p1, const Point& p2);    // 友元函数计算直线长度
6        friend class Rectangle;                                    // 友元类
7    private:
8        double _x,_y;                                              // 点 x, y 坐标
9    };
10   class Quadrilateral
11   {public:
12       Quadrilateral();
13       virtual double girth();                                    // 计算周长
14   };
15   class Rectangle : public Quadrilateral
16   {public:
17       Rectangle(const Point& l_u, const Point& r_d);
18       virtual double girth();                                    // 计算周长
19   protected:
20       Point m_l_u;                                               // 左上角
21       Point m_r_d;                                               // 右下角
22   };
23   class Square : public Quadrilateral
24   {public:
25       Square(const Point& l_u,  double length);
26       virtual double girth();                                    // 计算周长
27   protected:
28       Point m_l_u;                                               // 左上角
29       double m_length;                                           // 边长
30   };
```

```cpp
1    // Quadrilateral.cpp : 定义各类
2    #include <math.h>
3    Point::Point(double x, double y) : _x(x), _y(y)
4    {    }
5    double length(const Point& p1, const Point& p2)              // 计算直线长度
6    {    return sqrt((p1._x - p2._x)*(p1._x - p2._x) + (p1._y - p2._y)*(p1._y - p2._y));
7    }
8    Quadrilateral::Quadrilateral()
9    {    }
10   double Quadrilateral::girth()
11   {    return 0;  }
12   Rectangle::Rectangle(const Point& l_u, const Point& r_d)
13   : m_l_u(l_u), m_r_d(r_d)
14   {    }
15   double Rectangle::girth()
16   {    Point r_u(m_r_d._x, m_l_u._y);                            // 右上角
17       return 2*(length(m_l_u, r_u) + length(r_u, m_r_d));
18   }
19   Square::Square(const Point& l_u,  double length)
20   : m_l_u(l_u), m_length(length)
21   {    }
22   double Square::girth()
23   {    return 4*m_length;
```

6

```
24   }
```

```
1    // lz6.2.cpp ：创建各种四边形对象，并计算周长
2    #include "Quadrilateral.h"
3    #include <iostream>
4    using namespace std;
5    int main()
6    {    Quadrilateral* p;
7         p = new Quadrilateral;                                   // 创建四边形
8         cout << "四边形周长=" << p->girth() << endl;
9         delete p;
10        Point p1(0, 0), p2(5, 3);
11        p = new Rectangle(p1, p2);                               // 创建矩形
12        cout << "矩形周长=" << p->girth() << endl;
13        delete p;
14        p = new Square(p1, 5);                                   // 创建正方形
15        cout << "正方形周长=" << p->girth() << endl;
16        delete p;
17        return 0;
18   }
```

程序解析：

（1）本例的 Quadrilateral.h 文件和示例程序 6.1 的大部分代码相同，只是在第 13、18、26 行的成员函数 girth()声明时前面多加了关键字 virtual。

（2）本例的 Quadrilateral.cpp 文件和示例程序 6.1 的代码完全相同，是否为虚函数对类外定义成员函数没有区别。

（3）lz6.2.cpp 中通过基类 Quadrilateral 指针创建四边形（第 7 行）、矩形（第 11 行）和正方形（第 14 行），并分别调用 girth()函数计算周长（第 8、12、15 行）。本示例程序的执行结果应该是：四边形周长=0，矩形周长=16，正方形周长=20。该程序的运行结果如图 6.2 所示，证实了如果是调用虚函数，基类指针会根据所指向的具体对象类型调用相应的函数。

```
四边形周长=0
矩形周长=16
正方形周长=20
```

图 6.2   运行结果

从示例程序 6.2 可以看出虚函数的作用，通过同一个基类的指针调用同名函数输出了不同的结果，只是因为基类指针指向的对象不同。这就是多态性，对于同一消息，不同对象产生不一样的响应。

提示   一旦某个函数声明为 virtual，那么从整个继承层次的那一点起向下的所有类中，它都将保持是虚拟的，即使派生类并没有显式地将它声明为 virtual。但是为了使程序更加清晰可读，最好还是在类层次结构的每一级中都把它们显式地声明为 virtual 函数。
比如，示例程序 6.2 中 Quadrilateral.h 的第 18、26 行的关键字 virtual 可以省略，不影响程序的运行结果，但从代码规范来说不提倡。因为如果从类 Rectangle 再派生类时，可能就不容易注意到 girth()是虚函数。

下面再介绍虚函数的其他使用方式。示例程序 6.3 在示例程序 6.2 的基础上修改 main()函数所在文件代码，通过基类引用去引用不同的对象，再调用同名函数 girth()后产生结果。

【示例程序 6.3】通过定义虚函数，再利用基类引用参数绑定不同对象，计算各种四边形的周长。（Quadrilateral.h、Quadrilateral.cpp 代码和示例程序 6.2 中的完全一样）

```
1    // lz6.3.cpp ：创建各种四边形对象，利用基类引用绑定不同对象来计算周长
2    #include "Quadrilateral.h"
3    #include <iostream>
4    using namespace std;
5    void calculate(Quadrilateral& ref)
6    {    cout << "周长=" << ref.girth() << endl;
7    }
8    int main()
9    {    Quadrilateral q;                          // 创建四边形
10        cout << "四边形";
11        calculate(q);
12        Point p1(0, 0), p2(5, 3);
13        Rectangle r(p1, p2);                       // 创建矩形
14        cout << "矩形";
15        calculate(r);
16        Square  s(p1, 5);                          // 创建正方形
17        cout << "正方形";
18        calculate(s);
19        return 0;
20    }
```

程序解析：

（1）第 5~7 行定义函数 calculate()，其参数是基类 Quadrilateral 的引用，calculate()函数通过基类引用调用 girth()函数来计算周长。

（2）第 11、15、18 行调用 calculate()函数，其实参分别是类 Quadrilateral、类 Rectangle 和类 Square 的对象，由第 5 章内容知道基类引用参数可以使用派生类对象作为实参。执行结果应该是：四边形周长=0，矩形周长=16，正方形周长=20。该示例程序的运行结果如图 6.3 所示，证实了如果是调用虚函数，基类引用会根据所指向的具体对象类型调用相应的函数。

```
四边形周长=0
矩形周长=16
正方形周长=20
```

图 6.3　运行结果

6.3.3　基类对象调用虚函数

通过基类对象调用虚函数会产生什么结果？比如示例程序 6.3 中第 5 行 calculate()函数的参数改为按值传递的 calculate（Quadrilateral ref)。那么，示例程序 6.3 程序运行结果将如图 6.4 所示，从结果看出没有出现多态性的现象，和示例程序 6.1 的结果相似。因此可以看出，基类对象调用虚函数也是静态绑定，也就是通过基类对象变量不能实现多态性。从第 5 章内容知道，派生类对象赋值给基类对象变量时，实质是将派生类对象转换成基类对象再赋值，所以基类对象变量调用虚函数属于静态绑定。

```
四边形周长=0
矩形周长=0
正方形周长=0
```

图 6.4　示例程序 6.3 通过对象调用虚函数的运行结果

通过示例程序 6.2 和示例程序 6.3 可知：当通过基类指针（或基类引用）调用虚函数时，程序

运行时会根据指向的派生类对象（或绑定的派生类对象）决定调用的相应的虚函数，因此属于动态绑定。

虚函数的作用是允许在派生类中重新定义（也称覆盖，Override）与基类同名的函数，并且可以通过基类指针或引用来访问基类和派生类中的同名函数，实现多态性。

总结如下：

（1）基类指针（或基类引用）调用虚函数具有多态性，调用的虚函数是基类指针指向的派生类重新定义的虚函数（或基类引用绑定的派生类重新定义的虚函数）。

（2）基类对象调用虚函数不具有多态性，只会调用基类的虚函数。

（3）基类指针、基类引用和基类对象调用非虚函数不具有多态性，只会调用基类的虚函数。

（4）如果派生类没有重新定义虚函数，就会自动继承基类的虚函数，也就不用考虑多态性。

6.3.4 多态性对比

前面提到多态性分静态多态性和动态多态性，下面来比较这两种多态性：

（1）静态多态性通过函数重载来实现，在同一层次（相同作用域）定义同名函数，但函数的形参列表不同。

（2）动态多态性通过虚函数和函数覆盖来实现，在不同派生层次（不同作用域）定义同名函数，函数首部要相同。

静态多态性和动态多态性相同点是可以定义多个同名函数，它们的不同点如表 6.1 所示。

表 6.1 静态多态性和动态多态性的不同点

多态性	作用域	形参列表	函数类型	关键字	关系	函数绑定
静态多态性/函数重载	相同	不同	任意	无	无	编译时
动态多态性/函数覆盖	不同	相同	相同	virtual	公有继承	运行时

 在派生类中重新定义基类虚函数时,如果形参列表不同,将失去虚函数的 virtual 特性,调用该虚函数将不会动态绑定；如果函数类型（返回值）不同，编译时将报错（error C2555: '派生类::虚函数': overriding virtual function return type differs and is not covariant from '基类::虚函数'）。

6.4 抽象类和纯虚函数

6.4.1 实例研究

本节探讨一个实例：实现一个绘制多种二维图形的程序，能够绘制直线、矩形、正方形、圆等。考虑程序的灵活性和可扩展性（可先实现几种基本的二维图形，以后再扩展），设计 Shape 类作为所有二维图形的基类，定义虚函数 draw()，draw()函数的功能就是绘制图形。然后由类 Shape 派生出直线类 Line、矩形类 Rect、圆类 Circle，而正方形类 Square 既可以从类 Shape 派生也可以从类 Rect

派生。

【示例程序 6.4】实现了绘制多种二维图形的程序，其中正方形类 Square 从类 Rect 派生，演示多级派生情况下虚函数的多态性。

```
1    // Shape.h : 声明图形基类以及各种派生类
2    class Shape
3    {public:
4        Shape();
5        virtual void draw();
6        static CDC* m_pDC;                    // 用于屏幕画图句柄
7    };
8    class Line : public Shape
9    {public:
10       Line(int x1, int y1, int x2, int y2);
11       virtual void draw();
12   protected:
13       int m_x1, m_y1, m_x2, m_y2;           // 两个端点坐标
14   };
15   class Rect : public Shape
16   {public:
17       Rect(int x1, int y1, int x2, int y2);
18       virtual void draw();
19   protected:
20       int m_x1, m_y1, m_x2, m_y2;           // 左上角、右下角坐标
21   };
22   class Circle : public Shape
23   {public:
24       Circle(int x, int y, int r);
25       virtual void draw();
26   protected:
27       int m_x, m_y;                         // 圆心坐标
28       int m_radius;                         // 半径
29   };
30   class Square : public Rect
31   {public:
32       Square(int x, int y, int l);
33   };
```

```
1    // Shape.cpp : 定义图形基类以及各种派生类
2    #include "Shape.h"
3    CDC* Shape::m_pDC = NULL;                 // 用于屏幕画图句柄
4    Shape::Shape()
5    {    }
6    void Shape::draw()                        // 无具体实现
7    {    }
8    Line::Line(int x1, int y1, int x2, int y2)
9      : m_x1(x1), m_y1(y1), m_x2(x2), m_y2(y2)
10   {    }
11   void Line::draw()
12   {    if( m_pDC )  m_pDC->MoveTo(m_x1, m_y1);
13       if( m_pDC )  m_pDC->LineTo(m_x2, m_y2);
14   }
15   Rect::Rect(int x1, int y1, int x2, int y2)
16     : m_x1(x1), m_y1(y1), m_x2(x2), m_y2(y2)
17   {    }
18   void Rect::draw()
19   {    if( m_pDC )  m_pDC->Rectangle(m_x1, m_y1, m_x2, m_y2);
20   }
21   Circle::Circle(int x, int y, int r)
22     : m_x(x), m_y(y), m_radius(r)
23   {    }
24   void Circle::draw()
25   {    int x1 = m_x - m_radius;
```

```
26          int y1 = m_y - m_radius;
27          int x2 = m_x + m_radius;
28          int y2 = m_y + m_radius;
29          if( m_pDC )  m_pDC->Ellipse(x1, y1, x2, y2);
30      }
31      Square::Square(int x, int y, int l)
32        : Rect(x, y, x + l, y + l)
33      {    }
```

```
1      // lz6.4View.h : Clz64View 类
2      #include "Shape.h"
3      class Clz64View : public CScrollView
4      {protected:
5          Shape* m_shape[4];                    // 图形基类指针数组
6      public:
7          void Draw(CDC* pDC);                  // 绘制图形
8      // 省略若干代码
9      };
```

```
1      // lz6.4View.cpp : Clz64View 类的实现
2      #include "lz6.4View.h"
3      void Clz64View::Draw(CDC* pDC)
4      {   Shape::m_pDC = pDC;
5          m_shape[0] = new Line(10, 10, 160, 10);
6          m_shape[1] = new Rect(20, 40, 120, 80);
7          m_shape[2] = new Circle(150, 130, 40);
8          m_shape[3] = new Square(20, 100, 70);
9          for (int i = 0; i < 4; i++)
10         {   m_shape[i]->draw();
11             delete m_shape[i];
12         }
13     }
14     // 窗口绘制函数
15     void Clz64View::OnDraw(CDC* pDC)
16     {   Draw(pDC);
17     }
18     // 省略若干代码
```

程序解析：

（1）为了能看见绘制出的图形结果，本例使用了 MFC 框架（有关 MFC 的具体内容读者可以参考相关资料）。

（2）Shape.h 文件中定义了基类 Shape，第 5 行声明了虚函数 draw()。派生类 Line、Rect、Circle 都继承自基类 Shape，并都重新定义了虚函数 draw()（第 11、18、25 行）。而类 Square 是从类 Rect 派生来的，且没有重新定义虚函数 draw()。

（3）Shape.h 文件第 6 行定义了一个 CDC 类的对象指针 m_pDC，CDC 是 MFC 用于画图的类（有关 CDC 类的具体使用可以参考 MSDN 等资料）。派生类 Line、Rect、Circle、Square 重新定义的虚函数 draw()通过 m_pDC 实现图形的绘制。

（4）lz6.4View.h 文件定义了视图类 Clz64View（视图类是用于向屏幕输出内容），第 5 行定义了基类 Shape 的指针数组，用于指向各种派生类对象。第 7 行定义了函数 Draw()，实现在屏幕上绘制各种图形。

（5）lz6.4View.cpp 文件实现了视图类 Clz64View 的功能。第 15 行的函数 OnDraw()是 MFC 在窗口进行绘制的函数（可参考 MFC 相关资料），函数中调用 Draw()函数完成本例设想的各种图形绘制。

（6）在 Draw() 函数里，通过基类指针各创建了一个直线、矩形、圆、正方形对象（第 5~8 行），第 10 行通过基类指针调用虚函数 draw()，利用多态性绘制出各种图形。图 6.5 显示了图形绘制的结果。

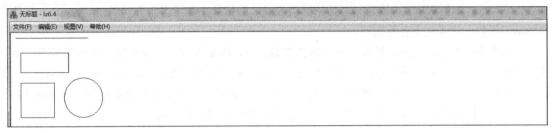

图 6.5　运行结果

6.4.2　抽象类

示例程序 6.4 通过多态性方便灵活地实现了各种图形的绘制。但本例的重点不在这里，注意基类 Shape 的虚函数 draw()，在 Shape.cpp 文件的实现函数中是空（第 7 行）。因为我们无法绘制一个不确定的图形，所以不能给出具体代码。

在实际开发应用中，会有这种情况，某些类永远不会实例化但这种类却是有用的。比如示例程序 6.4 的 Shape 类，只说图形是不可能创建具体的对象的，因为图形是个抽象的概念，这种抽象概念里的很多行为也是无法确定的（如函数 draw）。只有具体类型的图形才有实物（如矩形、圆），这些从 Shape 类继承得到的派生类才能创建对象。

在 C++中，不能实例化对象的类称为抽象类（Abstract Class）。构造抽象类的目的是为其他类提供合适的基类，并提供一组公共的通用接口来实现多态性，因此也称为抽象基类。对应抽象类的，能够实例化对象的类称为具体类（Concrete Class）。

为了实现多态性，类继承层次的基类中都会有 virtual 函数。那么抽象基类有什么特别的呢？通过声明类的一个或多个 virtual 函数为纯虚函数（Pure Virtual Function），可以使一个类成为抽象类。纯虚函数是在声明时"初始化值为 0"的函数，如下所示：

```
virtual void draw()= 0;// 纯虚函数
```

纯虚函数不提供函数的具体实现。每个派生的具体类必须重新定义所有基类的纯虚函数，提供这些函数的具体实现。虚函数和纯虚函数之间的区别是：虚函数有函数的实现，并且提供派生类是否重新定义这些函数的选择权；相反，纯虚函数并不提供函数的实现，需要派生类重新定义这些函数（这样派生类才成为具体类，否则派生类仍然是抽象类）。

当基类实现的函数没有意义并且程序员希望在所有具体的派生类中实现这个函数时，就会用到纯虚函数。回到示例程序 6.4，基类 Shape 提供 draw() 函数的实现就是没有意义的（因为在没有更多图形信息的情况下，没办法画出一个泛指的图形）。

学习了抽象类的概念后，示例程序 6.4 的代码就可以修改一下：

（1）Shape.h 文件中第 5 行改为 virtual void draw() = 0;。

（2）Shape.cpp 文件中删掉 draw() 函数的定义（第 6、7 行）。

通过以上修改 Shape 类就称为抽象类了（抽象基类）。注意：此时如果使用类 Shape 定义对象，编译时将会报错（error C2259: 'Shape' : cannot instantiate abstract class）。

尽管我们不能实例化一个抽象基类的对象，但是可以利用抽象基类声明指针和引用，使它们可以指向或引用任何从抽象类派生的具体类的对象。程序通常利用抽象基类的指针和引用多态地操作派生类的对象。示例程序 6.4 就是利用抽象基类 Shape 的指针实现了多态性（Clz64View.cpp 文件中的 Draw()函数），绘制出各种图形。

下面再看一个示例程序，排演一个音乐会演奏节目，需要各种各样演奏家，如小提琴手、小号手、长笛手等。尽管每种乐器的演奏方法不同，但演奏家都知道自己的乐器如何演奏（play()）。但我们希望在同一代码中使用不同类型的演奏家。另外，演奏家可能需要和观众打招呼（greet()），大家打招呼可能都基本一样（"大家好"），但也可能有些特别的情况。

【示例程序 6.5】排演音乐会节目。

```
1    // Musician.h : 声明继承层次中的类
2    class Musician                              // 演奏家
3    {public:
4        virtual void play() = 0;
5        virtual void greet();
6    };
7    class StringMusician : public Musician      // 弦乐演奏家
8    {public:
9        virtual void play() = 0; // 纯虚函数 play
10   };
11   class BrassMusician : public Musician       // 铜管演奏家
12   {public:                                    // 纯虚函数 play
13   };
14   class WoodwindMusician: public Musician     // 木管演奏家
15   {public:                                    // 纯虚函数 play
16   };
17   class Violinist : public StringMusician     // 小提琴手
18   {public:
19       virtual void play();                    // 虚函数 play
20       virtual void greet();                   // 虚函数 greet
21   };
22   class Trumpter : public BrassMusician       // 小号手
23   {public:
24       virtual void play();                    // 虚函数 play
25   };
26   class Fluter : public WoodwindMusician      // 长笛手
27   {public:
28       virtual void play();                    // 虚函数 play
29   };
```

```
1    // Musician.cpp : 定义继承层次中的类
2    #include <iostream>
3    using namespace std;
4    void Musician::greet()
5    {    cout << "大家好!" << endl;
6    }
7    void Violinist::play()
8    {    cout << "演奏小提琴" << endl;
9    }
10   void Violinist::greet()
11   {    cout << "欢迎大家!" << endl;
12   }
13   void Trumpter::play()
14   {    cout << "演奏小号" << endl;
15   }
```

```
16    void Fluter::play()
17    {    cout << "演奏长笛" << endl;
18    }
```

程序解析：

（1）Musician.h 文件中，类 Musician 定义了纯虚函数 play() 和虚函数 greet()（第 4、5 行），因此类 Musician 是抽象类。

（2）Musician.h 文件中，类 StringMusician 继承自类 Musician，并重新声明了 play()，但还是纯虚函数（第 9 行），因此类 StringMusician 也是抽象类。

（3）Musician.h 文件中，类 BrassMusician 和类 WoodwindMusician 也继承自类 Musician，并没有增加任何声明，也就是将纯虚函数 play() 完全继承下来了，因此这两个类也是抽象类。

（4）Musician.h 文件中，类 Violinist 继承自类 StringMusician，并重新声明 play() 为虚函数（第 19 行），所以类 Violinist 是具体类。另外，也重新声明了类 Musician 中的虚函数 greet()（第 20 行）。

（5）Musician.h 文件中，类 Trumpter 继承自类 BrassMusician，并重新声明 play() 为虚函数（第 24 行），所以类 Trumpter 是具体类。

（6）Musician.h 文件中，类 Fluter 继承自类 WoodwindMusician，并重新声明 play() 为虚函数（第 28 行），所以类 Fluter 是具体类。

（7）Musician.cpp 文件中，第 4~6 行实现了类 Musician 的 greet() 函数，因为它是虚函数。

（8）Musician.cpp 文件中，第 7~9 行实现了类 Violinist 的 play() 函数，第 13~15 行实现了类 Trumpter 的 play() 函数，第 16~18 行实现了类 Fluter 的 play() 函数，因为具体类需要实现抽象基类的所有纯虚函数。第 10~12 行实现了类 Violinist 的 greet() 函数，给出类 Violinist 的 greet() 版本，而类 Trumpter 和 Fluter 则继承基类的 greet() 版本。

从示例程序 6.5 可以看出，如果派生类不实现抽象基类的纯虚函数，声明时可以忽略（如类 BrassMusician 和 WoodwindMusician），此时派生类还是抽象类。继承层次最底层的具体类必须实现抽象基类的所有纯虚函数（如类 Violinist、Trumpter 和 Fluter 都实现了 play() 函数）。基类的虚函数在派生类里可选择性地实现（如 greet() 函数只在类 Violinist 中重新实现了），没有重新实现的派生类就自动继承基类的该函数实现。

通过前面的内容知道，虽然继承层次不是必须包含抽象类，但是，很多优秀的面向对象系统都会有以抽象基类作为顶层（一层或几层）的类继承层次。示例程序 6.4 就可以将 Shape 类定义为抽象基类，然后从它派生出具体类 Line、Rect、Circle 等，只具有一层的抽象基类。示例程序 6.5 的类 Musician 是抽象基类，从它派生出来的类 StringMusician、BrassMusician 和 WoodwindMusician 也是抽象基类，然后从这三类分别派生出具体类，其中具有两层抽象基类。

抽象类的特点如下：

（1）抽象类的作用是作为基类派生其他类，为它们提供一组公共接口（通常为纯虚函数）。

（2）不能创建抽象类的实例。

（3）不能用作函数的按值传递的参数，不能用作函数的按值返回的类型，不能用作显式的值类型转换。

（4）可以声明抽象类的指针指向其派生类对象的地址，或抽象类的引用指向其派生类对象。

（5）抽象类的派生类中有任何一个纯虚函数没实现，该派生类还是抽象类。换言之，派生类只有实现抽象基类的所有纯虚函数后，才能成为具体类。

6.5　多态下的构造函数和析构函数

构造函数和析构函数是类中比较特别的成员函数，下面讨论多态情况下构造函数和析构函数的一些问题。

6.5.1　构造函数能否是虚函数

C++中规定，构造函数不能定义为虚函数。虚构造函数意味着能够创建一个类而无须确切地知道这个类的类型。对于 C++这种强类型的编程语言，在对象创建的过程中必须知道具体的类型信息，因此必须显式地给出对象的类型，而不能在运行时再确定对象的类型。因此，C++编译器不支持虚构造函数，如果将构造函数定义为虚函数，编译时将会报错（error C2633: " : 'inline' is the only legal storage class for constructors）。

但高级的 C++程序员可以使用设计模式来模拟虚构造函数（如设计模式之工厂模式——factory pattern，可参考设计模式的相关资料）。

6.5.2　虚析构函数

使用多态性处理类继承层次中动态分配的对象时存在一个问题。到目前为止，大家看到的例子中析构函数都是非虚析构函数，即没有用 virtual 关键字声明的析构函数（类中如没显式定义析构函数，根据第 3 章关于"空类的说明"内容可以知道，编译器也会生成一个非虚的析构函数）。如果要删除一个具有非虚析构函数的派生类对象，却显式地通过指向该对象的一个基类指针对它使用 delete 运算符来删除，C++标准并没有定义这一行为，因此可能会导致一些问题的出现。

这种问题有一种简单的解决办法，即在基类中定义虚析构函数（也就是在声明析构函数时使用关键字 virtual）。这样，即使所有派生类的析构函数不是与基类的析构函数同名，也可以使这些析构函数为虚函数。这种情况下，如果对一个基类指针用 delete 运算符来显式删除它所指的类层次中的某个对象，那么系统会根据该指针所指对象调用相应类的析构函数。根据第 5 章的内容可知，基类的析构函数在派生类的析构函数执行之后会自动执行，即当一个派生类对象被销毁时，会调用基类的析构函数将派生类对象中属于基类的部分也销毁。

下面通过一个示例程序来说明虚析构函数的重要作用。

【示例程序 6.6】演示虚析构函数的作用。

```
1    // Base.h :
2    #include <iostream>
3    using namespace std;
4    class Base1
5    {public:
6        virtual ~Base1();
7    };
8    class Base2
9    {public:
10       ~Base2();
11   };
```

```
12    class Derived1 : public Base1
13    {public:
14        Derived1();
15        virtual ~Derived1();
16    protected:
17        int* p1;
18    };
19    class Derived2 : public Base2
20    {public:
21        Derived2();
22        ~Derived2();
23    protected:
24        int* p2;
25    };
```

```
1     // Base.cpp :
2     #include "Base.h"
3     Base1::~Base1()
4     {    cout << "Base1 析构函数" << endl; }
5     Base2::~Base2()
6     {    cout << "Base2 析构函数" << endl; }
7     Derived1::Derived1()
8     {    cout << "Derived1 构造函数" << endl;
9          cout << "分配内存 p1" << endl;
10         p1 = new int;                              // 分配内存
11    }
12    Derived1::~Derived1()
13    {    cout << "Derived1 析构函数" << endl;
14         cout << "释放内存 p1" << endl;
15         delete p1;                                 // 释放内存
16    }
17    Derived2::Derived2()
18    {    cout << "Derived2 构造函数" << endl;
19         cout << "分配内存 p2" << endl;
20         p2 = new int;                              // 分配内存
21    }
22    Derived2::~Derived2()
23    {    cout << "Derived2 析构函数" << endl;
24         cout << "释放内存 p2" << endl;
25         delete p2;                                 // 释放内存
26    }
```

```
1     // lz6.6.cpp :
2     #include "Base.h"
3     int main()
4     {    Base1 *pBase1 = new Derived1;              // 通过基类指针创建派生类对象
5          delete pBase1;                             // 通过基类指针删除派生类对象
6          cout << "------------------" <<endl;
7          Base2 *pBase2 = new Derived2;              // 通过基类指针创建派生类对象
8          delete pBase2;                             // 通过基类指针删除派生类对象
9          return 0;
10    }
```

程序解析：

（1）Base.h 文件中定义了两个基类 Base1、Base2，但类 Base1 是虚析构函数（第 6 行），而类 Base2 是非虚析构函数（第 10 行）。

（2）Base.h 文件中定义了类 Derived1 派生于 Base1（第 12 行），类 Derived2 派生于 Base2（第 19 行）。

（3）Base.cpp 文件中在两个类 Derived1、Derived2 的构造函数里都分配了内存资源 p1、p2（第 10 行、第 20 行），两个类的析构函数需要释放分配的内存资源 p1、p2（第 15 行、第 25 行）。

（4）lz6.6.cpp 文件第 4 行通过基类 Base1 的指针创建了派生类 Derived1 对象，此时会分配内存 p1，然后第 5 行通过基类指针删除这个派生类对象，此时希望释放内存 p1。

（5）lz6.6.cpp 文件第 7 行通过基类 Base2 的指针创建了派生类 Derived2 对象，此时会分配内存 p2，然后第 8 行通过基类指针删除这个派生类对象，此时希望释放内存 p2。

从图 6.6 的运行结果可以看出，派生类 Derived1 对象的结果是期望的结果，但派生类 Derived2 对象的结果不是期望的结果，没有释放内存 p2，产生了资源泄漏的问题。

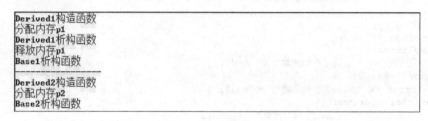

图 6.6　运行结果

示例程序 6.6 中派生类 Derived1 和派生类 Derived2 的定义几乎完全一致，只是两者的基类一个有虚析构函数，另一个是非虚析构函数，就导致了不同的运行结果。为什么呢？

从 6.3 节可知非虚函数是静态绑定，而虚函数是动态绑定。所以，类 Derived2 的析构函数是静态绑定，类 Derived1 的析构函数是动态绑定。从 3.7 节可知，通过 delete 删除对象指针时会自动调用析构函数。因此，通过基类 Base2 的指针 delete 所指向的 Derived2 对象，只会调用基类 Base2 的析构函数（静态绑定）；而通过基类 Base1 的指针 delete 所指向的 Derived1 对象，会调用派生类 Derived1 的析构函数（动态绑定），而派生类析构函数随后会自动调用基类的构造函数。

从 5.6 节可知，派生类对象创建时，先调用基类构造函数然后调用派生类构造函数；派生类对象销毁时，先调用派生类析构函数然后调用基类析构函数，让派生类对象完全清理。在动态情况下，也应该遵照这一原则。因此，基类的析构函数定义为虚析构函数是最佳选择。

6.5.3　构造函数和析构函数中的多态性

构造函数中是否存在多态性，也就是说在类继承层次中，在构造函数中调用虚函数，是否会根据具体的派生类对象去调用派生类重新定义的该虚函数？

同样，析构函数中是否存在多态性，在析构函数中调用虚函数，是否会根据具体的派生类对象去调用派生类重新定义的该虚函数？

为了能更清楚地解释这个问题，我们看下面这个示例程序。

【示例程序 6.7】构造函数、析构函数中调用虚函数的情况。

```
1    // Base.h :
2    #include <iostream>
3    using namespace std;
4    class Base
5    {public:
6        Base();
7        virtual ~Base();
8        virtual void f();
```

```
9      };
10     class Derived : public Base
11     {public:
12         Derived();
13         virtual ~Derived();
14         virtual void f();
15     protected:
16         int* p;
17     };
```

```
1      // Base.cpp :
2      #include "Base.h"
3      Base::Base()
4      {   cout << "Base 构造函数" << endl;
5          f();                                    // 调用虚函数
6      }
7      Base::~Base()
8      {   cout << "Base 析构函数" << endl;
9          f();                                    // 调用虚函数
10     }
11     void Base::f()
12     {   cout << "Base::f()" << endl;  }
13     Derived::Derived()
14     {   cout << "Derived 构造函数, 分配内存" << endl;
15         p = new int;                            // 分配内存
16     }
17     Derived::~Derived()
18     {   delete p;                               // 释放内存
19         cout << "Derived 析构函数, 释放内存" << endl;
20     }
21     void Derived::f()
22     {   cout << "Derived::f(), 内存赋值" << endl;
23         *p = 10;
24     }
```

```
1      // lz6.7.cpp :
2      #include "Base.h"
3      int main()
4      {   Base* pBase = new Derived;
5          cout << "----------------" << endl;
6          delete pBase;
7          return 0;
8      }
```

程序解析：

（1）Base.h 文件中定义了基类 Base 和它的派生类 Derived，基类中声明了虚函数 f()（第 8 行）并在派生类中重新定义了该函数（第 14 行），在派生类中声明了一个指针数据成员 p（第 16 行）。

（2）Base.cpp 文件中定义了基类和派生类的相关成员函数。在基类 Base 的构造函数和析构函数中调用了虚函数 f()（第 5 行、第 9 行）。在派生类的构造函数中给指针 p 分配内存（第 15 行），在派生类的析构函数中释放指针 p 的内存（第 18 行）。在派生类重新定义的虚函数 f()中给指针 p 所指内存赋值（第 23 行）。

（3）lz6.7.cpp 文件中通过基类指针创建了派生类对象（第 4 行），这将会先调用基类构造函数再调用派生类构造函数。此时，基类构造函数调用的虚函数 f()应该是哪个函数（基类的还是派生类的）？如果按照前面多态性的概念，基类指针指向的是派生类对象，似乎应该调用派生类的 f()。lz6.7.cpp 文件中最后通过该基类指针销毁了该派生类对象（第 6 行），将先调用派生类析构函数再调用基类析构函数。按照上面的分析,基类析构函数中调用的虚函数 f(),似乎也应该是派生类的 f()。下面看这个示例程序的运行结果（见图 6.7），是否能证实以上分析结果。

```
Base构造函数
Base::f()
Derived构造函数，分配内存
————————————
Derived析构函数，释放内存
Base析构函数
Base::f()
```

图 6.7　运行结果

从图 6.7 的运行结果可以看出,基类构造函数和析构函数中调用的虚函数 f()都是基类的 f()函数,而不是前面我们分析的派生类的 f()函数。也就是在构造函数和析构函数中没有按照多态性的原则去调用虚函数。

为什么会出现这种情况？先看基类构造函数里,如果按多态性要求调用派生类的虚函数 f(),派生类的 f()函数会给指针 p 所指内存赋值,但从图 6.7 的运行结果可知,此时指针 p 还没分配内存,因此可能导致执行错误。另外,基类构造函数之后才执行派生类构造函数,即在基类构造函数里派生类对象还没创建完成,因此不可能调用派生类的成员函数 f()。

而在基类析构函数里,此时指针 p 所指内存已经释放掉,而且已经调用派生类析构函数销毁了派生类对象,因此不可能调用它的成员函数 f(),也不能给已释放的指针所指内存赋值。

综上所述,构造函数和析构函数里不存在多态性。

6.6　向下强制类型转换（选修）

由 5.5 节的内容可知,通常情况下派生类对象可以转换为基类对象,但基类对象不能转换为派生类对象。而且,通过基类指针（或引用）指向派生类对象时,只能调用派生类中从基类继承的函数或重新定义的虚函数,却不能调用派生类新增的函数。但在实际应用中,在基类指针（或引用）指向派生类对象时,希望有办法去访问派生类新增的函数,或者通过强制类型转换回原有的派生类类型。

基类转换为派生类被称为向下强制类型转换（Downcast）。C 语言中也有强制类型转换,但存在潜在的不安全性。因此,C++中的向下强制类型转换不能使用 C 语言的形式,C++提供了 dynamic_cast 运算符实现安全的向下强制类型转换,让基类可以安全地转换为派生类。注意：这不是将基类对象转换为派生类对象（这是不可能的）,而是将基类指针（或引用）转换为某个派生类指针（或引用）。

dynamic_cast 运算符的用法如下：

```
dynamic_cast<新类型> (表达式);
```

其中新类型必须是类的指针、类的引用或 void。而且新类型和表达式类型要一致,即新类型是指针,则表达式也是指针类型,新类型是引用,那么表达式也是引用类型。

dynamic_cast 运算符可以在运行时决定真正的类型。如果向下转换是安全的（也就是,如果基类指针或引用确实指向它的一个派生类对象）,这个运算符会传回适当转型过的指针。如果向下转换不安全，这个运算符会返回空指针（也就是，基类指针或引用没有指向它的一个派生类对象）。

dynamic_cast 运算符主要用于类继承层次间的向下转换，但也可以用于向上转换（此时和 C 语言形式的转换类似）。

下面通过示例程序来演示 dynamic_cast 运算符的使用。

【示例程序 6.8】dynamic_cast 运算符的向下强制类型转换，以及和 C 风格的向下强制类型转换的对比。本例基于示例程序 6.5 的类继承层次，其中 Musician.h 和 Musician.cpp 文件和示例程序 6.5 中的完全一样，所以下面不列出。

```
1    // lz6.8.cpp : 向下强制类型转换
2    #include "Musician.h"
3    #include <iostream>
4    using namespace std;
5    int main()
6    {    Musician* pMusician = new Violinist;
7         Violinist* pViolinist1 = dynamic_cast<Violinist*> (pMusician);
8         if( pViolinist1 == NULL ) cout << "dynamic_cast: Musician->Violinist 转换失败" << endl;
9         Violinist* pViolinist2 = (Violinist*) pMusician;
10        if( pViolinist2 == NULL ) cout << "C 风格: Musician->Violinist 转换失败" << endl;
11        Trumpter* pTrumpter1 = dynamic_cast<Trumpter*> (pMusician);
12        if( pTrumpter1==NULL ) cout<<"dynamic_cast: Musician->Trumpter 转换失败"<< endl;
13        Trumpter* pTrumpter2 = (Trumpter*) pMusician;
14        if( pTrumpter2 == NULL ) cout << "C 风格: Musician->Trumpter 转换失败" << endl;
15        delete pMusician;
16        return 0;
17   }
```

程序解析：

（1）第 6 行使用基类 Musician 指针 pMusician 指向派生类 Violinist 对象。

（2）第 7 行利用 dynamic_cast 运算符尝试将基类指针 pMusician 转换为派生类 Violinist 指针，如果转换不成功则输出"失败信息"（第 8 行）。注意：pMusician 需要用小括号"()"括住，否则编译时会报错（error C2146: syntax error : missing '(' before identifier 'pMusician'）。

（3）第 9 行利用 C 风格的类型转换尝试将基类指针 pMusician 转换为派生类 Violinist 指针，如果转换不成功则输出"失败信息"（第 10 行）。

（4）第 11 行利用 dynamic_cast 运算符尝试将基类指针 pMusician 转换为派生类 Trumpter 指针，如果转换不成功则输出"失败信息"（第 12 行）。

（5）第 13 行利用 C 风格的类型转换尝试将基类指针 pMusician 转换为派生类 Trumpter 指针，如果转换不成功则输出"失败信息"（第 14 行）。

（6）因为基类指针 pMusician 指向的是派生类 Violinist 的对象，所以，第 7 行和第 9 行转换是合理的，向下强制类型转换应该成功。而第 11 行和第 13 行转换是不合理的，向下强制类型转换应该不成功。

本示例程序的运行结果如图 6.8 所示。

dynamic_cast: Musician->Trumpter 转换失败

图 6.8　运行结果

从图 6.8 的运行结果可以看出，只有第 11 行的转换不成功，因此使用 dynamic_cast 运算符向下强制类型转换是安全的，不会将某派生类（Violinist）转换为其他派生类（Trumpter）。但第 13 行的转换失败，因此使用 C 风格的类型转换是不安全的，会将某派生类（Violinist）转换为其他派生类（Trumpter）。

6.7　多态性的底层实现机制（选修）

C++使得多态性很容易编程实现。本节将揭示 C++多态性的底层实现机制、虚函数和动态绑定的内部机制，使读者更透彻地理解这些功能的工作原理。另外，它有助于大家客观评价多态性的开销问题——额外的内存占用和处理器时间增加，从而帮助大家决定什么时候要使用多态性，什么时候不需要用多态性。

首先，解释一下 C++编译器为了支持运行时的多态性而在编译时创建的数据结构，多态性是通过三级指针（即"三级间接取值"）实现的。然后，说明正在运行的程序如何使用这些数据结构执行虚函数，实现与多态性相关联的动态绑定。请注意，我们的讨论解释了一种可能的实现，这并不是 C++语言所要求的。

当 C++编译包含一个或多个虚函数的类时，它为这个类创建一个虚函数表（简称 vtable），也可以是虚函数数组。vtable 中保存的是函数的指针，该指针指向函数的实现地址。

下面用例子来说明，比如下面的类 Person：

```cpp
class Person
{public:
    Person();
    virtual ~Person();
    void Walk();
    virtual void Writing() = 0;
    virtual void Speaking();
    virtual void Listening();
};
class Student: public Person
{public:
    Student();
    virtual ~Student();
    virtual void Writing();              // 实现基类纯虚函数
    virtual void Speaking();             // 重新定义基类虚函数
    virtual void Studying();             // 新增加的虚函数
};
class Teacher : public Person
{public:
    Teacher();
    virtual ~Teacher();
    virtual void Writing();              // 实现基类纯虚函数
    virtual void Teaching();             // 新增加的虚函数
};
int main()
{   Person* p[2];
    p[0] = new Student;
    p[1] = new Teacher;
    p[0]->Speaking();
    p[1]->Writing();
    // …
}
```

下面通过图 6.9 来展示多态性的底层实现机制，也就是虚函数的工作原理。

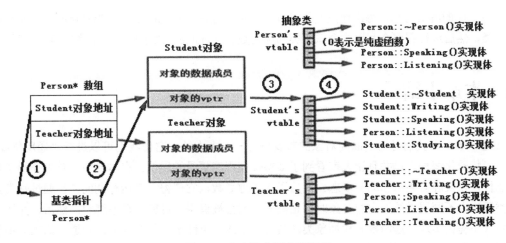

图 6.9　多态性底层实现机制

类 Person 其中有 4 个虚函数，其中 Writing() 是纯虚函数。类 Person 的 vtable 表如图 6.9 右上部分所示，vtable 中有四个位置，对应存放虚函数的实现体的地址。但在图中的 vtable 有一个空缺，这是因为纯虚函数缺少实现。

类 Student 继承自类 Person，重新定义了继承自基类的虚函数 Speaking()，并实现了基类的纯虚函数 Writing()，新增加了虚函数 Studying() 和虚析构函数（因为析构函数不能从基类继承），保留了从基类继承的虚函数 Listening()，有 5 个虚函数。类 Student 的 vtable 表如图 6.9 右中部分所示。实现了基类的纯虚函数 Writing()，因此填补了原来基类 vtable 中的空缺位置（如没有实现，则还空缺）。重新定义了基类的虚函数 Speaking()，所以类 Student 的 Speaking() 函数指针替换了原来位置的类 Person 的 Speaking() 函数指针。保留基类的 Listening() 函数，在 vtable 中还是保留类 Person 的 Listening() 函数的指针。在后面是新增的类 Student 的 Studying() 函数指针。

类 Teacher 也继承自类 Person，实现了基类的纯虚函数 Writing()，新增加了虚函数 Teaching() 和虚析构函数，保留了从基类继承的虚函数 Speaking、Listening()，有 5 个虚函数。类 Teacher 的 vtable 表如图 6.9 右下部分所示。实现了基类的纯虚函数 Writing()，因此填补了原来基类 vtable 中的空缺位置。保留基类的 Speaking()、Listening() 函数，在 vtable 中还是保留类 Person 的 Speaking()、Listening() 函数的指针。在后面是新增的类 Teacher 的 Teaching() 函数指针。

在图 6.9 的中间部分是类 Student 对象和类 Teacher 对象。当创建一个包含虚函数类的对象时，对象包含两部分：一部分是对象数据成员，另外一部分是一个指针，该指针被称为 vtable 指针（简称 vptr），该指针指向本类的 vtable。

在图 6.9 的左上部分是一个基类数组，里面可以存放派生类对象地址（指向相应的对象）。在图 6.9 的左下部分是一个基类指针，可以从数组某个元素获得指针的值。

多态性的底层实现机制，或者说虚函数的工作原理可以通过图 6.9 解释。比如通过基类指针调用 Speaking() 函数，如上面例子中的代码 p[0]->Speaking()。整个工作过程经过如下 4 个步骤：

（1）从基类数组中获得派生类对象地址并赋值给基类指针，得到的是 Student 对象地址。

（2）通过 Student 对象地址找到 Student 对象，从对象中得到 vptr 的值。

（3）通过 vptr 的值可以找到类 Student 的 vtable，然后在 vtable 中找到 Speaking() 函数指针。

（4）最后通过 Speaking() 函数指针找到函数实现体，是 Student 类的 Speaking() 函数。

通过上面的解析可知，每次通过基类指针调用虚函数时，首先确定基类指针所指对象具体是哪个派生类，然后运行程序会利用这个派生类的虚函数表（vtable）来选择调用正确的函数实现。

6.8 本章小结

在这一章中，我们讨论了面向对象的重要概念——多态性，它使我们可以进行"通用化编程"而不是"特殊化编程"，并且让大家看到了多态性使程序更具扩展性。在本章中，首先介绍了什么是多态性，以及静态多态和动态多态；随后引入了虚函数，它使得（在运行期间）当通过基类指针指向类层次中不同层次的派生类对象时，正确的函数会被调用，这就是动态绑定；然后，介绍了纯虚函数（不提供实现的虚函数）和抽象类（具有一个或多个纯虚函数的类），知道了抽象类不能用于实例化对象，而具体类则可以；然后演示了在类继承层次中如何使用抽象类，讨论了构造函数和析构函数为什么不具备多态性，以及虚析构函数的作用；也讨论了如何把基类指针向下强制类型转换为派生类指针，以使程序可以调用派生类新增的成员函数；最后介绍了如何利用编译器创建的虚函数表实现多态性的底层工作机制。

至此，类、对象、封装、继承和多态性基本介绍完毕，这些都是面向对象编程中最重要的概念。

总结

- 使用虚函数和多态性，可以设计和实现更具扩展性的软件。程序员编写的程序甚至可以处理在开发阶段不存在的对象类型。
- C++支持多态性，所谓多态性是指由于继承而绑定在一起的不同类的对象，对于相同的成员函数调用做出不同反应的一种能力。
- 多态性是通过虚函数和动态绑定实现的。
- 派生类可重新定义基类虚函数，提供自己的实现，否则就使用基类的实现。
- 通过基类对象访问虚函数，该函数调用是在编译时确定的（静态绑定）。通过基类指针（或引用）访问虚函数，该函数调用是在运行时确定的（动态绑定）。
- 当通过基类指针（或引用）调用一个虚函数时，C++在与对象相关的合适的派生类中选择正确的函数实现。
- 抽象类不能实例化任何对象，抽象类通常用作基类，所以称它们为抽象基类。
- 如果类可以实例化对象，那么该类就称为具体类。
- 虽然不能实例化抽象基类的对象，但是可以声明指向抽象基类对象的指针或引用。这样的指针或引用可以用来对实例化的具体派生类的对象进行多态性的操作。
- 把类的一个或多个虚函数声明为纯虚函数，该类就成为抽象类。纯虚函数是在它的声明中带有纯指示符（=0）的函数。
- 如果一个类从带有纯虚函数的类派生，并且该类没有为纯虚函数提供定义，那么在此派生类中纯虚函数仍然是纯虚函数，因此，此派生类也是一个抽象类。
- 如果类包含虚函数，就要把基类的析构函数声明为虚析构函数。如果通过将 delete 运算符作用于指向派生类对象的基类指针上来显式地删除类继承层次中的对象，那么系统会调用相应类的析构函数。派生类析构函数运行后，类继承层次中该类的所有基类析构函数也会由下向上相继调用，最顶层基类的析构函数最后运行，从而保证对象被完全清理。

- 构造函数和析构函数中不存在多态性。构造函数不能定义为 virtual。
- dynamic_cast 运算符检查指针所指对象的类型，然后判断这一类型是否与此指针正在转换成的类型相同。如果是，dynamic_cast 返回对象的地址；如果不是，dynamic_cast 返回空指针。
- 动态绑定是在运行时把虚函数的调用传送到恰当类的虚函数的实现。虚函数表简称为 vtable，它是一个包含函数指针的数组。每个含有虚函数的类都有 vtable。对于类中的每个虚函数，在 vtable 中都有一个该函数指针的项，此函数指针指向该类对象的虚函数实现。此虚函数实现可能是该类中重新定义的，也可能是从类继承层次中较高层的基类直接或间接继承而来的。
- 每个含有虚函数的类的对象，都包含一个指向该类的 vtable 的指针 vptr。当由指向派生类对象的基类指针进行虚函数调用时，通过 vptr 找到 vtable，并在运行期间可从 vtable 中得到相应的函数指针，然后通过引用该函数指针，完成这次函数调用。
- 任何类只要它的 vtable 中包含有一个或多个空指针，就是一个抽象类。在 vtable 中不含空指针的类就是具体类。

本章习题

6

1. 填空题。

（1）在类继承层次中，多态性是指调用_____做出不同反应的情况。

（2）如果一个类至少包含一个纯虚函数，那么该类就是一个____类。

（3）如果一个类可以实例化对象，那么该类称为____类。

（4）可让派生类重新定义的函数通常使用关键字____进行声明。

（5）通过基类对象调用虚函数属于_____绑定。

（6）若基类声明了一个纯虚函数，如果派生类没实现该函数，则派生类也是_____。

（7）_____需要使用一个基类指针或引用调用虚函数来实现。

（8）包含虚函数的类需要把析构函数声明为_____。

（9）如果在编译期间确定函数调用称为_____。

（10）_____运算符可以用于安全地向下强制类型转换基类指针。

（11）类的虚函数的函数指针会保存在_____。

（12）将基类指针强制类型转换为派生类指针称为_____。

2. 什么是静态多态和动态多态，请说出静态多态和动态多态的异同点。

3. 在示例程序 6.4 的类层次基础上，设计多层的抽象基类（第一层是 Shape，第二层包括二维图形 TwoDimensionalIShape 和三维图形 ThreeDimensionalIShape），再添加若干具体的二维图形（矩形、圆等和三维图形（立方体、圆柱体等）。只需给出类的声明，不用给出类的具体定义。

4. 使用多态计算各种图形的面积。定义抽象基类 Shape，其中声明纯虚函数 calculateArea()。从 Shape 派生出四个类：Rectangle（矩形）、Square（正方形）、Triangle（三角形）、Circle（圆形）。定义通用函数 calculate()可以多态计算各种图形的面积。定义类 Point 表示坐标点，用点来定位矩形、正方形、三角形以及圆形的圆心。（提示：为了方便计算，可以将 Point 声明为四个派生类的友元类）。

5. 用多态实现某公司的薪资发放系统，公司按月支付员工（Employee）工资。员工共有四类：定薪员工（SalariedEmployee），不管工作多长时间都领取固定的月薪；钟点员工（HourlyEmployee），按工作的小时数领取工资，并且可以领取超过 180 小时之外的加班费；佣金员工（CommissionEmployee），工资全靠销售业绩提成；带底薪佣金员工（BasePayCommissionEmployee），工资是基本工资加销售业绩提成。定义通用函数 calculateSalary()实现多态计算员工薪资。编写测试程序，创建每种员工的对象并测试函数 calculateSalary ()。

6. 在第 5 题的基础上，因为本月公司销售业绩出色，所以计划给佣金员工（包括带底薪的佣金员工）奖励工资的 10%，希望不要修改所有类的定义，而只是在 calculateSalary()中修改。（提示：使用向下类型转换）。

第 7 章

运算符重载

7

本章学习目标

- 什么是运算符重载，它如何使程序的可读性更强并使编程更方便
- 如何重载（重新定义）用户自定义类的运算符
- 类成员函数和全局函数重载运算符的区别
- 重载一元和二元运算符的不同之处
- 将一个类的对象转换成另一个类的对象
- 自增和自减运算符重载的实现
- 单参数构造函数进行隐式转换
- 什么时候需要重载运算符

通过前面章节内容的介绍可以知道，类对象通过调用成员函数完成相应任务。但对于某些与数学相关的类，这种函数调用的方法有些笨拙。我们希望可以利用 C++丰富的内置运算符集合来进行对象操作，让类的对象可以像 C++基本数据类型那样操作。本章介绍 C++中的运算符与类对象结合在一起使用的方法，这称为运算符重载。扩展 C++使其具备这些新特性是非常必要的，但是操作起来必须慎重。

7.1 运算符重载的基础知识

C++编程是一个对类型敏感的且以类型为中心的过程。程序员可以使用基本类型，也可以定义新类型。C++丰富的运算符集合可以作用在基本类型上。这些运算符给程序员提供了简洁的符号，用来表示对基本类型对象的操作。程序员同样也可以在用户自定义的类型上使用运算符。虽然 C++不允许创造新的运算符，但允许重载运算符集合中的大部分运算符，使得在类对象上使用这些运算符时，运算符可以执行适合这些对象的操作。

7.1.1　为什么要重载运算符

C++中运算符也可以重载，为什么要对运算符重载呢？下面通过用 C++实现数学的分数计算的示例程序来看一下运算符重载有什么优点。

【示例程序 7.1】实现分数类，并计算 $\dfrac{1}{2}+\dfrac{1}{3}\times\dfrac{1}{5}$。

```cpp
1    // Fraction.h : 声明分数类
2    #include <iostream>
3    using namespace std;
4    class Fraction1                                        // 使用成员函数
5    {public:
6        Fraction1(int N, int D);
7        Fraction1 plus(const Fraction1& );                 // 加法
8        Fraction1 multiply(const Fraction1& );             // 乘法
9        void print();                                      // 输出
10   private:
11       int m_N;                                           // 分子
12       int m_D;                                           // 分母
13   };
14   class Fraction2                                        // 运算符重载
15   {public:
16       Fraction2(int N, int D);
17       Fraction2 operator+(const Fraction2& );            // 加法
18       Fraction2 operator*(const Fraction2& );            // 乘法
19       friend ostream& operator<<(ostream& , const Fraction2& );// 输出
20   private:
21       int m_N;                                           // 分子
22       int m_D;                                           // 分母
23   };
```

```cpp
1    // Fraction.cpp : 定义分数类
2    #include "Fraction.h"
3    Fraction1::Fraction1(int N, int D) : m_N(N), m_D(D)
4    {  }
5    Fraction1 Fraction1::plus(const Fraction1& rhs)        // 加法
6    {    return Fraction1(m_N*rhs.m_D + rhs.m_N*m_D, m_D*rhs.m_D);
7    }
8    Fraction1 Fraction1::multiply(const Fraction1& rhs)    // 乘法
9    {    return Fraction1(m_N*rhs.m_N, m_D*rhs.m_D);
10   }
11   void Fraction1::print()                                // 输出
12   {    cout<<m_N<<"/" <<m_D;
13   }
14   Fraction2::Fraction2(int N, int D) : m_N(N), m_D(D)
15   {  }
16   Fraction2 Fraction2::operator+(const Fraction2& rhs)   // 加法
17   {    return Fraction2(m_N*rhs.m_D + rhs.m_N*m_D, m_D*rhs.m_D);
18   }
19   Fraction2 Fraction2::operator*(const Fraction2& rhs)   // 乘法
20   {    return Fraction2(m_N*rhs.m_N, m_D*rhs.m_D);
21   }
22   ostream& operator<<(ostream& o, const Fraction2& f)     // 输出
23   {    o <<f.m_N<<"/" <<f.m_D;
24       return o;
25   }
```

```
1    // lz7.1.cpp : 分数表达式计算
2    #include "Fraction.h"
3    void calculate1()
4    {    cout<< "调用成员函数计算" <<endl;
5         Fraction1 f1(1, 2);    // 1/2
6         Fraction1 f2(1, 3);    // 1/3
7         Fraction1 f3(1, 5);    // 1/5
8         Fraction1 f4 = f1.plus(f2.multiply(f3));
9         f1.print(); cout<< "+"; f2.print(); cout<< "*"; f3.print();
10        cout<< "="; f4.print(); cout<<endl;
11   }
12   void calculate2()
13   {    cout<< "使用重载运算符计算" <<endl;
14        Fraction2 f1(1, 2);    // 1/2
15        Fraction2 f2(1, 3);    // 1/3
16        Fraction2 f3(1, 5);    // 1/5
17        Fraction2 f4 = f1 + f2 * f3;
18        cout<< f1 << "+" << f2 << "*" << f3 << "=" << f4 <<endl;
19   }
20   int main()
21   {    calculate1();
22        calculate2();
23        return 0;
24   }
```

程序解析：

（1）Fraction.h 文件中，声明了分数类 Fraction1，使用成员函数实现加法和乘法计算（第 7、8 行），并声明函数 print()输出分数；声明了分数类 Fraction2，重载了加法和乘法运算符（第 17、18 行），另外为了方便输出也重载了流插入运算符（第 19 行）。

（2）Fraction.cpp 文件中，实现类 Fraction1 的成员函数和类 Fraction2 的成员函数（这里重载运算符也使用的是成员函数，具体方法后面会详细说明）。

（3）lz7.1.cpp 文件中，分别测试了用这两种方法计算分数表达式 $\frac{1}{2}+\frac{1}{3}\times\frac{1}{5}$。函数 calculate1() 通过类对象调用成员函数来计算，函数 calculate2()使用重载的运算符来计算。对比两者的计算代码（第 8 行和第 17 行），明显感觉前一种方法的代码晦涩难懂，后一种方法的代码一目了然。另外，输出分数表达式和计算结果的代码差别也很大，前一种方法用了 8 句代码（第 9、10 行），而后一种方法只用了 1 句代码（第 18 行）。

本示例程序的运行结果如图 7.1 所示。

```
调用成员函数计算
1/2+1/3*1/5=17/30
使用重载运算符计算
1/2+1/3*1/5=17/30
```

图 7.1　运行结果

从图 7.1 的程序运行结果可以看出，使用类对象调用成员函数和使用重载的运算符这两种方法都完成了相同任务，但使用重载运算符比函数调用的代码更清晰、可读性更好。因此，这种情况下通常选择使用重载运算符。

运算符重载有助于 C++的可扩展性，它是 C++最吸引人的特性之一，这点特性让 C++的功能更加强大。

重载的运算符应该和其相应的内置对象的功能相同，例如，+运算符重载后应该执行加法，而非减法或其他。应尽量避免过度或不一致地使用运算符重载，否则会使程序变得模糊且难于阅读。

7.1.2　运算符重载的方法

如何实现运算符的重载，从示例程序 7.1 中类 Fraction2 的定义可看出，重载运算符就是定义一个函数，也就是说重载运算符是通过定义函数实现的，本质上说运算符重载是名字特殊的函数重载。示例程序 7.1 的 Fraction.h 文件的第 17、18、19 行，分别声明了 3 个函数重载运算符+、*和<<，但这些函数又分两种情况：

（1）类的成员函数，如 operator+()、operator*()。

（2）全局函数，如 operator<<()。

运算符重载的实现方法：定义和类相关的特殊名字的函数。运算符重载函数的一般格式如下：

函数类型 operator 运算符名称（形参列表）
　　　{ 对运算符的重载处理的具体实现 }

说明如下：

（1）operator 是运算符重载的关键字。

（2）函数名由 "operator" 和 "运算符名称" 共同组成。

（3）函数类型（返回值类型）通常和运算符的语义相关（比如示例程序 7.1 的+重载，分数相加的结果应该还是分数，因此返回值是分数类型）。

（4）形参列表也和运算符的语义相关（具体内容后文会介绍）。

（5）函数体内的具体实现也和运算符的语义相关。

实现运算符重载的函数名字十分特殊，用户不能任意取名。另外，该函数和类相关，要么是类的成员函数，要么是全局函数，但通常声明为类的友元函数。

但要注意，使用类的成员函数实现运算符重载，此时成员函数一定是非 static 成员函数，而不能是 static 成员函数。实现运算符重载的成员函数是非 static 的，这样它们可以访问该类的每个对象中的非 static 数据。因为运算符重载是为了方便操作类的对象（即操作对象中的非 static 数据成员），而 static 成员函数只能操作 static 数据成员，不能操作类对象的数据成员（因为 static 数据成员是属于整个类的，所以通常认为只有非 static 数据成员才是真正属于类对象的数据成员）。

7.2　运算符重载的规则

下面列出运算符重载时要遵守的一些规则：

（1）C++中大部分运算符都可以重载，如表 7.1 所示。但也有少数运算符不可以重载，如表 7.2 所示。

表 7.1　可以重载的运算符

可以重载的运算符										
+	–	*	/	%	^	&*	|	~	!	=
<>	+=	-=	*=	/=	%=	^=	&=	|=	<<>>	
<<=	>>=	==	!=	<=	>=	&&	||	++	--	->	->*
,[]	()	new	delete	new[]	delete[]					

表 7.2　不可重载的运算符

不可重载的运算符				
.	.*	::	?:	sizeof

试图重载不可重载的运算符将导致编译时的语法错误。比如重载作用域运算符（::），编译时报错（error C2800: 'operator ::' cannot be overloaded）。

（2）重载不能改变运算符的优先级。无论如何进行重载，都不能改变运算符原有的优先级。比如，"*"和"/"优先于"+"和"–"，重载这些运算符后还是如此。但是，可以用小括号来强制指定表达式中重载的运算符的计算顺序。

（3）重载不能改变运算符的结合律（也就是运算符应用的顺序是从右到左还是从左到右）。如赋值运算符（=）的顺序，无论如何重载，始终是从右到左。

（4）重载不能改变运算符的"元数"（即操作数个数）。重载的一元运算符仍是一元运算符，二元运算符也仍旧是二元运算符。C++唯一的三元运算符"?:"则不能重载。运算符"&""*""+"和"–"既可以用作一元运算符，又可以用作二元运算符，在每种情况下都可以重载。试图通过运算符重载改变运算符的"元数"将导致语法错误，如将"/"重载为一元运算符，编译时报错（error C2805: binary 'operator /' has too few parameters）。另外，重载运算符的函数里不能使用默认参数，因为这样将改变运算符的操作数个数。

（5）不允许用户创建新的运算符，只有现有的运算符才可以重载。这使得程序员不能使用一些受人欢迎的符号，例如在某些编程语言中表示求幂的运算符"**"等。试图通过运算符重载创建新的运算符将导致语法错误，如重载运算符"**"，编译时报错（error C2143: syntax error : missing ';' before '*'）。

（6）不能重载基本类型的运算符。运算符重载不能改变运算符对于基本类型对象操作的含义。例如，程序员不能改变"+"运算符用于两个整数相加时的含义。运算符重载只能对用户自定义类型的对象，或者用户自定义类型对象和基本类型变量的混合使用起作用。

（7）类对象只能使用重载后的运算符，但有两个特例：赋值运算符（=）和取地址运算符（&）。从 3.9 节可知，程序员在类中不显式定义但编译器会默认创建一些成员函数，其中就有默认重载"="和"&"运算符。编译器默认重载的"="运算符工作是逐一复制类的数据成员，但默认重载的"="运算符会带来一些内存安全的问题。

（8）从语法上说，重载的运算符可以执行任何的操作。但实际应用中，重载的运算符还是要实现运算符原有的功能（不能改变运算符的语义），否则会让代码难于理解，反而降低了代码的可读性，同时也显然违背了重载运算符的初衷。

7

7.3　类成员函数和全局函数重载运算符的比较

从前文介绍可知，重载运算符的函数可以是类成员函数（非 static）和全局函数。大多数运算符重载时既可以用类成员函数也可以用全局函数，但有少数运算符只能使用类成员函数，也有少数运算符只能使用全局函数。

下面分别对使用类成员函数和使用全局函数重载运算符进行介绍。

7.3.1　使用类成员函数重载运算符

将重载运算符的函数定义为类的成员函数，使用重载运算符时，相当于类对象调用成员函数。比如基于示例程序 7.1 中的类 Fraction2，有如下代码：

```
Fraction2 f1(1 , 2), f2(1 , 3);
f1 + f2;
```

从编译器视角上看，f1 + f2 相当于 f1.operator+(f2) 。因此，成员函数用 this 指针隐式获得类对象（f1）的某个参数（对一元运算符而言为操作数，对二元运算符而言则为左操作数）。所以，在重载运算符的成员函数中参数个数是比操作数少一，即一元运算符没有参数，二元运算符有一个参数。

用类成员函数实现的重载运算符，在使用时，二元运算符左操作数必须是类的对象（或类对象的引用），从而符合类对象调用成员函数的条件。而一元运算符的操作数肯定是类对象，满足调用成员函数的条件。

7.3.2　使用全局函数重载运算符

将重载运算符的函数定义为全局函数，出于性能方面的考虑，全局函数通常指定为友元函数，因为类的数据成员一般是非 public 权限的，友元函数可以访问类的任何数据成员，否则就只能通过类的设置或获取函数去访问类的数据成员，调用这些函数的开销会导致性能的降低。

在示例程序 7.1 的类 Fraction2 基础上，增加使用全局函数重载运算符“–”。（下面只列出增加的代码）

```
// Fraction.h
class Fraction
{public:
    friend Fraction2 operator- (const Fraction2& f1, const Fraction2& f2);
};
// Fraction.cpp
Fraction2 operator- (const Fraction2& f1, const Fraction2& f2)
{    return Fraction2(f1.m_N*f2.m_D -f2.m_N*f1.m_D, f1.m_D*f2.m_D);
}
```

如下代码：

```
Fraction2 f1(1 , 2), f2(1 , 3);
    f1 - f2;
```

从编译器视角上看，f1 - f2 相当于 operator-(f1, f2)。因此，二元运算符的两个操作数参数在全局函数调用中必须显式列出。所以，在重载运算符的全局函数中参数个数和操作数相同，即一元运算符有一个参数，二元运算符有两个参数。而且，在使用时，二元运算符左操作数不一定需要是类的对象。

7.3.3 两种重载运算符函数的区别

本节讨论使用类成员函数重载的运算符和使用全局函数重载的运算符的区别，首先它们的函数参数个数不一样，这点前面已经介绍过。另外，有些特殊的运算符只能选择其中之一来实现重载，表 7.3 列出了这些运算符。

表 7.3　只能使用类成员函数或使用全局函数重载的运算符

只能使用类成员函数重载的运算符	赋值运算符（=）、下标运算符（[]）、函数调用运算符（()）、成员运算符（->）、类型转换运算符
只能使用全局函数重载的运算符	插入运算符（<<）、提取运算符（>>）

如果使用全局函数实现表 7.3 中第一行的运算符，比如赋值运算符（=），编译时会报错（error C2801: 'operator =' must be a non-static member）。

因为当运算符函数使用类成员函数实现时，最左边（或者只有最左边）的操作数必须是运算符的一个类对象（或者是对该类对象的一个引用），所以如果左操作数必须是一个不同类的对象或者是一个基本类型对象（变量）时，那么该运算符函数只能使用全局函数来实现。表 7.3 中第二行的插入运算符（<<）的左操作数是 ostream&，提取运算符（>>）的左操作数是 istream&，因此只能使用全局函数实现运算符重载。

使用全局函数实现运算符重载还有一个原因是让运算符具有可交换性。比如一个分数类型对象和整型 int 对象相加，使用类成员函数重载分数类的加法运算符（+），但其左操作数必须是分数类的对象。因此，这种情况下只能计算"分数加整数"，而不能计算"整数加分数"。对于基本类型的运算符是可以进行这种交换的。而使用全局函数重载运算符是可以做到交换性的，具体内容见后面的重载二元运算符。

对于不在表 7.3 中的其他运算符，运算符重载可以使用类成员函数也可以使用全局函数。但通常最好的选择是，使用类成员函数实现二元运算符的重载，使用全局函数实现一元运算符的重载。

7.4 重载一元运算符

类的一元运算符可以重载为不带参数的成员函数（非 static）或者带有一个参数的全局函数（通常声明为类的友元函数）。全局函数的参数必须是该类的对象或者是该类对象的引用。下面通过一个示例程序来说明如何实现一元运算符的重载，并比较这两种运算符重载方法的区别。

【示例程序 7.2】实现分数的负号（-）运算符，分别使用类成员函数和全局函数重载负号运算符（注意不是减号（-）运算符，减号是二元运算符）。

```
1    // Fraction.h : 声明分数类
2    #include <iostream>
3    using namespace std;
```

```
4     class Fraction1                                    // 使用类成员函数重载运算符
5     {public:
6         Fraction1(int N, int D);
7         Fraction1 operator-();                          // 负号
8         friend ostream& operator<<(ostream& , Fraction1& ); // 输出
9     private:
10        int m_N;                                        // 分子
11        int m_D;                                        // 分母
12    };
13    class Fraction2                                    // 使用全局函数重载运算符
14    {public:
15        Fraction2(int N, int D);
16        friend Fraction2 operator-(const Fraction2& );  // 负号
17        friend ostream& operator<<(ostream& , Fraction2& ); // 输出
18    private:
19        int m_N;                                        // 分子
20        int m_D;                                        // 分母
21    };
```

```
1     // Fraction.cpp : 定义分数类
2     #include "Fraction.h"
3     Fraction1::Fraction1(int N, int D) : m_N(N), m_D(D)
4     {   }
5     Fraction1 Fraction1::operator-()                    // 负号
6     {   return Fraction1(-m_N, m_D);
7     }
8     ostream& operator<<(ostream& o, Fraction1& f)        // 输出
9     {   o <<f.m_N<<"/" <<f.m_D;
10        return o;
11    }
12    Fraction2::Fraction2(int N, int D) : m_N(N), m_D(D)
13    {   }
14    Fraction2 operator-(const Fraction2& f)              // 负号
15    {   return Fraction2(-f.m_N, f.m_D);
16    }
17    ostream& operator<<(ostream& o, Fraction2& f)        // 输出
18    {   o <<f.m_N<<"/" <<f.m_D;
19        return o;
20    }
```

```
1     // lz7.2.cpp :
2     #include "Fraction.h"
3     int main()
4     {   cout<< "使用类成员函数重载运算符" <<endl;
5         Fraction1 f1(1, 2);                             // 1/2
6         cout<< "f1=" << f1 <<endl;
7         cout<< "-f1=" << -f1 <<endl;
8         cout<< "使用全局函数重载运算符" <<endl;
9         Fraction2 f2(1, 2);                             // 1/2
10        cout<< "f2=" << f2 <<endl;
11        cout<< "-f2=" << -f2 <<endl;
12        return 0;
13    }
```

程序解析:

（1）Fraction.h 文件中，声明了分数类 Fraction1，使用类成员函数重载负号运算符（第 7 行）；声明了分数类 Fraction2，使用全局函数重载负号运算符（第 16 行）；另外为了方便输出都重载了流插入运算符（第 8、17 行）。

（2）Fraction.cpp 文件中，实现类 Fraction1 的成员函数和类 Fraction2 的成员函数。

（3）lz7.2.cpp 文件中，分别测试了这两种重载的负号运算符。从图 7.2 的程序运行结果可知，这两种方法的功能是一样的。

```
使用类成员函数重载运算符
f1=1/2
-f1=-1/2
使用全局函数重载运算符
f2=1/2
-f2=-1/2
```

图 7.2　运行结果

从示例程序 7.2 的代码可知，使用类成员函数重载一元运算符更简单些，所以通常重载一元运算符选择类成员函数。

7.5　重载二元运算符

二元运算符可以重载为带有一个参数的成员函数（非 static），或者带有两个参数（其中一个必须是类的对象或者是类对象的引用）的全局函数（通常声明为类的友元函数）。下面通过一个示例程序来说明如何实现二元运算符的重载，并比较这两种运算符重载方法的区别。

【示例程序 7.3】实现分数的减号（-）运算符，分别使用类成员函数和全局函数重载减法运算符，并计算分数相减。

```cpp
1    // Fraction.h : 声明分数类
2    #include <iostream>
3    using namespace std;
4    class Fraction1                                      // 使用类成员函数重载运算符
5    {public:
6        Fraction1(int N, int D);
7        Fraction1 operator-(const Fraction1& );          // 减法
8        friend ostream& operator<<(ostream& , Fraction1& ); // 输出
9    private:
10       int m_N;                                          // 分子
11       int m_D;                                          // 分母
12   };
13   class Fraction2                                      // 使用全局函数重载运算符
14   {public:
15       Fraction2(int N, int D);
16       friend Fraction2 operator-(const Fraction2& , const Fraction2& );    // 减法
17       friend ostream& operator<<(ostream& , Fraction2& ); // 输出
18   private:
19       int m_N;                                          // 分子
20       int m_D;                                          // 分母
21   };
```

```cpp
1    // Fraction.cpp : 定义分数类
2    #include "Fraction.h"
3    Fraction1::Fraction1(int N, int D) : m_N(N), m_D(D)
4    {  }
5    Fraction1 Fraction1::operator-(const Fraction1& rhs)      // 减法
6    {    return Fraction1(m_N*rhs.m_D - m_D*rhs.m_N, m_D*rhs.m_D);
7    }
8    ostream& operator<<(ostream& o, Fraction1& f)            // 输出
9    {    o <<f.m_N<<"/" <<f.m_D;
```

```
10        return o;
11   }
12   Fraction2::Fraction2(int N, int D) : m_N(N), m_D(D)
13   {   }
14   Fraction2 operator-(const Fraction2& f1, const Fraction2& f2) // 减法
15   {   return Fraction2(f1.m_N*f2.m_D - f1.m_D*f2.m_N, f1.m_D*f2.m_D);
16   }
17   ostream& operator<<(ostream& o, Fraction2& f)               // 输出
18   {   o <<f.m_N<<"/" <<f.m_D;
19        return o;
20   }
```

```
1    // lz7.3.cpp : 分数减法
2    #include "Fraction.h"
3    void calculate1()
4    {   cout<< "使用类成员函数重载运算符" <<endl;
5        Fraction1 f1(1, 2);                                    // 1/2
6        Fraction1 f2(1, 3);                                    // 1/3
7        Fraction1 f3 = f1 - f2;
8        cout<< f1 << "-" << f2 << "=" << f3 <<endl;
9    }
10   void calculate2()
11   {   cout<< "使用全局函数重载运算符" <<endl;
12       Fraction2 f1(1, 2);                                    // 1/2
13       Fraction2 f2(1, 3);                                    // 1/3
14       Fraction2 f3 = f1 - f2;
15       cout<< f1 << "-" << f2 << "=" << f3 <<endl;
16   }
17   int main()
18   {   calculate1();
19       calculate2();
20       return 0;
21   }
```

程序解析：

（1）Fraction.h 文件中，声明了分数类 Fraction1，使用类成员函数重载减号运算符（第 7 行）；声明了分数类 Fraction2，使用全局函数重载减号运算符（第 16 行）；另外为了方便输出都重载了流插入运算符（第 8、17 行）。

（2）Fraction.cpp 文件中，实现类 Fraction1 的成员函数和类 Fraction2 的成员函数。

（3）lz7.3.cpp 文件中，分别测试了这两种重载的减号运算符。从图 7.3 的程序运行结果可知，这两种方法的计算结果是一样的。

```
使用类成员函数重载运算符
1/2-1/3=1/6
使用全局函数重载运算符
1/2-1/3=1/6
```

图 7.3   运行结果

示例程序 7.3 中的测试代码是计算两个分数相减，如果是分数对象减 int 对象（或数据），或者 int 对象（或数据）减分数对象（根据运算符的交换性，这应该视为同一情况），结果会如何呢？下面分别讨论面对这一问题，类成员函数重载运算符和全局函数重载运算符的情况。

先讨论全局函数重载运算符的情况。比如，把 lz7.3.cpp 中第 14 行改为：

```
Fraction2 f3 = f1 - 2;或 Fraction2 f3 = 2 - f2;
```

此时，程序编译时会报错，因为全局函数重载运算符的函数参数是需要两个类 Fraction2 的对象，

而 int 对象（或数据）类型不匹配。如果有办法把 int 类型转换为 Fraction2 类型，就能避免这个错误。在第 3 章介绍过的转换构造函数能达到这种作用。

在 Fraction.h 文件的类 Fraction2 声明中加入一行代码：

```
Fraction2(int );
```

在 Fraction.cpp 文件中加入代码定义该构造函数：

```
Fraction2::Fraction2(int n) : m_N(n), m_D(1) { }
```

如此修改后，再编译时程序顺利通过。因为编译器调用 operator-(const Fraction2& , const Fraction2&)函数时，会先把整型数据 2 通过调用转换构造函数转换为一个临时的 Fraction2 对象，从而满足函数的调用条件。

再讨论类成员函数重载运算符的情况。比如，把 lz7.3.cpp 中第 7 行改为：

```
Fraction1 f3 = f1 - 2;
```

或

```
Fraction1 f3 = 2 - f2;
```

此时，程序编译时也会报错，也是类型不匹配导致的。如果也加入转换构造函数是不是也能解决这个问题呢？

同样，在 Fraction.h 文件的类 Fraction1 声明中加入一行代码：

```
Fraction1(int );
```

在 Fraction.cpp 文件中加入代码定义该构造函数：

```
Fraction1::Fraction1(int n) : m_N(n), m_D(1) { }
```

如此修改后，前一种情况（Fraction1 f3= f1-2;)编译顺利通过，但后一种情况（Fraction1 f3= 2-f2;）编译时还是会报同样的错。所以，使用类成员函数重载二元运算符不能完全实现与其他类型的混合使用。

总结上面内容：使用全局函数重载二元运算符虽然代码不如使用类成员函数那么简单，但可以让用户自定义的类型在使用运算符时尽量和基本类型使用运算符有一样的表现，即可以让用户自定义的类型和其他类型混合使用，且还能满足交换性（该运算符原语语义也满足）。因此，通常重载二元运算符选择全局函数（友元函数），当然此时还要结合类型转换（使用转换构造函数或类型转换运算符）。

7.6　重载流插入运算符和流提取运算符

借助流提取运算符（>>）和流插入运算符（<<），C++能够方便地输入和输出基本类型的数据。C++编译器提供的类库重载了这些运算符以处理所有基本类型，包括指针和 C 风格的 char*字符串。用户自定义类型通过重载流插入运算符和流提取运算符，也可以实现用户自定义类型数据的输入和输出。示例程序 7.1、示例程序 7.2、示例程序 7.3 都重载了流插入运算符（<<）用于处理分数对象的输出。

示例程序 7.3 的 Fraction.h 文件的第 8 行和 Fraction.cpp 文件的第 8~11 行，定义了流插入运算符函数 operator<<，以一个 ostream 引用和一个类 Fraction1 引用作为参数，并返回一个 ostream 引用。运算符函数 operator<<将分数对象以如下形式输出到屏幕：1/2。

当编译器遇到如下的表达式（f1 是类 Fraction1 的对象）：cout<< f1;时，它就会产生如下的全局函数调用：operator<<(cout, f1);。

下面用一个示例程序来说明如何实现流提取运算符（>>）和流插入运算符（<<）的重载。要求输入分数的分子 N 和分母 D，输出分数格式为 N/D。

【示例程序 7.4】实现分数类的流提取运算符和流插入运算符的重载。

```
1     // Fraction.h : 声明分数类
2     #include <iostream>
3     using namespace std;
4     class Fraction
5     {public:
6         Fraction(int N = 0, int D = 1);                        // 默认构造函数创建为 0
7         friend istream& operator>>(istream& , Fraction& );     // 输入
8         friend ostream& operator<<(ostream& , Fraction& );     // 输出
9     private:
10        int m_N;                                               // 分子
11        int m_D;                                               // 分母
12    };
```

```
1     // Fraction.cpp : 定义分数类
2     #include "Fraction.h"
3     Fraction::Fraction(int N, int D) : m_N(N), m_D(D)
4     {   }
5     istream& operator>>(istream& in, Fraction& f)             // 输入
6     {   in >>f.m_N>>f.m_D;
7         return in;
8     }
9     ostream& operator<<(ostream& out, Fraction& f)            // 输出
10    {   out <<f.m_N<<"/" <<f.m_D;
11        return out;
12    }
```

```
1     // lz7.4.cpp : 分数对象的输入与输出
2     #include "Fraction.h"
3     int main()
4     {   Fraction f1;
5         cin>> f1;
6         cout<< f1;
7         return 0;
8     }
```

程序解析：

（1）Fraction.h 文件第 7、8 行是流提取运算符（>>）和流插入运算符（<<）的重载函数，使用全局函数并声明为类 Fraction 的友元函数（方便访问类的非 public 数据成员）。

（2）Fraction.cpp 文件第 5~8 行定义了流提取运算符（>>）的重载函数，需要输入分数的分子和分母。第 9~12 行定义了流插入运算符（<<）的重载函数，按格式"分子/分母"输出分数。

（3）lz7.4.cpp 第 5 行从标准输入 cin（通常是键盘）输入一个分数，第 6 行将一个分数输出到标准输出 cout（通常是显示器的屏幕）。从图 7.4 所示的运行结果可以看出输出结果达到了要求。

```
2 5
2/5
```

图 7.4　运行结果

operator>>重载函数的第一个参数必须是 istream 的引用。这是因为流提取运算符（>>）的左操作数是 istream 对象，比如 cin；而且输入都是由同一对象操作，因此参数为引用，让操作都绑定在一个对象上，比如 cin，上面例子中的函数参数 in 就是 cin 的别名。此外，因为运算符（>>）的左操作数是 istream 对象，所以重载函数必须是全局函数。前面提过，如果使用类成员函数重载运算符，左操作数必定是该类（比如 Fraction）的对象。

另外，operator>>重载函数返回 istream 的引用。这样可以使 Fraction 对象上的输入操作可以和其他 Fraction 对象或者其他数据类型对象上的输入操作串联起来。例如，程序可以在如下的语句中输入两个 Fraction 对象：

```
cin>> f1 >> f2;
```

首先，通过下面的全局函数调用来执行表达式 cin>>f1：

```
operator>>( cin, f1 );
```

然后，整个串联起来的调用如下：

```
operator>>( operator>>( cin, f1 ), f2);
```

所以，函数 operator>>(cin, f1)的返回将作为后面函数的第一个参数（istream 的引用），按照参数匹配的要求，函数 operator>>（cin, f1）的返回必须是 istream 的引用。

同样可以分析流插入运算符（<<）的重载函数必须使用全局函数，且第一个参数是 ostream 的引用，而函数返回 ostream 的引用。

重载函数 operator>>和 operator<<在类中都声明为全局的友元函数。这样做的原因：首先是这两个函数必须是全局函数，因为这两种运算符在使用时都是类对象作为运算符的右操作数出现（对象调用成员函数时，对象在成员函数的左边）；其次是出于性能方面的考虑，重载的输入和输出运算符需要直接访问非 public 类成员；或者是因为这个类无法提供合适的获取函数。所以这些运算符应该声明为友元函数。

注意，二元运算符的重载运算符函数可以作为成员函数来实现的前提条件是，仅当左操作数是该函数所在类的对象时。

7.7　类型转换

大多数程序在处理很多种类型的数据时，很多时候会把操作"集中在一个类型上"。因此，经常有必要把数据从一种类型转换为另一种类型，比如在赋值、计算、传递值到函数和从函数返回值等各种情形中。编译器知道如何在基本类型之间进行特定转换，程序员也可以使用强制类型转换运算符在基本类型之间进行强制转换。

那么用户自定义的类型又如何呢？编译器预先并不知道在用户自定义的类型之间、用户自定义类型和基本类型之间如何进行转换，因此程序员必须详细说明该怎样做。第 3 章介绍的转换构造函数可以实现这样的转换，是一种将其他类型（包括基本类型）的对象转换成特定类对象的单参数构造函数。本节将介绍另外一种方法，即重载强制类型转换运算符来实现类型的转换。

7.7.1　类型转换运算符

本节要介绍类型转换运算符，也称为强制类型转换运算符或转换运算符，可用于将某一个类的对象转换成另一个类的对象或者转换成基本类型的对象。前面提到过，重载转换运算符必须用非 static 成员函数。转换运算符函数的一般格式如下：

```
operator 类型名( )
{ 实现转换的语句 }
```

其中，重载函数的名称是由"operator"和"类型名"共同组成。函数返回值的类型就应该是要转换的目标类型，所以转换运算符函数不需要指明函数类型，这点和构造函数一样。下面通过示例程序来演示类型之间如何实现转换。

【示例程序 7.5】通过重载转换运算符实现类型转换。

```
1    // lz7.5.cpp：利用重载转换运算符实现类型转换
2    class A
3    { };
4    class B
5    {public:
6        operator A()
7        {    return m_a;
8        }
9    private:
10       A m_a;
11   };
12   int main()
13   {    B b;
14        A a;
15        a = b;                                    // 自动类型转换
16        return 0;
17   }
```

程序解析：

（1）第 6~8 行重载转换运算符实现类 B 到类 A 的转换，所以返回值是类 A 对象 m_a。

（2）第 15 行将类 B 的对象赋值给类 A 的对象，C++中不同的类型是不能赋值的，除非能转换为相同的类型。由于类 B 重载了转换运算符，因此类 B 的对象 b 可以转换为类 A 类型，所以赋值成功。但如果类 B 没有重载转换运算符，那么第 15 行代码编译时会报错（error C2679: binary '=' : no operator found which takes a right-hand operand of type 'B' could be 'A &A::operator =(const A &)'）。

从上面的程序代码可以看出，利用重载转换运算符就可以实现类型的自动转换（隐式转换）。

7.7.2　转换构造函数

下面的示例程序是使用转换构造函数实现类型转换的功能。

【示例程序 7.6】使用转换构造函数实现类型转换。

```
1    // lz7.6.cpp：利用转换构造函数实现类型转换
2    class B
3    { };
4    class A
```

```
5      {public:
6          A() { }                              // 默认构造函数
7          A(B& b) : m_b(b)                     // 转换构造函数
8          { }
9      private:
10         B m_b;
11     };
12     int main()
13     {   B b;
14         A a;
15         a = b;                               // 自动类型转换
16         return 0;
17     }
```

程序解析：

（1）第 7 行定义了转换构造函数（单参数为类 B 的对象引用），可以实现从类 B 转换为类 A。

（2）第 15 行的赋值语句能成功，是因为通过转换构造函数可以将类 B 对象 b 转换为类 A 对象。同样，如果没有定义转换构造函数，编译时也会报同样的错。

从示例程序 7.5 和示例程序 7.6 可知，转换运算符和转换构造函数的优点之一是：必要时，编译器可以隐式地调用这些函数实现类型的自动转换。

虽然，转换运算符和转换构造函数可以达到同样的结果，但它们之间有如下区别：

（1）转换运算符是在转换前的类中定义转换运算符函数，而转换构造函数是在转换后的类中定义。

（2）转换运算符就是针对类型转换，而转换构造函数是创建对象同时兼具类型转换。

（3）转换构造函数是将其他类型（用户自定义的类型或基本类型）转换为本类类型。

（4）转换运算符是将本类类型转换为其他类型（用户自定义的类型或基本类型）。

7.7.3　关键字 explicit

转换构造函数有时只是为了类初始化定义，但带来的副作用是实现了类型的隐式转换。C++为了让单参数构造函数只用于创建类对象，防止不必要的类型隐式转换，可以在该构造函数前添加关键字 explicit，这样就不能利用转换构造函数进行隐式转换了。

比如示例程序 7.6，如果在第 7 行的构造函数前加了关键字 explicit，那么第 15 行编译时会报错（error C2679: binary '=' : no operator found which takes a right-hand operand of type 'B' could be 'A &A::operator =(const A &)'）。但可以通过强制类型转换进行显式转换：a = (A)b; ，这样编译就可以通过。显式转换其实使用的还是转换构造函数，因此，如果没有定义转换构造函数也没定义转换运算符，此时编译会报错（error C2440: 'type cast' : cannot convert from 'B' to 'A'）。

> 提示　需要类型转换时，尽量优先选择使用重载转换运算符。

7.8　重载自增和自减运算符

自增（++）和自减（--）运算符有各自的前置和后置形式，这两种形式都可以重载。我们知道运算符重载函数名是由"operator"和"运算符名"结合组成，因此无论前置形式还是后置形式，自增运算符重载函数名都是 operator++，自减运算符重载函数名都是 operator--，函数调用时无法通过函数名区分。

本节我们将介绍如何重载自增或者自减运算符，以及了解编译器是如何区分自增或者自减运算符的前置和后置形式的。自增和自减运算符属于一元运算符，通常优先选择类成员函数重载，所以下面的重载运算符函数都是类成员函数。

要重载自增运算符既支持前置的用法又支持后置的用法，则每个重载的运算符函数都必须拥有各自明显的特征，这样编译器才能确定要用的是哪种自增形式。前置形式的重载方式与任何其他的一元运算符的重载方式完全相同。

例如，假设我们想把分数类 Fraction 对象 f1 自增 1。当编译器遇到前置自增运算的表达式++f1时，它会产生下列成员函数调用：

```
f1.operator++();
```

这个运算符函数的原型是：

```
Fraction& operator++();
```

重载后置的自增运算符提出了一个挑战——编译器必须能够识别出重载的前置和后置自增运算符函数各自的特征。C++中，当编译器遇到后置自增运算符表达式 f1++时，它会产生如下的成员函数调用：

```
f1.operator++(0);
```

这个运算符函数的原型是：

```
Fraction operator++( int);
```

实参 0 纯粹是个"哑值"，它的作用就是使编译器能够区分前置和后置的自增运算符函数。

因此，重载自增运算符前置形式和其他一元运算符一样，不需要参数；而重载自增运算符后置形式时需要一个 int 类型的"虚参"。所谓"虚参"是调用时并不需要带入实参，只是为了让编译器区分前置和后置的自增运算符函数。注意：必须是 int 类型，如使用其他类型会导致编译报错（error C2807: the second formal parameter to postfix 'operator ++' must be 'int'）。

下面的示例程序实现了分数类的自增运算符的重载，包括前置和后置形式。

【示例程序 7.7】实现分数类的自增运算符的重载。

```
1    // Fraction.h: 声明类 Fraction
2    #include <iostream>
3    using namespace std;
4    class Fraction
5    {public:
6        Fraction(int N, int D);
7        Fraction& operator++();                              // 前置++
8        Fraction operator++(int);                            // 后置++
9        friend ostream& operator<<(ostream& , Fraction& );   // 输出
10   private:
11       int m_N;                                             // 分子
12       int m_D;                                             // 分母
13   };
```

```
1    // Fraction.cpp: 定义类 Fraction 成员函数
```

```
2    #include "Fraction.h"
3    Fraction::Fraction(int N, int D) : m_N(N), m_D(D)
4    {  }
5    Fraction& Fraction::operator++()                    // 前置++
6    {   m_N += m_D;                                      // 分子增加分母值，等于加1
7        return *this;
8    }
9    Fraction Fraction::operator++(int)                  // 后置++
10   {   Fraction temp(m_N, m_D);                        // 保留原值
11       m_N += m_D;                                     // 分子增加分母值，等于加1
12       return temp;
13   }
14   ostream& operator<<(ostream& out, Fraction& f)      // 输出
15   {   out <<f.m_N<<"/" <<f.m_D;
16       return out;
17   }
```

```
1    // lz7.7.cpp :
2    #include "Fraction.h"
3    int main()
4    {   Fraction f1(1, 3), f2(1, 3);
5        Fraction f3 = ++f1;
6        Fraction f4 = f2++;
7        cout<< "f1=" << f1 <<endl;
8        cout<< "f3=" << f3 <<endl;
9        cout<< "f2=" << f2 <<endl;
10       cout<< "f4=" << f4 <<endl;
11       return 0;
12   }
```

程序解析：

（1）Fraction.cpp 文件中，第 5~8 行实现了自增运算符前置形式的重载，前置自增运算符是自加 1 以后返回结果。函数代码第 6 行先将对象值加 1，第 7 行最后函数返回*this（this 指针指向对象的起始地址，因此*this 就是代表对象自己）。符合前置自增运算符语义。

（2）Fraction.cpp 文件中，第 9~13 行实现了自增运算符后置形式的重载，后置自增运算符是先返回原值再自加 1。函数代码第 10 行创建一个对象 temp 保留原值，第 11 行将对象值加 1，第 12 行最后函数返回 temp（原值）。符合后置自增运算符语义。

（3）lz7.7.cpp 文件中创建了两个值同为 1/3 的分数对象 f1 和 f2（第 4 行），对 f1 进行前置自增操作并赋值给 f3（第 5 行），对 f2 进行后置自增操作并赋值给 f4（第 6 行），最后输出 f1、f3、f2、f4。从前置和后置自增运算符的语义可知，f1=4/3，f3=4/3（两者一样），f2=4/3，f4=1/3（f2 的原值）。如图 7.5 所示的程序运行结果证实代码达到了功能要求。

```
f1=4/3
f3=4/3
f2=4/3
f4=1/3
```

图 7.5　运行结果

7.9　本章小结

在这一章中，我们介绍了如何通过定义重载运算符来构建更加强大的类。重载运算符使程序可

以将类的对象当成 C++基本数据类型来看待。介绍了运算符重载的基本概念，以及 C++标准对重载运算符所规定的几个限制，讲解了以类成员函数或全局函数实现重载的运算符的原因，并讨论了以类成员函数和全局函数方式重载一元和二元运算符的区别。就全局函数而言，分别示范了使用重载的流提取运算符和流插入运算符输入和输出类的对象。介绍了用户自定义类型如何实现类型之间的转换，并比较了类型转换运算符和转换构造函数的区别。最后还介绍了一种能够区分自增或自减运算符的前置和后置形式的特殊语法。

总结

- C++允许程序员重载大部分运算符，使运算符能符合所在的上下文环境，即编译器基于上下文（尤其是操作数的类型）产生合适的代码。
- 许多 C++运算符可以重载以作用于用户自定义的类型。
- 重载运算符所执行的任务也可以由函数调用来完成。但是，运算符的表示法更清晰，也更容易理解。
- 运算符重载通过定义非 static 成员函数或者全局函数来实现，其中的函数名由关键字 operator 后接要重载的运算符名组成。
- 当运算符重载为成员函数时，成员函数必须是非 static 的，因为它们必须由该类的对象调用并作用于这个对象。
- 如果要对类的对象使用某运算符，那么该运算符必须重载，但是赋值运算符（=）和取址运算符（&）除外。
- 不能创建新的运算符，只能重载现有的运算符。
- 运算符 "."".*""::""? :""sizeof" 不可以重载。
- 重载不能改变运算符的优先级和结合律，重载也不能改变运算符的"元数"（也就是运算符操作数个数）。
- 重载不能改变运算符作用于基本类型对象时的语义。
- 运算符函数可以是类成员函数或者全局函数，出于性能方面的原因，全局函数通常作为友元函数。成员函数隐式地使用 this 指针获得其类对象参数之一（对二元运算符而言即是左操作数），而在全局函数调用中，必须显式列出代表二元运算符两个操作数的参数。
- 如果运算符函数实现为成员函数，那么最左边的操作数必须是运算符所在类的对象或者对象的引用。
- 如果左边的操作数是一个不同类的对象或者基本类型，那么该运算符函数必须实现为全局函数。
- 选择以全局函数来重载运算符的另一个原因是为了使运算符具有可交换性。
- 当重载 "=""()""[]""->" 和类型转换运算符时，运算符重载函数必须声明为类的成员函数。
- 流插入运算符（<<）的左操作数类型为 ostream&，因此，重载运算符（<<）必须重载为全局函数。同样，重载的流提取运算符（>>）也必须为全局函数。
- 除了上面提到的几个运算符，对于其他的运算符，运算符重载函数可以是类成员函数也可以是全局函数。

- 类的一元运算符重载可以用不带参数的非 static 成员函数，或者可以用带一个参数的全局函数。后者所带的那个参数必须是该类的对象或者是该类对象的引用。
- 二元运算符重载可以用带一个参数的非 static 成员函数，或者可以用带两个参数的全局函数（其中至少有一个必须是类对象或者是类对象的引用）。
- 重载一元运算符通常优先选择类成员函数，重载二元运算符通常优先选择全局函数。
- 类型转换运算符（也称为强制类型转换运算符）可以将某个类的对象转换成另一个类的对象或者基本类型的对象。这种类型转换运算符必须是非 static 成员函数。通过重载强制类型转换运算符，用户自定义类型的对象可以转换成基本类型的对象，或者可以转换成其他的用户自定义类型的对象。
- 重载的类型转换运算符函数不指定返回类型，因为返回类型其实就是对象正要转换成的目标类型。
- 类型转换运算符和转换构造函数的一个极佳特征是：在必要时，编译器可以隐式地调用这些函数实现类型转换。
- 任何单参数（本质是调用时传递单实参）构造函数都可以作为转换构造函数。
- C++提供了关键字 explicit，可以阻止转换构造函数进行隐式转换。声明为 explicit 的构造函数不能在隐式转换中使用。
- 要重载自增运算符以支持前置和后置形式的自增用法，每个重载的运算符函数都必须具有各自独特的识别标志，这样编译器才能确定要用的是哪种形式的自增。前置自增运算符的重载方式与任何其他的一元运算符的重载方式相同。后置自增运算符函数提供类型必须为 int 的"虚参"，就达到了为后置自增运算符提供独特的识别标志的目的。这个参数不需要由用户提供，编译器隐式地利用这个参数来区分自增运算符的前置和后置形式。

本章习题

1. 填空题。

（1）要对类的对象使用运算符，除了运算符 ＿＿＿＿、＿＿＿＿以外，其他的运算符都必须重载。

（2）重载运算符函数的定义以关键字＿＿＿＿＿作为开始。

（3）重载运算符并不能改变运算符的＿＿＿＿、＿＿＿＿和＿＿＿＿。

（4）C++中不能通过重载创建新的运算符，只能重载＿＿＿＿＿。

（5）在 C++中，运算符重载后的优先级与重载前的优先级＿＿＿＿＿。

（6）只能使用类成员函数重载的运算符有=、＿＿＿、＿＿＿＿、＿＿＿＿和转换运算符。

（7）通常使用全局函数重载二元运算符时，运算符函数需要＿＿＿＿＿参数，其中至少有一个是＿＿＿＿＿。

（8）重载后置自增运算符时，必须有一个＿＿＿＿＿"虚参"。

（9）重载的强制类型转换运算符函数＿＿＿＿＿返回类型。

（10）使用成员函数重载运算符时，必须是＿＿＿＿＿成员函数。

2. 定义 Complex 类，该类可以对所谓的复数进行操作。复数的形式如下：real（实部）+ imaginary（虚部）*i，其中 i 的值为 $\sqrt{-1}$。实现以下功能：

（1）重载运算符"<<"实现复数形式的输出；

（2）分别使用类成员函数和全局函数重载复数的"+"。

编程测试两个复数的求和。

3. 在习题 2 的基础上完善 Complex 类。增加以下功能：

（1）重载复数的"+""-""*"运算符，并能和其他类型数据混合计算，比如复数 c，可以 c+1，也可以 2+c。

（2）重载复数的自增运算符。

编程测试以上功能。

4. 在示例程序 7.4 基础上实现 Fraction 对象自动转换为 double 类型。

5.（难题）实现大整数类 HugeInt，该类可以操作 30 位的整型数据。类中用 charm_data[30]表示整型数据，每个数组元素表示某位的数据，[0]是个位，[1]是十位，以此类推，除了最高位可以为负数，其余位皆为正数，最高位之后的数组元素都填为 0。实现以下功能：

（1）可以用 long 数据创建 HugeInt 对象。

（2）可以用数字字符串（"123456789123456789"）创建 HugeInt 对象。

（3）重载运算符">>"和"<<"进行 HugeInt 的输入和输出。

（4）重载运算符"+"实现 HugeInt+HugeInt，以及 HugeInt+其他基本类型（long、double 等）。

编程测试以上功能。

第 8 章

输入/输出流

本章学习目标

- C++流的概念以及流的继承层次
- C++的面向对象输入/输出流
- 输出流的格式输出
- 使用文件流创建、读取、写入、更新文件
- 顺序文件处理
- 随机存取文件处理

  C++标准库提供了强大的输入/输出（I/O）功能，本章将介绍大多数情况下使用的 I/O 操作。本章的许多 I/O 特性都是面向对象的，这种 I/O 方式能运用 C++的其他特性，例如引用、函数重载和运算符重载。

  C++中的任何一次 I/O 操作对数据类型都是敏感的。C++使用类型安全的 I/O 进行操作，如果一个 I/O 的成员函数被定义为处理一个特定的数据类型，那么只能调用这个成员函数来处理该数据类型。如果实际的数据类型和处理上述特定类型的函数不匹配，编译器将会报错。对应的某些编译错误可能在 C 语言中是允许通过的，从而导致一些细微的、古怪的程序执行错误。

  用户可以通过重载流插入运算符（<<）和流提取运算符（>>）来实现对用户自定义对象类型的 I/O 操作，这种可扩展性是 C++的优点之一。

  本章还将讨论 I/O 流的类和对象，以及 I/O 流的类继承层次，介绍如何使用控制符或流的成员函数实现数据的格式输出。

  最后将讨论 C++的文件流，介绍如何利用文件流创建、读取、更新文件，以及如何处理 ASCII 文件和二进制文件。

8.1　流

C++的 I/O 是以一连串的字节流的方式进行的。在输入操作中，字节从设备（比如键盘、光驱、网络连接）流向内存。在输出操作中，字节从内存流向设备（比如显示器、打印机、光驱、网络连接）。因此，在输入和输出的数据传输过程中，数据就如同水流一样从一端流向另一端，所以 C++把输入/输出过程形象地称为流（stream）。

字节是应用程序表达信息的基本单元，而字节可以组成各种数据、数字图像、数字语音、数字视频或者任何其他应用程序所需要的信息。按字节的、非格式化进行的 I/O 操作，对程序员来说是非常不方便的。程序员更加喜欢按类型（如整数、浮点数、字符、字符串和用户自定义类型）、格式化进行的 I/O 操作。C++通过流库支持按类型、格式化进行的 I/O 操作。

8.1.1　C++流库

C++提供了一些专门用于输入/输出的类，这些类组成了 C++的流库。C++的流库提供了丰富的 I/O 功能，在如下几个头文件中包含了主要的库接口：

（1）<iostream>头文件，绝大多数的 C++程序都会包含该头文件。<iostream>头文件中声明了所有 I/O 流操作所需的基础服务，还同时提供非格式化和格式化的 I/O 服务。在<iostream>头文件中，定义了 cin、cout、cerr 和 clog 标准流对象，分别对应于标准输入流、标准输出流、无缓冲的标准错误流和有缓冲的标准错误流。

（2）<iomanip>头文件，声明了对于带有参数化流控制符的格式化输出服务。

（3）<fstream>头文件，声明了用户控制的文件处理服务，利用文件流创建、读取、更新文件。

在头文件中，还通过运算符重载为输入、输出提供了更加方便的符号。左移运算符（<<）被重载为流插入运算符来实现流的输出，右移运算符（>>）被重载为流提取运算符来实现流的输入。这两个重载的运算符通常与标准流对象 cin、cout、cerr、clog 和用户自定义的流对象一起使用。

预定义对象 cin 是一个 istream 实例，并且和标准输入设备连接，通常是键盘。在下面的代码中，流提取运算符（>>）用于将数据从 cin（标准输入设备）输入到内存的整型变量 age 中（假设 age 已经声明为 int 变量）：

```
cin>> age;
```

注意，编译器会确定 age 的数据类型，并选择适当的流提取运算符重载函数，使用流提取运算符时不需要附加类型信息（比如，像 C 语言调用 scanf()函数时，需要通过格式字符串给出输入变量的类型）。C++流库中重载的流提取运算符，可以输入基本数据类型、字符串和指针的值。

预定义对象 cout 是一个 ostream 实例，并且和标准输出设备连接，通常是显示器。在下面的代码中，使用流插入运算符（<<）将变量 age 的值从内存输出到 cout（标准输出设备）：

```
cout<age;
```

注意，编译器也会确定 age 的数据类型，并且选择合适的流插入运算符重载函数，使用流插入运算符也同样不需要附加类型信息（比如，像 C 语言调用 printf()函数时，需要通过格式字符串给出输出变量的类型）。C++流库中重载的流插入取运算符，可以输出基本数据类型、字符串和指针的值。

预定义对象 cerr 是一个 ostream 实例，并且和标准错误设备连接，通常也是显示器。对象 cerr 的输出是无缓冲的，这就意味着每个针对 cerr 的流插入的输出必须立刻显示，这点对于迅速提示用户了解程序发生的错误非常合适。

预定义对象 clog 是一个 ostream 实例，并且和标准错误设备连接，通常也是显示器，有时用户也可以重定向到日志文件。clog 的输出是有缓冲的，这表示每个针对 clog 中的流插入的输出将保存在缓冲区中，直到缓冲区填满或是被清空才会输出。使用缓冲技术可以加强 I/O 的性能。

8.1.2　C++流的主要类及继承层次

在 C++的流库中有许多用于输入/输出的类，表 8.1 列出了主要的类。

表 8.1　流库中的主要类

类名	用处	声明的头文件
ios	输入/输出抽象基类	iostream
istream	通用输入流或其他输入流的基类	iostream
ostream	通用输出流或其他输出流的基类	iostream
iostream	通用输入/输出流或其他输入/输出流的基类	iostream
ifstream	文件输入流类	fstream
ofstream	文件输出流类	fstream
fstream	文件输入/输出流类	fstream

ios 是抽象基类，从它派生出类 istream 和类 ostream，其中第一个字母 i 和 o 分别是输入（input）和输出（output）的缩写。类 iostream 是从类 istream 和类 ostream 以多继承方式继承而来的。其中，istream 支持输入操作，ostream 支持输出操作，iostream 支持输入/输出操作。它们的类继承层次如图 8.1 所示（只是流继承层次的一部分）。

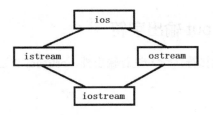

图 8.1　流继承层次（部分）

类 ifstream 和类 ofstream 分别用于 C++文件的输入和输出操作，其中第一个字母 i 和 o 分别是输入和输出的缩写，第二个字母 f 是文件（file）的缩写。类 fstream 同时用于 C++文件的输入和输出操作。其中，类 ifstream 继承自类 istream，类 ofstream 继承自类 ostream，类 fstream 继承自类 iostream。它们的类继承层次如图 8.2 所示（只是流继承层次的一部分）。

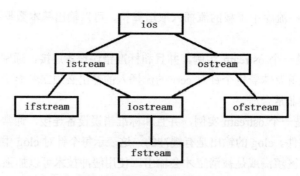

图 8.2　流继承层次（部分）

　　流库中还有一些其他类，但对于一般的用户应用来说，以上的内容已经能够满足了。如果想更加深入详细地了解类库的内容和使用，可参考相关的 C++的类库文献。

8.2　输出流

　　ostream 提供了格式化的和非格式化的输出功能。输出功能包括使用流插入运算符（<<）执行基本数据类型的输出，通过重载流插入运算符（<<）实现用户自定义类型的输出，通过 put()成员函数进行字符输出，通过 write()成员函数进行非格式化的输出，通过流控制符进行格式化的输出。

　　通过流插入运算符（包括用户自定义类型中重载的）进行输出比较简单，前面章节中已经多次使用和解释。基本格式如下：

```
cout<<变量（或常量）;
```

　　其中，cout 是预定义的 ostream 对象，流插入运算符（<<）后面可以是变量也可以是常量。变量类型是基本数据类型或者重载了流插入运算符（<<）的用户自定义类型，常量通常是基本数据类型或字符串。

8.2.1　使用成员函数 put 输出字符

　　除了使用 cout 和流插入运算符（<<）进行输出外，ostream 类还提供了成员函数 put()输出单个字符。如下语句：

```
cout.put('a');
```

　　就是显示单个字符 a，等同于语句：

```
cout<< 'a';
```

　　put()函数也可以级联使用，如下语句：

```
cout.put('a').put('b');
```

　　结果是显示两个字符 ab，等同于语句：

```
cout<< 'a' << 'b';
```

　　put()函数可以级联使用原因是因为函数返回一个 ostream 引用（即 cout 的引用）。put()函数的参数也可以是 ASCII 值，如下语句：

```
cout.put(97);
```

输出的也是字符 a。

8.2.2 使用成员函数 write 非格式化输出

非格式化的输出使用的是 ostream 的 write()成员函数，成员函数 write()则从字符数组中输出字节。这些字节没有经过任何格式化，它们就像原始字节一样输出。如下语句输出 buffer 数组中的前 10 个字符：

```
char buffer [ ]= "HAPPY NEW YEAR";
cout.write( buffer, 10 );
```

write()函数可以控制输出字符的数量，而 cout 和 "<<" 的输出是整个数组。如下语句：

```
cout<<buffer;
```

会输出所有的字符"HAPPY NEW YEAR"。

8.3 流的格式化输出

C++提供多种流控制符来完成格式化的输出。流控制符的功能包括设置字段的宽度、设置精确度、设置和取消格式状态、设置字段的填充字符等。表 8.2 列出了主要的流控制符和它们的作用。

表 8.2 流控制符及其作用

流控制符	作用
dec	设置整数基数为 10（默认的整数基数）
hex	设置整数基数为 16
oct	设置整数基数为 8
setbase(n)	设置整数基数为 n（n 只能选 10、16、8）
setfill(c)	设置填充字符为 c，c 可以是字符变量或字符常量
setw(n)	设置字段宽度为 n（输出值所占的字符位数，或可以输入的最大字符数）
setprecision(n)	设置浮点数精度为 n。在 fixed（固定小数位数）或 scientific（科学记数法）形式下，n 为小数位数；一般形式时，n 是输出的有效数字位数
setiosflags(x)	设置某输出格式状态，x 为输出格式状态标志
resetiosflags(x)	取消设置的某输出格式状态，x 为输出格式状态标志

这些流控制符定义在头文件 iomanip 中，因此使用这些流控制符需要包含头文件 iomanip。除了可以使用流控制符来控制输出的格式，还可以通过流输出对象 cout 调用 ostream 类的控制格式输出的成员函数来实现格式输出。表 8.3 列出了用于控制输出格式的主要流成员函数。

表 8.3　控制输出格式的流成员函数

流成员函数	相同作用的流控制符	作用
fill(c)	setfill(c)	设置填充字符为 c
width(n)	setw(n)	设置字段宽度为 n
precision(n)	setprecision(n)	设置浮点数精度为 n
setf(x)	setiosflags(x)	设置某输出格式状态，x 为输出状态格式标志
unsetf(x)	resetiosflags(x)	取消设置的某输出格式状态，x 为输出状态格式标志

流成员函数 setf(x)、unsetf(x)和流控制符 setiosflags(x)、resetiosflags(x)中的参数 x 表示输出格式状态，通过格式标志来指定。头文件 iostream 中，格式标志在类 ios 中定义为枚举值，因此通常在使用格式标志时要在其前面加"ios::"。格式标志如表 8.4 所示。

表 8.4　设置输出格式状态的格式标志

格式标志	作用
ios::left	本字段范围内左对齐。
ios::right	本字段范围内右对齐。
ios::internal	本字段范围内符号左对齐，数值右对齐，中间用填充字符去填充
ios::dec	整数以十进制显示。
ios::oct	整数以八进制显示。
ios::hex	整数以十六进制显示
ios::showbase	数字的前面显示该数的基数（以 0 开头的表示八进制，以 0x 或 0X 开头的表示十六进制）。
ios::showpoint	浮点数必须显示小数点。
ios::uppercase	显示十六进制数时使用大写字母，并且在用科学记数法表示浮点数时使用大写字母 E。
ios::showpos	在正数前显示加号（+）
ios::scientific	以科学记数法输出显示浮点数。
ios::fixed	以定点小数形式显示浮点数，并指定小数点右边的位数

下面通过一个示例程序来演示如何使用流控制符实现格式化输出。

【示例程序 8.1】使用流控制符实现格式化输出。

```
1    #include <iostream>
2    #include <iomanip>                              // 定义流控制符的头文件
3    using namespace std;
4    int main()
5    {   int number =32;
6        cout<< "使用流控制符实现格式输出" <<endl;
7        cout<< "十进制: " << dec << number <<endl;          // 以十进制输出整数
8        cout<< "十六进制: " << hex << number <<endl;         // 以十六进制输出整数
9        cout<< "八进制: " << oct << number <<endl;           // 以八进制输出整数
10       cout<< "八进制: " <<setbase(8) << number <<endl;// 以八进制输出整数
11       char str[] = "abcdefg";
12       cout<<setw(12) << str <<endl;          // 以字段宽度 12 输出字符串
13       cout<<setfill('*')<<setw(12)<<str<<endl;// 以字段宽度 12 输出字符串，空白处填充"*"
14       double f = 80.0/7.0;
15       cout<<setprecision(6) << f <<endl;      // 输出浮点数，保留 6 位有效数字
16       cout<<setiosflags(ios::fixed)<<setprecision(6)<<f<<endl;// 输出浮点数,保留 6 位小
数(fixed 状态)
```

```
17        return 0;
18  }
```

程序解析：

（1）流控制符需要结合流插入运算符（<<）的使用，都是在"<<"之后插入各种控制符。

（2）流控制符可以连在一起使用，如第 13、16 行，但控制符之间需要用"<<"连接。

本示例程序的运行结果如图 8.3 所示。

```
使用流控制符实现格式输出
十进制: 32
十六进制: 20
八进制: 40
八进制: 40
        abcdefg
*****abcdefg
11.4286
11.428571
```

图 8.3 运行结果

下面通过一个示例程序来演示如何使用流成员函数实现格式化输出。

【示例程序 8.2】使用流成员函数实现格式化输出。

```
1   #include <iostream>
2   using namespace std;
3   int main()
4   {    int number =32;
5        cout<< "使用流成员函数实现格式输出" <<endl;
6        cout.setf(ios::showbase);              // 设置显示基数符号（十六进制和八进制时）
7        cout<< "十进制: " << number <<endl;     // 以十进制输出整数，默认格式为十进制
8        cout.unsetf(ios::dec);                 // 终止十进制格式输出
9        cout.setf(ios::hex);                   // 设置十六进制格式输出
10       cout<< "十六进制: " << number <<endl;   // 以十六进制输出整数
11       cout.unsetf(ios::hex);                 // 终止十六进制格式输出
12       cout.setf(ios::oct);                   // 设置八进制格式输出
13       cout<< "八进制: " << number <<endl;     // 以八进制输出整数
14       cout.unsetf(ios::oct);                 // 终止十六进制格式输出
15       char str[] = "abcdefg";
16       cout.width(12);                        // 设置字段宽度为 12
17       cout<< str <<endl;                     // 输出字符串
18       cout.width(12);                        // 设置字段宽度为 12
19       cout.fill('#');                        // 设置空白处填充"#"
20       cout<< str <<endl;                     // 输出字符串
21       cout.width(12);                        // 设置字段宽度为 12
22       cout.setf(ios::left);                  // 设置左对齐输出
23       cout<< str <<endl;                     // 输出字符串
24       double f = 80.0/7.0;
25       cout.precision(6);                     // 设置浮点数精度
26       cout<< f <<endl;                       // 输出浮点数，保留 6 位有效数字
27       cout.setf(ios::fixed);                 // 设置小数点后为固定位数
28       cout<< f <<endl;                       // 输出浮点数，保留 6 位小数
29       return 0;
30  }
```

程序解析：

（1）流成员函数需要通过对象 cout 调用相应成员函数设置格式状态。

（2）格式状态设置后在取消之前都有效，假如没有第 8 行 cout.unsetf(ios::dec)取消十进制格式

输出，第 9 行的 cout.setf(ios::hex)设置十六进制格式输出不会起作用，也就是后面无论设置什么进制格式输出都只输出十进制格式。

本示例程序的运行结果如图 8.4 所示。

```
使用流成员函数实现格式输出
十进制：32
十六进制：0x20
八进制：040
      abcdefg
#####abcdefg
abcdefg#####
11.4286
11.428571
```

图 8.4　运行结果

从上面两个例子的程序代码可以看出，流控制符是控制当前的输出语句格式，而流成员函数是设置输出格式状态，影响某范围内的输出语句格式。流控制符在头文件 iomanip 中定义，输出类 ostream 及其成员函数在 iostream 中定义。因此，使用流成员函数实现格式化输出不需要包含头文件 iomanip，使用流控制符实现格式化输出则需要包含头文件 iomanip。

8.4　输入流

类 istream 提供了格式化和非格式化输入的功能。C++重载运算符“>>”为流提取运算符，使用流提取运算符实现输入。流提取运算符通常会跳过输入流中的空白字符（例如空格、制表符和换行符）。

输入功能包括使用流提取运算符（>>）执行基本数据类型的输入，通过重载流提取运算符（>>）实现用户自定义类型的输入，通过 get()成员函数输入字符，通过 getline()成员函数输入字符串，通过 read()成员函数进行非格式化的输入。

通过流提取运算符（>>）（包括用户自定义类型中重载的）进行输入比较简单，前面章节中已经使用和解释过。基本格式如下：

```
cin>>变量;
```

其中，cin 是预定义的 istream 对象，流提取运算符（>>）后面跟着变量。变量类型是基本数据类型或者重载了流提取运算符的用户自定义类型。

每个流对象（如 cin）都包含一组状态位来控制流的状态（例如，设置错误状态等）。当输入错误的数据类型时，流提取的错误状态位会被设置，根据这些状态可以判断输入是否成功。

8.4.1　使用成员函数 get 读入字符

类 istream 的成员函数 get()用于读入单字符。该函数有三个版本：无参数的、单个参数的和三个参数的。

无参数的成员函数 get()从指定流读入一个字符（包括空白字符及其他非图形字符，表示文件结束的结束符等）并将这个值作为函数调用的返回值。这个版本的 get()函数在遇到流中的文件尾时返回 EOF 值。

　　单个参数的成员函数 get(ch)从指定流读入一个字符赋值给字符变量 ch。函数读取成功返回非 0 值，如果失败（或遇到文件结束符）则返回 0 值。

　　三个参数的成员函数 get(字符数组或指针，字符数 n, 终止字符) 从指定流读入 n-1 个字符，或遇到终止字符时结束。函数读取成功返回非 0 值，如果失败（或遇到文件结束符）返回 0 值。

　　无参数和单个参数的 get()函数非常相似，区别在于单个参数的 get()可以返回成功或失败的信息。

　　下面通过示例程序来演示 get()函数的使用。

【示例程序 8.3】使用无参数 get()函数读入字符。

```
1    // lz8.3.cpp : 使用 get()函数读入字符
2    #include <iostream>
3    using namespace std;
4    int main()
5    {    char c;
6         cout<<"输入句子:"<<endl;
7         while((c=cin.get()) != EOF )
8             cout.put(c);
9         return 0;
10   }
```

程序解析：

　　（1）第 7 行使用无参数 get()函数读入字符，直到读入 EOF 标志后结束读入。第 8 行使用 put() 函数把读入的字符显示到屏幕上。

　　（2）第 7 行也可以改成单参数的 get()函数：while(cin.get(c) != 0)，执行结果完全一样。

　　（3）键盘输入时，在新的一行输入 Ctrl+Z（"^Z"）得到 EOF 标志。

　　本示例程序的运行结果如图 8.5 所示。

图 8.5　运行结果

　　图 8.5 中第 2 行的"china"是键盘输入回显到显示器上，第 3 行的"china"是 get()函数读入的字符使用 put()函数输出到显示器上，最后一行的"^Z"结束 while 的循环输入。

【示例程序 8.4】使用三参数 get()函数读入字符。

```
1    // lz8.4.cpp : 使用 get()函数读入字符
2    #include <iostream>
3    using namespace std;
4    int main()
5    {    char buf[20];
6         cout<<"输入句子:"<<endl;
7         cin.get(buf, 10, 'z');
8         cout<<buf<<endl;
9         return 0;
10   }
```

程序解析：

　　（1）第 7 行使用 get()函数读入 9 个字符（10-1）到字符数组 buf 里，或者遇到字符"z"结束读入。

（2）第 8 行使用 cout 输出字符数组 buf。

本示例程序的运行结果如图 8.6 所示。

图 8.6　运行结果

图 8.6 中第 2 行是键盘输入回显到显示器，第 3 行是将 get()函数读取到的结果（存放在字符数组 buf 中）输出到显示器。可以看到，读入到字符数组 buf 中的字符数量和通过键盘敲击的字符数量不一样。左边第 3 行最后输出了 9 个字符（因为函数第 2 个参数是 10），右边第 3 行最后输出了 3 个字符，因为键盘输入的第 4 个字符是终止字符"z"。

8.4.2　使用成员函数 getline 读入一行字符

类 istream 的成员函数 getline()用于读入一行字符，其定义与用法和带三个参数的 get()函数类似，即 getline(字符数组或指针，字符数 n，终止字符)。下面通过一个示例程序来演示 getline()函数的使用，并比较和使用流提取运算符（>>）输入的区别。

【示例程序 8.5】使用 getline()函数读入一行字符。

```
1    // lz8.5.cpp : 使用 getline()函数输入一行字符
2    #include <iostream>
3    using namespace std;
4    int main()
5    {    char str[30];
6         cout<< "输入语句: " <<endl;
7         cin.getline(str,30,'/');              // 读入 29 个字符或遇到 "/" 结束
8         cout<< "str:" << str <<endl;
9         cout<< "输入语句: " <<endl;
10        cin>> str;
11        cout<< "str:" << str <<endl;
12        return 0;
13   }
```

程序解析：

（1）第 7 行使用 getline()函数输入一行字符到字符数组 str 里，最多 29 个字符（30-1）或遇到字符"/"结束，第 8 行输出字符数组 str。

（2）第 10 行使用流提取运算符（>>）输入一行字符到字符数组 str 里，第 11 行输出字符数组 str。

本示例程序的运行结果如图 8.7 所示。

图 8.7　运行结果

图 8.7 中第 2、5 行是键盘输入回显到显示器，第 3 行是 getline()函数的读取结果输出到显示器，第 6 行是流提取运算符的输入结果输出到显示器。可以看出键盘输入的两行完全一样，但输出就不

一样了。因为，getline()函数遇到终止字符"/"才结束输入（不超最大长度），而流提取运算符遇到空格就会结束，这就是二者最大的区别。所以，当需要输入字符串时，选择 getline()可能更好些。

8.4.3　使用成员函数 read 非格式化输入

非格式化输入使用的是 istream 的 read()成员函数。read()成员函数将指定数量的字符读入到字符数组中，成员函数 gcount()返回最近一次输入操作所读取的字符数量。例如：

```
char buffer [50];
cin.read( buffer,20 );
int n =cin.gcount();
```

上面的程序代码表示使用 read()函数读入最多 20 个字符到 buffer 数组中，read()函数可以控制输入字符的最大数量，而 cin 和 ">>"的输入无法控制最大数量。gcount()函数返回上一次实际输入的字符数量。

8.4.4　成员函数 peek、putback 和 ignore

istream 的成员函数 peek()将返回输入流中的下一个字符，但并不将它从流里删除，也就是只观测下一个字符，读取指针位置不会移动。

成员函数 putback()将前面使用 get()函数从输入流里获得的字符再放回到流中。这个函数对于扫描搜索以特定字符开头的字段很有用。当搜索到该字符被输入时，应用程序将其放回到流中，这样就可以在输入数据中包含该字符。

成员函数 ignore()读取并丢弃一定数量的字符（默认为 1 个字符），或是遇到指定分隔符时停止（默认分隔符为 EOF，它使得 ignore()在读取文件时跳过文件尾）。

8.5　文件流和文件处理

变量和数组中数据的存储都是临时性的。文件是用来永久保存数据的，即永久地保存大量数据。计算机将文件存储在外存储设备中，比如硬盘、光盘、磁盘和磁带等。在本节中，将介绍如何编写 C++程序来创建、更新和处理数据文件，并同时考虑顺序或随机存取文件。

8.5.1　文件和流

C++将每个文件看作字节序列，每个文件都以一个文件结束符（end-of-file）或以存储的数据结构中的一个特定字节数作为结尾。根据文件中数据的组织形式，文件可分为 ASCII 文件和二进制文件。ASCII 文件又称为文本文件或顺序文件，文件中每个字节存放一个 ASCII 码，表示一个字符。二进制文件又称为内部格式文件或字节文件，文件以二进制形式存放数据，数据和内存存储格式一样。

二进制文件以低层次的格式保存数据，数据不直观。而 ASCII 文件以高层次的格式保存数据，数据比较直观。ASCII 文件的缺点是可能会影响效率，因为计算机处理的数据最终都要转换为二进制格式（也就是 0 和 1），所以从 ASCII 文件读入数据到内存或从内存保存数据到 ASCII 文件，都要花费时间去转换，而二进制文件不需要进行转换。

当打开一个文件或是创建一个对象时，就将一个流关联到这个对象上。在头文件<iostream>中，创建了流对象 cin 和 cout，与这两个对象关联的流只能处理和标准设备之间的输入/输出。比如，cin 对象（标准输入流对象）允许一个程序从键盘输入数据，cout 对象（标准输出流对象）允许一个程序将数据输出到屏幕上。但不能处理以文件为对象的输入/输出，需要另外定义以文件为对象的输入/输出流。

文件流是以外存（如硬盘、光盘）文件为输入/输出对象的数据流。输出文件流是从内存流向外存文件的数据，输入文件流是从外存文件流向内存的数据。

头文件<fstream>定义了和文件操作相关的文件流类：

- ifstream 类，从 istream 类派生，用来从文件读入（输入）数据。
- ofstream 类，从 ostream 类派生，用来向文件写入（输出）数据。
- fstream 类，从 fstream 类派生，用来读写（输入输出）文件数据。

因此，使用文件流操作文件需要包含头文件<fstream>。另外，从图 8.2 中可以看到这些类的继承层次。

由于文件操作的情况各异，所以不能像标准输入/输出流那样统一定义流对象 cin 和 cout，必须由用户根据情况使用上面三个类来定义文件流对象。后文将具体描述如何使用文件流类操作文件。

8.5.2　文件创建、打开与关闭

用户首先需要创建文件用于保存数据，对于已经存在的文件可以打开后进行输入/输出操作，所有打开的文件在操作完毕后需要关闭。

打开文件是进行文件读写操作之前需要完成的必要工作，包括：

（1）将文件流对象和指定文件建立关联。
（2）指定文件的工作方式，包含：文件是 ASCII 文件还是二进制文件；文件操作是输入还是输出，或者输入输出都有。

打开文件时如果文件不存在就创建文件。打开文件有两种实现方法：

（1）调用文件流的成员函数 open 来打开文件，但要先创建文件流的对象（不需要参数）。
（2）创建文件流对象时指定相关参数打开文件。

下面通过表 8.5 来对比这两种方法。

表 8.5　文件流打开文件的两种方法的对比

读写方式	使用成员函数 open	创建对象时打开文件

写入数据	ofstream outFile; // 创建输出流对象
	outFile.open("student.dat", ios::out);
		ofstream outFile("student.dat", ios::out);

读取数据	ifstream inFile;// 创建输入流对象
	inFile.open("student.dat", ios::in);
		ifstream inFile("student.dat", ios::in);

读写数据	fstream file;// 创建流对象
	file.open("student.dat", ios::in|ios::out);
		fstream file("student.dat", ios::in|ios::out);

通过表 8.5 的对比可以看出，创建对象时打开文件的代码更简洁。下面的表 8.6 列出文件流的有参数构造函数和 open 函数的定义。

表 8.6　文件流的构造函数和 open 函数的定义

文件流	构造函数	open 函数
ofstream	ofstream(constchar*szName, int nMode=ios::out, int nProt=filebuf::openprot);	void open(const char* szName, int nMode = ios::out, int nProt = filebuf::openprot);
ifstream	ifstream(const char* szName, int nMode = ios::in, int nProt = filebuf::openprot);	void open(const char* szName, int nMode = ios::in, int nProt = filebuf::openprot);
fstream	fstream(constchar*szName, int nMode=ios::in | ios::out, int nProt=filebuf::openprot);	void open(const char* szName, int nMode = ios::in | ios::out, int nProt = filebuf::openprot);

从表 8.6 的定义可以看出构造函数和 open 函数的参数完全一样，而且第 2、3 个函数都有默认参数，因此很多情况下，在打开文件时只需要指定文件名。

上述函数中第 2 个参数 nMode 表示文件的打开模式，具体的打开模式是在 ios 类中定义的枚举常量，详细内容如表 8.7 所示。

表 8.7　文件的打开模式

模式	说明
ios::in	打开一个文件作为输入文件
ios::out	打开一个文件作为输出文件
ios::app	将输出数据添加到文件的结尾
ios::ate	打开一个文件作为输出文件，并移动文件指针到文件尾
ios::trunc	如果文件有内容则将文件内容全部删除（这是 ios::out 的默认设置）
ios::binary	打开一个文件以二进制方式输入/输出，如不指定此方式则默认为 ASCII 方式

另外，文件流类里定义了函数 is_open()，通过该函数可以检查文件打开是否成功，该函数定义如下：

```
int is_open() const;
```

函数返回值为非 0 表示打开成功，返回值为 0 表示失败。

对打开的文件进行读写操作完成后，应当关闭文件。关闭文件使用文件流的成员函数 close()，例如：

```
outFile.close();
```

关闭文件就是解除文件流对象和文件的关联，此时就不能使用文件流对文件进行输入或输出。

8.5.3　ASCII 文件的操作

ASCII 文件就是文本文件，文件数据以字符形式保存。文件打开时模式参数如果没选择 ios::binary，就表示是 ASCII 文件，也就是说文件打开的默认模式为 ASCII 文件。另外，模式参数也可以选择输出文件（ios::out）或输入文件（ios::in），相对应的是写入或读取操作。

文件打开后就可以对文件进行读写操作。对 ASCII 文件的写入有两种方法：

（1）使用 ofstream 流对象结合流插入运算符（<<）可以将数据写入 ASCII 文件。

（2）使用类 ofstream 的成员函数 put()、write()也可以将数据写入 ASCII 文件。

因为在类 ostream 中重载了流插入运算符（<<）以及定义了成员函数 put()、write()，而类 ofstream 是由 ostream 派生来的，所以 ofstream 对象可以使用继承来的流插入运算符（<<）和成员函数 put()、write()。

对 ASCII 文件的读取也有两种方法：

（1）使用 ifstream 流对象结合流提取运算符（>>）可以读取 ASCII 文件的数据。

（2）使用类 ifstream 的成员函数 get()、getline()、read()也可以读取 ASCII 文件的数据。

因为在类 istream 中重载了流提取运算符（>>）以及定义了成员函数 get()、getline()、read()，而类 ifstream 是由类 istream 派生来的，所以 ifstream 对象可以使用继承来的流提取运算符（>>）和成员函数 get()、getline()、read()。

前面已经介绍过标准输出流对象 cout 结合流插入运算符（<<）或调用成员函数 put()、write() 输出数据到屏幕，也介绍过标准输入流对象 cin 结合流提取运算符（>>）或调用成员函数 get()、getline()、read()从键盘输入数据。ASCII 文件的读取操作基本与之类似，只是需要用户创建和 ASCII 文件相关联的流对象。下面通过示例程序来演示如何读写 ASCII 文件。

【示例程序 8.6】从键盘输入学生信息（学号、姓名、班级）并保存到 ASCII 文件中，然后从 ASCII 文件中读入学生信息并显示到屏幕。

```
1    // lz8.6.cpp : 读写 ASCII 文件
2    #include <iostream>
3    #include <fstream>
4    using namespace std;
5    void writefile()
6    {    cout<< "学生信息写入文件" <<endl;
7         char szId[15];
8         char szName[20];
9         char szClass[15];
10        ofstreamoutFile("student.dat",ios::out);
11        if( outFile.is_open() )
12        {    cout<< "学号: ";
13             cin>>szId;
14             cout<< "姓名: ";
15             cin>>szName;
16             cout<< "班级: ";
17             cin>>szClass;
18             outFile<<szId<<"  "<<szName<< "  " <<szClass<<endl;
19             outFile.close();
20        }
21    }
22    void readfile()
23    {    cout<< "从文件读取学生信息" <<endl;
24         char szId[15];
25         char szName[20];
26         char szClass[15];
27         ifstreaminFile("student.dat",ios::in);
28         if( inFile.is_open() )
29         {    inFile>>szId>>szName>>szClass;
30              inFile.close();
```

```
31            cout<< "学号：" <<szId<< "  姓名：" <<szName<< "   班级：" <<szClass<<endl;
32        }
33    }
34    int main()
35    {    writefile();
36         readfile();
37         return 0;
38    }
```

程序解析：

（1）第 5~21 行的函数 writefile()从键盘输入学生信息（第 12~17 行），然后写入文件（第 18 行）。

- 第 10 行创建 ofstream 对象并打开 ASCII 文件 student.dat 用于输出，文件 student.dat 如果不存在则创建该文件。
- 第 11 行调用成员函数 is_open()判断文件打开是否成功。
- 第 18 行使用 ofstream 对象 outFile 结合流插入运算符（<<）输出数据到文件，数据之间使用空格符分隔。
- 第 19 行调用成员函数 close()关闭文件。

（2）第 22~33 行的函数 readfile()从文件读入学生信息（第 29 行），然后显示在屏幕上（第 31 行）。

- 第 27 行创建 ifstream 对象并打开 ASCII 文件 student.dat 用于输入。
- 第 28 行调用成员函数 is_open()判断文件是否成功打开。
- 第 29 行使用 ifstream 对象 inFile 结合流提取运算符（>>）从文件输入数据。
- 第 30 行调用成员函数 close()关闭文件。

本示例程序的运行结果如图 8.8 所示。

```
学生信息写入文件
学号：1001
姓名：张雷
班级：计21-1
从文件读取学生信息
学号：1001   姓名：张雷    班级：计21-1
```

图 8.8　运行结果

图 8.8 中第 2、3、4 行是从键盘输入的数据，第 6 行是从文件读取并输出到屏幕的数据。

示例程序 8.6 演示了如何使用文件流对象结合流提取运算符和流插入运算符实现文件的读写。下面一个示例程序则演示如何使用文件流对象调用成员函数实现文件的读写。

【示例程序 8.7】从键盘输入学生信息（学号、姓名、班级）并保存到 ASCII 文件中，然后从 ASCII 文件中读入学生信息显示到屏幕。

```
// lz8.7.cpp : 读写ASCII文件
#include <iostream>
#include <fstream>
using namespace std;
void putline(ofstream& out, char* szLine)
{    int length = strlen(szLine);
     for(int i = 0; i<length; i++)
```

```
8              out.put(szLine[i]);
9     }
10    void writefile()
11    {    cout<< "学生信息写入文件" <<endl;
12         char szId[15];
13         char szName[20];
14         char szClass[15];
15         ofstream outFile("student.dat",ios::out);
16         if( outFile.is_open() )
17         {    cout<< "学号: ";
18              cin.getline(szId,15,'\n');
19              cout<< "姓名: ";
20              cin.getline(szName,20,'\n');
21              cout<< "班级: ";
22              cin.getline(szClass,15,'\n');
23              putline(outFile, szId);
24              putline(outFile, ";");
25              putline(outFile, szName);
26              putline(outFile, ";");
27              putline(outFile, szClass);
28              putline(outFile, "\n");
29              outFile.close();
30         }
31    }
32    void readfile()
33    {    cout<< "从文件读取学生信息" <<endl;
34         char szId[15];
35         char szName[20];
36         char szClass[15];
37         ifstream inFile("student.dat",ios::in);
38         if( inFile.is_open() )
39         {    inFile.getline(szId,15,';');
40              inFile.getline(szName,20,';');
41              inFile.getline(szClass,15,'\n');
42              inFile.close();
43              cout<< "学号: " <<szId<< "  姓名: " <<szName<< "  班级: " <<szClass<<endl;
44         }
45    }
46    int main()
47    {    writefile();
48         readfile();
49         return 0;
50    }
```

程序解析:

（1）第 5~9 行的函数 putline()输出字符串到文件，流成员函数 put()只能输出一个字符，利用 put()函数实现 putline()函数去输出字符串。

（2）第 10~31 行的函数 writefile()从键盘输入学生信息，然后写入文件。

- 第 17~22 行，调用成员函数 getline()从键盘读入学生信息。
- 第 23~28 行调用 putline()函数将数据写入文件（实质是调用成员函数 put()）。数据之间使用 ";" 作为分隔。
- 第 32~45 行的函数 readfile()从文件读入学生信息，然后显示在屏幕上（第 43 行）。
- 第 39~41 行使用成员函数 getline()从文件读入数据，使用 ";" 作为终止字符。

本示例程序的运行结果如图 8.9 所示。

```
学生信息写入文件
学号：1001
姓名：李雷
班级：计21-1
从文件读取学生信息
学号：1001　姓名：李雷　班级：计21-1
```

图8.9　运行结果

示例程序 8.7 的程序运行结果和示例程序 8.6 的运行结果完全一致。因为成员函数 put()只能输出字符，所以利用 put()实现了输出字符串函数 putline()。使用 getline()和使用流提取运算符输入字符串有点不一样，流提取运算符不会将空格读入字符串，而 getline()会将空格读入字符串，所以使用成员函数 getline()从文件读取数据时尽量不要使用空格作为终止字符（比如，上面例子就使用";"为终止字符）。

8.5.4　二进制文件的操作

一个文件通常会保留比较多的数据,这些数据由多条信息组成。但 ASCII 文件数据是字符形式,因此每条信息的长度可能不一样。比如学生信息，姓名、班级名的长度会不一样，甚至学号的长度也可能不一样，导致每条学生的信息长度不是固定的。这样会带来一个问题，在文件保存的众多信息中较难快速定位某条信息。因此，为了解决这个问题，通常使用二进制文件保存数据，并让每条信息保持固定的长度，然后利用文件指针的移动在文件中快速定位某条信息。

二进制文件也是需要先打开文件才能进行其他操作。文件打开时模式参数选择 ios::binary 就表示是二进制文件。另外，模式参数可以选择输出文件（ios::out）或输入文件（ios::in），相对应的是写入或读取操作。这两种参数可使用位的或运算符（|）组合在一起。

二进制文件打开后，可以分别使用成员函数 read()和 write()读取和写入文件。这两个函数的原型如下:

```
istream & read( char* pch, int nCount );
ostream & write( const char* pch, int nCount );
```

字符指针 pch 指向内存中的某段存储空间，用于保存读取的数据或写入的数据；nCount 代表要读取或写入的字节数。

下面通过一个示例程序来演示如何读写二进制文件，还是和上一节的例子一样保存学生信息。

【示例程序 8.8】将学生信息（学号、姓名、班级）保存到二进制文件中，然后从二进制文件中读入学生信息显示到屏幕。

```
1    // lz8.8.cpp  : 读写二进制文件
2    #include <iostream>
3    #include <fstream>
4    using namespace std;
5    struct Student
6    {   char szId[15];
7        char szName[20];
8        char szClass[15];
9    };
10   void writefile()
11   {   cout<< "学生信息写入文件" <<endl;
12       Student stu[3] = {"1001","李雷","计21-1", "1002","张大伟","信安21-1",
"1003","王军","通信21-1"};
13       ofstream outFile("student.dat",ios::binary|ios::out);
14       if( outFile.is_open() )
```

8

```
15        {      for(int i = 0; i< 3; i++)
16                   outFile.write((char*)&stu[i], sizeof(Student));
17             outFile.close();
18             cout<< "写入文件成功" <<endl;
19        }
20   }
21   void readfile()
22   {    cout<< "从文件读取学生信息" <<endl;
23        Student stu[3];
24        ifstream inFile("student.dat",ios::binary|ios::in);
25        if( inFile.is_open() )
26        {    for(int i = 0; i< 3; i++)
27                   inFile.read((char*)&stu[i], sizeof(Student));
28             inFile.close();
29             for(int i = 0; i< 3; i++)
30                   cout<<"学号: "<<stu[i].szId<<" 姓名: "<<stu[i].szName<<" 班级: "
<<stu[i].szClass<<endl;
31        }
32   }
33   int main()
34   {    writefile();
35        readfile();
36        return 0;
37   }
```

程序解析：

（1）第 5~9 行定义结构 Student，结构包括学生的学号、姓名、班级，结构大小是固定的。

（2）第 10~20 行的函数 writefile()将学生信息写入二进制文件。

- 第 13 行创建 ofstream 对象并打开二进制文件 student.dat 用于输出，如果文件 student.dat 不存在则创建该文件。
- 第 14 行调用成员函数 is_open()判断文件是否成功打开。
- 第 12 行定义了 Student 数组 stu[3]，并初始化学生信息。
- 第 15、16 行使用 ofstream 对象 outFile 调用成员函数 write()循环输出数据到文件。
- 第 17 行调用成员函数 close()关闭文件。

（3）第 21~32 行的函数 readfile()从二进制文件读入学生信息，然后显示在屏幕上。

- 第 24 行创建 ifstream 对象并打开二进制文件 student.dat 用于输入。
- 第 25 行调用成员函数 is_open()判断文件是否成功打开。
- 第 26、27 行使用 ifstream 对象 inFile 调用成员函数 read()从文件循环读入数据到结构数组 stu。第 28 行调用成员函数 close()关闭文件。
- 第 29、30 行循环输出学生信息到屏幕。

本示例程序的运行结果如图 8.10 所示。

```
学生信息写入文件
写入文件成功
从文件读取学生信息
学号: 1001 姓名: 李雷 班级: 计21-1
学号: 1002 姓名: 张大伟 班级: 信安21-1
学号: 1003 姓名: 王军 班级: 通信21-1
```

图 8.10　运行结果

图 8.10 中第 4、5、6 行输出了 3 个学生的信息，可以看出这 3 个学生的信息长度是不一样的，但在二进制文件 student.dat 中是以同样长度（结构 Student 的大小）来保存的。

在文件中有一个文件定位指针（也称文件位置标记），来指明当前进行读写的位置。文件每读取或写入一个字节，该定位指针就后移一个字节。对于二进制文件，用户可以控制文件定位指针，将其移动到需要的位置，在该位置上进行读写操作。文件流提供了一些有关文件定位指针的成员函数，二进制文件通过文件定位指针相关的成员函数可以进行文件的随机读写操作，具体说明如表 8.8 所示。

表 8.8　与文件定位指针相关的成员函数

成员函数	作用
gcount()	返回一次输入所读取的字节数
tellg	返回输入文件定位指针的当前位置
tellp	返回输出文件定位指针的当前位置
seekg(文件指针位置)	将输入文件的文件定位指针移动到指定位置
seekg(偏移量，参照位置)	将输入文件的定位指针以参照位置为基础按偏移量移动，偏移量正负数都可以，正数是向文件尾移动，负数是向文件头移动。 参照位置有三种情况：ios::beg 表示文件开始位置，ios::cur 表示文件当前位置，ios::end 表示文件结束位置
seekp(文件指针位置)	将输出入文件的文件定位指针移动到指定位置
seekp(偏移量，参照位置)	将输出文件的定位指针以参照位置为基础按偏移量移动

注意：表 8.8 中的成员函数，第一个字母或最后一个字母为 g 代表针对的是输入文件（g=get），最后一个字母为 p 代表针对的是输出文件（p=put）。

类 fstream 打开文件时模式参数可以同时选择既是输出也是输入文件（ios::out|ios::in）。因为二进制文件中每条信息长度固定时，可以快速定位某条信息，如果打开文件时同时为输出和输入，这样有利于对文件进行某些操作，比如更新某条信息。

下面通过一个示例程序来演示如何对已经存在的文件数据进行更新，在示例程序 8.8 保存的文件 student.dat 的数据基础上更新某些信息。

【示例程序 8.9】将示例程序 8.8 保存的文件中的学号在原学号后面加字符"A"，再保存到文件。

```
1    // lz8.9.cpp ：更新二进制文件
2    #include <iostream>
3    #include <fstream>
4    using namespace std;
5    struct Student
6    {   char szId[15];
7            char szName[20];
8            char szClass[15];
9    };
10   void updatefile()
11   {   cout<< "修改文件的学生信息" <<endl;
12       Student stu[3];
13       int size = sizeof(Student);
14       fstream ioFile("student.dat", ios::binary|ios::in|ios::out);
15       if( ioFile.is_open() )
16       {   for(int i = 0; i< 3; i++)
17           {   ioFile.read((char*)&stu[i], size);
18               strcat(stu[i].szId,"A");
19           }
```

```
20              ioFile.seekp(0, ios::beg);
21              for(int i = 0; i< 3; i++)
22                  ioFile.write((char*)&stu[i], size);
23              ioFile.close();
24              cout<< "修改文件成功" <<endl;
25      }
26  }
27  void readfile()
28  {   cout<< "从文件读取学生信息" <<endl;
29      Student stu[3];
30      ifstream inFile("student.dat", ios::binary|ios::in);
31      if( inFile.is_open() )
32      {   for(int i = 0; i< 3; i++)
33          inFile.read((char*)&stu[i], sizeof(Student));
34          inFile.close();
35          for(int i = 0; i< 3; i++)
36              cout<<"学号: "<<stu[i].szId<< " 姓名: " <<stu[i].szName<< " 班级: "
    <<stu[i].szClass<<endl;
37      }
38  }
39  int main()
40  {   updatefile();
41      readfile();
42      return 0;
43  }
```

程序解析:

(1)第 10~26 行的函数 updatefile()将更新学生信息并写入二进制文件。

- 第 14 行创建 fstream 对象并打开二进制文件 student.dat 用于输入输出。
- 第 15 行调用成员函数 is_open()判断文件是否成功打开。
- 第 17 行使用 fstream 对象 ioFile 调用成员函数 read()从文件读入数据到结构数组 stu。
- 第 18 行再原学号后面添加字符 "A"。
- 第 20 行将文件定位指针移动到文件开始位置。
- 第 21、22 行将已经修改好的学生信息使用 fstream 对象 ioFile 调用成员函数 write()写入文件。

(2)第 41 行调用函数 readfile()从更新后的文件中读取学生信息显示在屏幕上。

本示例程序的运行结果如图 8.11 所示。

```
修改文件的学生信息
修改文件成功
从文件读取学生信息
学号: 1001A 姓名: 李雷 班级: 计21-1
学号: 1002A 姓名: 张大伟 班级: 信安21-1
学号: 1003A 姓名: 王军 班级: 通信21-1
```

图 8.11 运行结果

从图 8.11 中的第 4、5、6 行可以看出文件信息已经按需求更新了。

提示 只有使用类 fstream 创建的对象打开的文件才能既可以输入也可以输出。

8.6　本章小结

本章概述了 C++如何使用流来进行输入、输出：介绍了 I/O 流的类和对象，以及 I/O 流的类继承层次；介绍了使用 put()、write()函数实现 ostream 的格式化和非格式化输出功能，使用函数 get()、getline()和 read()实现 istream 的格式化和非格式化的输入功能；介绍了完成格式化任务的流控制符和成员函数；演示了各种文件处理技术来保存永久的数据；最后，介绍了如何使用文件流处理 ASCII 文件，以及如何使用二进制文件来随机操作固定长度的信息。

总结

- C++的 I/O 是以流的方式进行，流是一个字节序列。
- <iostream>头文件声明了所有的 I/O 流操作。
- <iomanip>头文件声明了参数化的流控制符。
- <fstream>头文件声明了文件处理操作。
- 左移运算符（<<）重载用于流的输出，称为流插入运算符。
- 右移运算符（>>）重载用于流的输入，称为流提取运算符。
- istream 的对象 cin 被连接到标准输入设备，通常是键盘。
- ostream 的对象 cout 被连接到标准输出设备，通常是显示器。
- C++编译器自动判定输入和输出的数据类型。
- 使用成员函数 read()和 write()进行非格式化的 I/O 操作。它们从指定的内存地址开始输入或输出一定数量的字节，这些输入或输出的原始字节是非格式化的。
- C++将每个文件看作字节序列流。
- 在 ASCII 文件中，数据以字符形式存放。
- 对于一个 ofstream 对象，文件打开模式可以是用 ios::out 将数据输出到一个文件，ofstream 对象默认为输出打开。
- ofstream 的成员函数 open()打开一个文件并将它关联到一个已存在的 ofstream 对象。
- 对于一个 ifstream 对象，文件打开模式可以是用 ios::in 从一个文件输入数据，ifstream 对象默认为输入打开。
- ifstream 的成员函数 open()打开一个文件并将它关联到一个已存在的 ifstream 对象。
- 可以使用成员函数 close()来关闭 ofstream 或 ifstream 对象。
- istream 和 ostream 都提供了成员函数来重新定位文件定位指针。在 istream 中，这个成员函数为 seekg（seekget）；在 ostream 中，这个成员函数为 seekp（seekput）。
- 文件移动方向可以是：ios::beg（默认），文件的起始位置；ios::cur 定位文件的当前位置；ios::end 定位文件的结尾位置。
- 成员函数 tellg()和 tellp()分别用来返回当前"get"和"put"指针的位置。
- 可以直接（快速）访问二进制文件的单条信息而不需要查找其他信息。
- ofstream 的成员函数 write()从内存中指定位置开始输出一定数目的字节到指定的文件。

8

- ifstrearm 成员函数 read()从指定文件将一定数目的数据读入到内存中的指定位置。

本章习题

1. 填空题。

（1）头文件_____声明了流控制符。

（2）文件流 fstream、ifstream 和 ofstream 的成员函数_____可以关闭一个文件。

（3）在_____文件中，数据是按字符存放。

（4）istream 的成员函数_____可以从指定的流读取一个字符。

（5）文件流 fstream、ifstream 和 ofstream 的成员函数_____可以打开一个文件。

（6）ifstream 的成员函数____通常用来从二进制文件读取数据。

（7）ifstream 和 ofstream 的成员函数_____和_____可分别将输入和输出流的文件定位指针设置到指定位置。

（8）打开文件时，如果模式参数选择_____，表示打开的是二进制文件。

（9）头文件<iostream>中声明的标准流对象有_____、_____、cerr 和 clog。

（10）ifstream 的成员函数____可以获得文件定位指针的当前位置。

2. 在示例程序 8.8 的基础上，读取文件 student.dat 的数据，然后按下面格式输出到屏幕。

```
----------------------------------------
学号        姓名        班级
----------------------------------------
1001        李雷        计 21-1
1002        张大伟      信安 21-1
1003        王军        通信 21-1
----------------------------------------
```

3. 编写代码实现下面的任务：

（1）从键盘输入 5 个整数，然后创建 ASCII 文件 f1.dat，将数据保存在 f1.dat 中。

（2）从文件 f1.dat 中读入数据，然后按升序排列，最后将排列结果保存在 ASCII 文件 f2.dat 中。

4. 编写代码实现下面的任务：

（1）从键盘输入 5 个浮点数，然后将数据保存在二进制 f1.bin 中。

（2）从文件 f1.bin 中读入数据，然后按升序排列，将排列结果保存在文件 f1.bin 中。

第 9 章

异常处理和命名空间

本章学习目标

- 什么是异常，以及什么时候会用到它
- 运用 try、catch 和 throw 分别去检查、捕获和抛出异常
- 什么是命名空间，以及如何使用命名空间

在本章中，我们将介绍异常处理（Exception Handling），异常特性使得程序员可以写出健壮和有容错能力的程序。本章还将介绍命名空间，通过使用命名空间解决名字相同造成的名字冲突问题。

9.1 异常处理

程序员的理想是希望自己编写的程序代码以及程序的执行结果完全正确。但现实中这几乎是不可能的，因此程序员应该考虑如何在程序出现错误时能尽快发现并改正错误。

程序常见错误通常分为两类：语法错误和运行错误。语法错误在编译时都能发现，而且基本会给出错误产生的原因，因此比较容易改正。运行错误在程序执行过程中出现且有时比较隐蔽不容易发现。

本节将介绍异常的基本概念以及 C++ 的异常处理机制，并通过例子演示异常处理方法的使用。

9.1.1 异常概述

程序运行时出现的问题称为"异常"。它的名字"异常"也就说明了这个问题出现的概率很小。如果"规则"是指一条语句在正常情况下会正确执行，那么"规则异常"则指执行时产生了问题。异常处理是指对程序运行时出现的错误或其他例外情况的处理，异常处理机制使得程序员能够编写代码来解决（或处理）这些异常。在很多情况下，在处理异常的同时还应该让程序继续运行，就像没有遇到异常一样。异常的特性是让程序员可以写出健壮和有容错能力的程序。这些程序能够处理在运行中出现的异常，并且使得程序能够继续运行或者终止。

如果没有异常处理机制，程序逻辑如果要考虑错误处理，则通常对程序执行结果进行条件测试，以此决定下一步怎样执行。考虑以下的伪代码：

```
    执行一个任务
如果这个任务执行错误
则执行错误处理
    执行下一个任务
如果这个任务执行错误
则执行错误处理
    ...
```

在这段伪代码里。我们首先执行一个任务，然后测试这个任务在执行时是否出现错误。如果有错误，则执行错误处理，否则，我们将继续执行下一个任务。虽然这样的错误处理方式是可行的，但是这种将程序任务逻辑和错误处理逻辑混合在一起的做法，将会使整个程序比较难以阅读、调试、修改和维护，尤其是在大型的应用程序里。

如果潜在的某个错误很少发生，那么将程序任务逻辑和错误处理逻辑混合在一起的做法将会降低程序的性能，因为程序需要频繁执行测试来判断任务是否正确执行。而异常处理使程序员能够将错误处理代码从程序执行的"主流程"中分离出来，这样能提高程序的清晰度，以及让程序更易于修改。程序员能够决定处理他们选择的任何异常：所有异常、某一类型的异常等。这种灵活性降低了程序代码中忽视错误的可能性，因而使程序更加健壮。

如果编程语言不支持异常处理，那么使用它的程序员常常会延迟编写错误处理，最后有可能会忘记编写，这将导致整个软件的健壮性降低。而 C++使程序员能够在一个项目的开始阶段就着手异常处理的工作。

9.1.2 异常处理机制

在介绍 C++的异常处理机制之前，先看一个例子：将分数计算转换为浮点数，即用分子除以分母，但分母不能为 0。定义如下函数来完成这个功能：

```
double quotient(int numerator, int denominator)
```

其中参数 numerator、denominator 分别表示分子、分母，返回值是浮点数的分子除以分母得到的商。因为分母不能为 0，所以求商之前需要判断分母是否为 0，如为 0 就要进行错误处理。通常函数出错的处理方法可能是返回某个约定值（比如-1），但这个函数比较特殊，因为返回任何值都可能是正常的分子除以分母的商。因此在示例程序 9.1 中通过抛出一个描述错误的字符串来处理这个错误（这就是抛出异常，后文会详细介绍）。

【示例程序 9.1】实现一个函数将分数计算转换为浮点数，计算之前判断分母是否为 0，为 0 则处理错误。

```
1    // lz9.1.cpp ：将分数计算转换为浮点数
2    #include <iostream>
3    using namespace std;
4    double quotient(int numerator, int denominator)
5    {    if( denominator == 0 ) throw "除数不能为 0!";
6         return numerator*1.0/denominator;
7    }
8    int main()
```

```
9    {    int num1, num2;
10        cout<< "输入两个整数(分子、分母): " ;
11        cin>> num1 >> num2;
12        cout<< "商为: " << quotient(num1, num2) <<endl;
13        return 0;
14   }
```

程序解析：

（1）第 4~7 行定义函数 quotient()，其中传入参数是整型的分子和分母，返回值是用分子除以分母得到的浮点数的商。

（2）第 5 行判断分母是否为 0，如果为 0 则抛出（throw）描述错误的语句"除数不能为 0!"。

（3）第 11 行从键盘输入两个整数，分别为分子和分母，第 12 行调用函数 quotient()返回转换后的浮点数。

本示例程序的运行结果如图 9.1 所示。

输入两个整数<分子、分母>: 1 4
商为: 0.25

（a）正常情况

（b）错误情况

图 9.1　运行结果

图 9.1（a）是正常情况：分子为 1、分母为 4，转换结果为 0.25。

图 9.1（b）是错误情况：分母为 0 时函数 quotient()抛出异常，但主函数中没处理异常，因此系统会弹出提示对话框，提示有"未处理的异常"，然后程序退出。

下面将主函数中的代码修改一下，加入异常处理，看看执行结果会有什么变化。

```
1    // lz9.1.cpp : 加入异常处理
2    int main()
3    {    int num1, num2;
4        cout<< "输入两个整数(分子、分母): " ;
5        cin>> num1 >> num2;
6        try {
7            cout<< "商为: " << quotient(num1, num2) <<endl;
8        }
9        catch(char* ){
10            cout<< "计算出错!";
11        }
12        return 0;
13   }
```

程序解析：

第 6~11 行加入异常处理的代码，如果捕获异常则输出提示错误语句"计算出错!"（第 10 行）。

本示例程序的运行结果如图 9.2 所示。

```
输入两个整数〈分子、分母〉: 1 0
计算出错!
```

图 9.2　运行结果

图 9.2 是加入异常处理代码后程序执行的结果。当分母为 0 的时候，会输出报错语句，程序继续执行下一步，不会弹出图 9.1（b）的提示对话框。因此可以看到加入异常处理后增强了程序的容错性。另外各个子函数抛出异常后可以集中在主函数中统一处理。

下面详细介绍 C++的异常处理机制。异常处理机制由三部分组成：try（检查）、catch（捕获）和 throw（抛出）。具体含义如下：

（1）有可能出错需要检查的代码放在 try 语句块中（简称 try 块），try 块是指关键字 try 后连接花括号（{}），要检查的代码放在{}里面。

（2）出现异常后通过 catch 处理器（也称异常处理器）捕获异常信息并处理异常，catch 处理器是 catch(异常参数)后连接花括号（{}），异常处理的代码放在{}里面。

（3）throw 是当出现异常时抛出一个异常信息，异常信息可以是任何类型（用户定义的或系统定义的）。

上述三部分中，try 块和 catch 块必须结合一起使用。异常处理的具体语法如下：

- try-catch 的结构：

```
try
{ 被检查的代码 }
    catch(异常类型 [变量])
        {异常处理代码 }
```

- throw 语句形式：

```
    throw 操作数;
```

说明：

（1）被检查的代码必须放在 try 块中。

（2）try 块和 catch 块是整体出现，catch 块必须紧跟在 try 块后面。

（3）try 块、catch 块和其他复合语句不一样，后面的花括号（{}）不能省略。

（4）try-catch 结构中只能有一个 try 块和一个或多个 catch 块，以便可以捕获各种异常类型。

（5）try 块中的某条语句发生异常后，这个 try 块就会终止（立即结束）。

（6）try 块中产生异常后，如果和某个 catch 处理器异常参数类型匹配，则 catch 处理器捕获异常，catch 处理器{}中的代码将被执行。

（7）每个 catch 处理器只有一个参数，多个 catch 处理器中不能有相同类型的异常参数。

（8）catch 处理器类型匹配可以完全匹配，也可以匹配异常类型的基类。

（9）catch(…)可以匹配所有类型的异常。

（10）如果不关心异常的具体信息，catch 处理器异常参数中的变量可以省略。

（11）如果没有 catch 处理器能捕获 try 块中产生的异常，系统将会终止程序的执行。

（12）如果 try 语句块中的代码成功执行，那么程序将忽略后面的 catch 处理器，并且程序控制将从 try… catch 之后的第一条语句开始。

（13）可调用 throw 语句显式抛出一个异常，并可以抛出任何类型的异常。

（14）throw 语句中的操作数可以是某种类型的常量、变量（对象）或者是能计算出结果的表达式。

（15）调用 throw 语句后，程序流程将从函数离开。

（16）catch 处理器捕获异常后，可以通过无操作数的 throw 语句重新抛出给上级函数。

9.1.3 异常说明

一个可选的异常说明（函数定义时不是必需的）列举了一系列函数可以抛出的异常。例如，考虑下面的函数声明：

```
double quotient(int numerator, int denominator)
throw(ExceptionA, ExceptionB, ExceptionC)
{
  // 函数体
}
```

在函数的定义中，关键字 throw 紧跟在函数参数表的结束括号之后。异常说明指明函数 quotient 可以抛出 ExceptionA、ExceptionB 和 ExceptionC 异常类型。一个函数只能抛出由异常说明所指定的异常类型或者它们的派生类。如果函数抛出了不是异常说明中的异常，则将调用函数 unexpected()，该函数通常调用 terminate() 函数来结束程序。

没有提供异常说明的函数可以抛出任何异常。在函数参数表后放置 throw()（一个空的异常说明），表示该函数不抛出异常。如果该函数试图抛出异常，则将调用函数 unexpected()。

9.1.4 构造函数、析构函数和异常处理

当在构造函数里面检测到一个错误时会发生什么情况？例如，为对象使用 new 分配所需要的内存时操作失败，对象的构造函数将如何响应？因为构造函数不能返回一个值来指示错误，所以必须选择一个可行的方式来表示该对象没有被完全地构造。一个方案是返回不完全正确的构造对象，并希望使用它的人能够对其进行测试，从而判定它是否处于不稳定的状态，这似乎比较麻烦。也许，最好的选择是要求构造函数抛出包含错误信息的异常，因为这为程序提供了一个处理失败的机会。

一个构造函数抛出异常，将导致该异常抛出前已经构造的对象的一部分析构函数被调用。在异常抛出前，对于所有在 try 语句块里构造的自动对象，其析构函数将被调用。

如果一个对象包含成员对象，而且在外部对象完全构造前抛出了异常，那么在异常出现之前构造的成员对象，其析构函数将被调用。如果在异常发生时数组对象只是部分被构造，那么只有数组中已经完成构造的对象的析构函数才会被调用。

9.1.5 标准库异常类层次

C++标准库包含一个异常类层次（见图 9.3）。该层次以基类 exception 作为最上层（在头文件<exception>中定义），类中包含了虚函数 what()，exception 的派生类能够通过重载 what() 函数来获得错误信息。

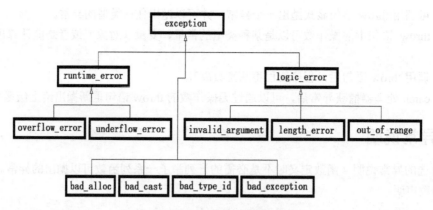

图 9.3　标准库异常类层次

直接继承基类 exception 的类包括 runtime_error 和 logic_error(都在头文件<stdexcept>中定义)，其中每一个都有几个派生类。由 C++运算符抛出的异常也直接由 exception 派生。例如，bad_alloc 是由 new 抛出的，bad_cast 是由 dynamic_cast 抛出的，bad_type_id 是由 typeid 抛出的。一个函数的抛出列表中包含 bad_exception，就表示如果一个意料之外的异常发生，函数 unexpected 将抛出 bad_exception 而不是结束程序的运行（默认）。

类 logic_error 是一些用来说明程序逻辑错误的标准异常类的基类。例如，类 invalid_argument 说明了把一个非法参数传递给了一个函数的错误，类 length_error 说明了长度超过了该对象所允许的最大长度的错误，类 out_of_range 说明了一个值（如下标）越过边界这类的错误。

类 runtime_error 是一些其他说明运行时错误的标准异常类的基类。例如，类 overflow_error 表示运算溢出错误（也就是运算结果比计算机中所能存储的最大数值还要大），类 underflow_error 表示运算下溢错误（也就是运算结果比计算机中所能存储的最小数值还要小）。

9.2　命名空间

一个程序包含了定义在不同范围内的很多标识符（函数名、变量名、类名等）。不同范围内的标识符有可能出现名字相同的"重叠"情况，从而引起命名上的冲突。这种重叠可能会发生在多个层次上，比如文件、函数、复合语句。比较容易发生标识符重叠情况的是第三方库和使用相同名字的全局标识符，出现标识符重叠情况会导致编译错误（error C2086: '####' : redefinition，####是重叠的标识符）。标识符重叠引起的问题通常也称为名字冲突。

名字冲突大多是因为多个独立开发的库而导致的。在 C++的早期，这并不是大问题，因为那时没有多少 C++库。随着 C++的不断发展和广泛应用，特别是模板库出现后，名字冲突的情况大量出现。C++标准使用命名空间来解决名字冲突的问题。

命名空间是 C++标准引入的可以由用户命名的作用域，用来处理程序中出现的名字冲突问题。每个命名空间都定义了一个放置标识符的范围。程序员可以定义一些命名空间，然后把全局标识符分别放到各个命名空间中，这样就让它们和其他全局标识符或第三方库的标识符分隔开，从而避免产生名字冲突。

9.2.1　如何定义命名空间

定义命名空间需要使用关键字 namespace，需要给命名空间一个标识符（命名空间的名字），使用花括号（{ }）包含一些实体。具体形式如下：

```
namespace 命名空间名字
{
// 定义各种成员
}
```

命名空间里面可以包含的成员类型有：

（1）变量（可以初始化）。

（2）常量。

（3）函数定义或函数声明。

（4）结构体。

（5）类。

（6）类模板或函数模板。

（7）命名空间（即嵌套命名空间）。

注意：命名空间只能定义在全局范围或者嵌套在其他命名空间里面。

9.2.2　如何访问命名空间的成员

命名空间定义后，访问命名空间中的成员的方式有三种：显式访问、using 声明和 using 指示。下面分别详细解释这三种使用方式。

先定义如下命名空间：

```
namespace  MyNameSpace
{    const double PIE = 3.14;
     double radius;
     double calculate();
     class Circle {
     // …
     };
}
```

（1）使用作用域运算符显式访问：命名空间名字::成员。例如：

```
MyNameSpace::radius = 3.2;
MyNameSpace::calculate();
```

（2）using 声明，先用如下语句声明某成员：

```
Using 命名空间名字::成员;
```

然后就可以直接使用该成员。例如：

```
Using MyNameSpace::radius;
radius = 3.2;
```

显式使用某成员每次都需要在成员名字前加"命名空间名字::"，而 using 声明在声明语句之后都可以直接使用该成员。

（3）using 指示，先用如下语句声明整个命名空间：

```
using namespace 命名空间名字;
```

然后就可以直接使用该命名空间的所有成员。例如：

```
using namespace MyNameSpace;
radius = 3.2;
calculate();
```

9.2.3　标准命名空间 std

在前面的章节中多次使用了 using namespace std，std 是标准命名空间的名字。C++系统将标准
C++库中的所有标识符都放在命名空间 std 中定义，包括预定义的头文件中的函数、类、类模板和对
象。所以，使用头文件<iostream>和<string>头文件中的类或对象时，通常需要先用 using 指示语句
using namespace std，然后才能使用相关的对象（比如 cin 和 cout）或类（比如 string）。

9.2.4　命名空间的几点说明

对于命名空间的定义和使用有以下几点说明：

（1）命名空间的定义是开放的，可以在不同地方定义同一个命名空间，所以定义命名空间时，
"}"之后不要使用";"来表示结束。

（2）命名空间的名字如果太长而使用不方便，可以起一个短的别名。格式如下：

```
Namespace 别名 =命名空间名字;
```

使用时这两个名字可以任意互换。

（3）全局作用域是一个匿名（即名字为空）的命名空间，所以全局作用域中的成员可以用如
下形式去访问：

```
:: 成员;
```

9.3　本章小结

在本章中，介绍了如何利用异常处理去处理程序中出现的错误，了解到异常处理让程序员能够
将错误处理代码从程序执行的"主流程"中移出来；介绍了如何使用 try 语句块去封装抛出异常的
代码，以及如何使用 catch 处理器来处理可能出现的异常；还介绍了怎样去抛出异常，以及如何处
理在构造函数中出现的异常；最后介绍了如何使用命名空间来确保程序里的每个标识符都是唯一的，
从而解决名字冲突的问题。

总结

- 异常是程序运行时出现的问题。
- 异常处理使得程序员有可能解决程序执行时出现的问题，大多情况下，在处理异常时还
允许程序继续运行，就像没有遇到异常一样。

- 一个 try 语句块由关键字 try 和后面跟着的一对花括号（{}）构成。花括号中定义了一个可能发生异常的代码块。
- 在每个 try 块后面至少应该立即跟着一个 catch 处理器。每个 catch 处理器都需要指定一个异常参数，说明该 catch 处理器所能够处理的异常类型。
- 如果 try 语句块中的一条语句发生了异常，那么这个 try 语句块终止，并且程序控制将转移到后面的第一个能匹配异常类型的 catch 处理器。
- 如果 try 语句块中的代码成功执行，那么程序将忽略后面的 catch 处理器，并且程序控制将从 try… catch 之后的第一条语句开始。
- 可调用 throw 语句显式抛出一个异常，并可以抛出任何类型的异常。
- 函数可选的异常说明列举了一系列函数可以抛出的异常，此时函数只能抛出由异常说明指定的异常类或这些异常类的派生类。异常说明不是必需的。
- 没有提供异常说明的函数可以抛出任何异常。空异常说明 throw()表明该函数不能抛出异常。如果该函数试图抛出异常，则将调用函数 unexpected()。
- 构造函数抛出异常，将导致该异常抛出前已经构造的对象的一部分析构函数被调用。在异常抛出前，对于所有在 try 语句块里构造的自动对象，其析构函数将被调用。
- C++标准库包含一个异常类层次，该层次以基类 exception 作为最上层。
- C++标准希望通过命名空间解决程序中名字冲突的问题。
- 每个命名空间定义了一个放置标识符的范围，命名空间中可以包含常量、变量、函数、结构体、类、模板和嵌套的命名空间等成员。
- 为了访问命名空间的成员，可以在成员名字前面加命名空间的名字和作用域运算符(::)，或在使用成员之前添加 using 声明和 using 指示。
- 标准 C++库中的所有标识符都放在命名空间 std 中定义。
- 命名空间可以有别名。

本章习题

1. 填空题。

（1）命名空间定义的关键字是_____。

（2）访问命名空间成员可能会用到的关键字是_____。

（3）可能出现异常的代码通常会包含在_____语句块中。

（4）运算符_____限定了命名空间成员。

（5）_____用来捕获并处理异常。

（6）_____可以捕获所有类型的异常。

2. 说说 try 语句块、catch 处理器和 throw 语句的用法。

3. 什么是命名空间？命名空间有什么作用？如何访问命名空间的成员？

4. 定义函数计算三角形面积，函数参数是三角形边长。判断边长是否符合三角形条件：

（1）边长都为正整数。

（2）任意两边之和大于第三边。

如果不符合条件 1 则抛出整型异常（值为-1），如果不符合条件 2 则抛出整型字符指针异常（给出异常信息"某边长不小于其他两边之和"）。编写测试程序，捕获异常并处理（输出警告信息）。注：三角形三条边长分别为 a、b、c，面积=sqrt[p(p−a)(p−b)(p−c)]，其中 p=(a+b+c)。

5. 定义一个包含常量成员 Mon、Tues、Wed、Thur、Fri、Sat 和 Sun 的命名空间 Week。编写程序实现：

（1）直接访问 Mon。

（2）只能访问成员 Sat、Sun。

（3）可以访问所有成员。

第 10 章

模板

10

本章学习目标

- 模板的含义
- 了解函数模板和类模板
- 使用函数模板创建一组相关函数
- 使用类模板创建一组相关类
- 初步了解 C++ 标准模板库（STL）

模板是 C++ 的重要特性。继面向对象程序设计之后，出现了泛型程序设计，它是面向对象技术的进一步深化。泛型程序设计让程序写得通用，使程序可以在不同的条件下达到同一个结果，即让程序能够适用于各种数据类型与数据结构，并且不损失程序效率。

泛型程序设计创立的目的是为了实现 C++ 的标准模板库（Standard Template Library，简称 STL），其支持机制就是模板（Templates）。模板是 C++ 支持参数化多态性的工具，把函数处理的数据类型作为参数。使用模板可以建立具有通用类型的函数库和类库，为编写大规模的软件带来便利。模板的主要思想是：把特定于某个类型的算法或类中的类型"参数化"，即把类型抽象成模板参数（也称模板形参）。可以说，模板是以一种完全通用的方法来设计函数或类，而不必事先说明将被使用的对象的类型。通过模板，可以实现代码重用机制。

由于 C++ 的程序结构主要由函数和类构成，因此，模板也具有两种不同的形式：函数模板和类模板。模板、函数、类及对象之间的关系如图 10.1 所示。

本章将针对函数模板、类模板、C++ 的标准模板库（STL）进行介绍。

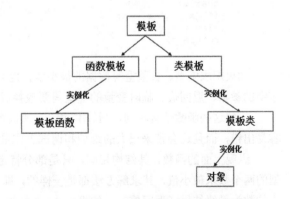

图 10.1　模板、函数、类及对象之间的关系

10.1　函数模板

　　函数模板（Function Template）指的是建立一个通用函数，其函数类型和形参类型不是具体类型，用模板参数来代表。函数模板的关键是将所处理的数据类型说明为参数，即类型参数化。利用函数模板，可以实现以同样的程序代码对不同类型的数据进行处理，且操作方法不变。

　　可以认为，函数模板是对一组具有共性的函数（包括函数头、函数体）整体的抽象描述。对于函数模板，编译时，编译系统并不产生任何执行代码，因为函数模板不是一个实实在在的函数，其部分类型是虚拟的，不是具体的。只有当编译系统在程序中发现有与函数模板中相匹配的函数调用时，生成一个重载函数，模板参数才得以具体化，具体为匹配到的函数中对应的数据类型，且该重载函数的函数体与函数模板的函数体相同。该重载函数被称为模板函数（Template Function）。

　　下面对函数模板进行介绍，并通过例子加深对其定义和使用的理解。

10.1.1　函数模板的定义和使用

　　函数模板是一种特殊的函数，是对函数功能的抽象描述，可以使用不同的类型进行调用。函数模板与普通函数看起来很类似，但其实不同：普通函数的类型是具体指定的，函数模板的类型是可参数化的。有了函数模板之后，对于功能相同的函数，不必重复定义多个函数，用函数模板来代替即可。在调用函数时，系统会根据实参的类型来取代模板中的模板参数，从而实现不同函数的功能。

　　比如，求两个数最小值的函数，不同的数据类型，需要分别定义不同的函数。以下是针对整型、字符型数据求最小值的函数设计：

```
int myMin(int x, int y)          // 求两个整型数据的最小值
{
    int z;
    if (x < y) z = x;
    else z = y;
    return z;
}
char myMin(char x, char y)       // 求两个字符型数据的最小值
{
    char z;
    if (x < y) z = x;
    else z = y;
    return z;
}
```

　　如果想求实型、长整型等数据的最小值，也可以用上述类似的程序，但需要重新写程序，且程序中的参数、返回值、临时变量的类型需要改换成对应的实型、长整型等。

　　虽然这些函数结构相同，"长相"相近，改换容易，但是需要针对不同数据类型进行重复设计，容易出错，而且还会带来很大的维护和调试工作量。使用函数模板就会很方便。

　　纵观上面的函数，其结构相同，只是部分特定数据的类型不同。实际上，无论针对何种数据类型的两个数求最小值，其求解方法都是一样的，即：对于 x、y 两个数，判断它们的大小关系，取值小的数为最终结果（返回值）。如果 x < y，结果为 x；否则，结果为 y。由于对于不同类型，"两个数最小值"的求解方法相同，所以，可以抽象出一个通用于任意数据类型的"求两个数最小值"

的方法，把其中的数据类型设置成模板参数（比如：T），而不是特别指定为某种类型（比如：int、char、float 等），函数结构不变，与求解某个类型的两个数据最小值的方法相同，只要将上述程序中的类型改换成模板参数 T 即可。"求两个数最小值"的抽象描述如下：

```
TmyMin(T x, T y)        // 求两个数据的最小值，数据类型为模板参数 T
{
    T z;
    if (x < y) z = x;
    else z = y;
    return z;
}
```

这个 myMin()函数，如果将"T"改换成"int"，就是"两个整型数据的最小值"；如果将"T"改换成"char"，就是"两个字符型数据的最小值"；如果将"T"改换成"float"或"double"，就是"两个浮点型数据的最小值"；等等。

上面的抽象描述就是函数模板。

定义函数模板时，要先进行模板声明，之后再进行函数模板的定义。一般形式是：

```
template <typename T>或 template <class T>        // 模板声明，T 为模板参数
类型名函数名(参数表)
{函数体}
```

函数模板中也可以有多个模板参数，形如：

```
template<typename T1, typename T2, …, typename Tn> // T1、T2、…、Tn 为模板参数
```

其中，template 是声明模板的关键字，其后是使用尖括号(<>)括起来的模板参数列表；typename 或 class 是声明模板参数的关键字；T 为标识符，代表参数化的类型，可以是任何"基本数据类型和类类型"。模板参数可以使用任何符合规则的标识符。

函数模板也如普通函数一样，包括函数头和函数体。在函数头的形式参数中，至少包括由模板声明中模板参数 T 定义的形参变量；函数体的定义方式与普通函数类似。

接下来用一个示例程序来演示如何定义和使用函数模板。

【示例程序 10.1】利用函数模板，求两个整型、字符型、浮点型数据的最小值。

```
1    #include<iostream>
2    using namespace std;
3    template <typename T>              // 模板声明，其中 T 为模板参数
4    T myMin(T x, T y)                  // 定义一个求两个数最小值的通用函数，T 是参数化的类型
5    {
6        T z;                          // z 为参数化类型的变量，用作存放最终结果
7        if (x < y) z = x;
8        else z = y;
9        return z;
10   }
11   int main()
12   {
13       int i1 = 68, i2 = 5, i;
14       i = myMin(i1, i2);            // 调用 myMin()函数，求两个整数最小值
15       cout<< "int_min = "<< i <<endl;
16       char c1 = 'm', c2 = 'k', c;
17       c = myMin(c1, c2);            // 调用 myMin()函数，求两个字符最小值
18       cout<< "char_min = "<< c <<endl;
19       double d1 = 56.9, d2 = 90.765, d;
20       d = myMin(d1, d2);            // 调用 myMin()函数，求两个实数最小值
```

```
21          cout<< "double_min = "<< d <<endl;
22          return 0;
23    }
```

程序解析：

（1）程序中设计了一个函数模板 myMin()，是通用的"求两个数据的最小值"函数；在 main() 中，调用 myMin()三次，生成三个重载函数，分别求两个整数、字符、浮点数的最小值。

（2）以第 14 行的函数模板调用为例，myMin(i1, i2)函数的两个实参类型为 int，编译时，编译器对类型进行检查，以 int 替代模板参数 T，并生成重载函数，函数体与函数模板相同，能够求解两个整型数据的最小值，以返回值带回给变量 i。

（3）第 17、20 行的函数模板调用中，分别以 char、double 替代模板参数 T，从而完成对两个字符、浮点数最小值的求解。

该程序的运行结果如图 10.2 所示。

```
int_min = 5
char_min = k
double_min = 56.9
```

图 10.2　运行结果

函数模板是对具有共性的函数的抽象，是一系列相关函数的模型或样板，这些函数的代码形式相同，只是所针对的数据类型不同。对于函数模板，数据类型本身成了它的参数，因而是一种参数化类型的函数。通过函数模板，不但减少了程序设计过程中的重复劳动，而且提高了程序的通用性、一致性和可维护性，达到代码重用的效果。

特别注意的是：函数模板只适用于函数体相同、函数的参数个数相同、类型不同的函数。

10.1.2　函数模板的进一步说明

1. 函数模板与模板函数的关系

函数模板的重点是"模板"，是具有共性的一类抽象函数；模板函数的重点是"函数"，是由函数模板生成而来的具体函数。在调用函数模板时，编译系统能够根据实参类型推演出模板参数的具体类型或直接指定模板参数的具体类型，所得到的函数即为模板函数，即函数模板中的模板参数可实例化为各种类型，函数模板经实例化后生成具体函数，成为模板函数。

2. 函数模板的调用

函数模板在发生调用时，类型参数的实例化方式分为隐式调用和显式调用两种情况。

（1）隐式调用

隐式调用就是隐式的参数类型推导，根据实际参数的类型决定函数模板对虚拟参数的替换。比如示例程序 10.1，第 14 行代码 myMin(i1, i2)就是隐式调用。由于实参变量 i1、i2 为 int 类型，因此使用参数类型为 int 的编译模板，求解的是两个整数的最小值。

函数模板调用时，并非依靠实参类型的隐式调用就能够顺利执行程序。当实参类型严格匹配时可以顺利通过编译；否则会编译出错。例如示例程序 10.1，第 20 行代码中的 myMin(d1, d2)就能顺利执行。这里实参 d1、d2 类型相同，都是 double 型，以 double 实例化 T，得到求解两个 double 类型数据的最小值的模板函数，返回最小值 56.9。如果两个实参类型不相同，编译就会出错。比如，将第 1 个实参改为 i1（i1 为 int 型），第 2 个实参 d2 不变（d2 为 double 型），示例程序 10.1 中的第 20 行代码写成：

```
d = myMin(i1, d2);
```

函数模板不会进行自动类型转换，编译时会出现"[Error] no matching function for call to 'myMin(int&, double&)'"错误。因为两个实参 i1、d2 类型不一样，一个 int 型一个 double 型，与函数模板不一致（模板中待比较的两个数的类型要求是一致的，都是 T，见第 4 行代码）。这个时候就需要使用显式的调用方式。

（2）显式调用

显式调用就是显式地指定实参的"类型"，以指定的"类型"代替模板参数的类型。示例程序 10.1 中的第 20 行代码改写成：

```
d = myMin<double>(i1, d2);      // 修改后，以 double 类型显式调用
```

在函数名字与参数之间加上由尖括号括起来的类型<double>，就会将参数先强制转换为 double 类型，然后调用编译类型为 double 模板的函数。

第 20 行修改后程序顺利运行，d 变量的取值为 i1 的值，结果为 8。

3. 函数模板与普通函数的关联

函数模板不是实实在在的函数，不能直接调用，生成的模板函数才可以调用；普通函数是实在的函数，可以进行隐式类型转换，但函数模板不可以；函数模板跟普通函数一样，也可以被重载。

当函数模板与普通函数同时存在时，C++编译器优先考虑普通函数，如果函数模板可以产生一个更好的匹配，那么就选择函数模板，也可以通过空模板实参列表（"<>"中不写类型）限定编译器只匹配函数模板。

【示例程序 10.2】演示函数模板与普通函数的调用次序及函数模板的重载。

```
1     #include<iostream>
2     using namespace std;
3     int mySum(int a, int b)              // 普通函数
4     {
5         int sum;
6         sum = a + b;
7         cout << "调用普通函数，和为: " << sum << endl;
8         return sum;
9     }
10    template <typename T>
11    T mySum(T a, T b)                     // 2 个参数的函数模板
12    {
13        T sum;
14        sum = a + b;
15        cout << "调用 2 个参数的函数模板，和为: " << sum << endl;
16        return sum;
17    }
18    template <typename T>
19    T mySum(T a, T b, T c)                // 3 个参数的函数模板
20    {
21        T sum;
22        sum = a + b + c;
23        cout << "调用 3 个参数的函数模板，和为: " << sum << endl;
24        return sum;
25    }
```

```
26  int main()
27  {
28      int a = 1, b = 2;
29      float d = 10.2;
30      cout << endl;
31      mySum(a,b);                    // 优先考虑普通函数，匹配成功
32      mySum<>(a,b);                  // 限定使用函数模板
33      mySum(a,d);                    // 调用普通函数，实参进行隐式类型转换完成匹配
34      mySum(5.0, 3.0);               // 使用函数模板，函数模板的参数匹配好于普通函数的参数匹配
35      mySum(5.0, 4.0, 3.0);          // 调用 3 个参数的函数模板
36      return 0;
37  }
```

程序解析：

（1）第 31 行函数 mySum()，优先去匹配普通函数，此时两个实参类型和函数形参类型完全相同，匹配成功。

（2）第 32 行函数 mySum()，通过 "<>" 明确指明使用函数模板。

（3）第 33 行函数 mySum()，优先去匹配普通函数，此时实参 d 类型和函数形参类型不同，但通过隐式类型转换将浮点型转换为整型以满足匹配。

（4）第 34 行函数 mySum()，函数模板通过实参类型推演得到模板参数为浮点型，实参和形参类型完全匹配；而普通函数需要将两个实参通过隐式类型转换把浮点类型转换为整型，才能满足匹配。因为使用函数模板的参数匹配优于普通函数，所以使用函数模板。

（5）第 35 行函数 mySum()，有 3 个实参，因此调用有 3 个参数的函数模板，相当于函数重载。

本示例程序的运行结果如图 10.3 所示。

```
         调用普通函数，和为： 3
调用2个参数的模板函数，和为： 3
         调用普通函数，和为： 11
调用2个参数的模板函数，和为： 8
调用3个参数的模板函数，和为： 12
```

图 10.3   运行结果

从运行结果可以看到，当函数模板与普通函数同时存在时，编译器会优先调用普通函数，但是当函数模板有更好的匹配时或使用限定符<>时，编译器就会去匹配函数模板。函数模板与普通函数一样可以重载。

4. 函数模板中可以使用 inline 修饰函数

如同普通函数一样，函数模板也可以被声明为 inline。此时，应该把关键字 inline 放在模板参数表后面而不是在关键字 template 前面。形如：

```
template <typename T> inline// 正确写法
```

10.2   类模板

在 C++中，允许使用类模板（Class Template），类模板与函数模板的定义及使用方式类似。类模板指的是建立一个通用类，其部分数据成员、成员函数的返回值类型和形参类型不具体指

定，用一个模板参数来代表。类模板的关键也是将所处理的部分数据类型说明为参数，即类型参数化。使用类模板，可以减少重复的编程工作，提高编程效率。

类模板是对一批功能相同、仅仅是数据类型不同的类的抽象。类模板中的数据类型，不使用具体的类型，而是使用一种虚拟的类型。定义对象时，编译系统会根据实参的类型来推演类模板中的模板参数，使类模板得以具体化，生成具体的类。该类可以看作类模板的实例，称为模板类（Template Class）。

如同函数模板一样，使用类模板可以将类定义为一种模式或样板，使得类中的某些数据成员、成员函数的参数或返回值通用为任意类型。

下面对类模板进行介绍，并通过例子加深对其定义和使用的理解。

10.2.1 类模板的定义和使用

类模板是一种特殊的类，是对类功能的抽象描述，可以使用不同的类型进行调用，从而使得数据结构的表示和算法不受所包含的数据类型的影响。类模板与普通类看起来很类似，但其实不同：普通类中的数据类型是具体指定的，类模板中的部分数据类型是虚拟的，是被参数化的。有了类模板之后，对于功能相同的类，不必重复定义多个类，用类模板来代替即可。在定义对象时，系统会根据实参的类型来取代模板中的模板参数，从而实现不同类的功能。

由于类模板与函数模板在"参数化类型"方面类似，因此这里直接引出类模板的定义形式、模板参数表的写法、用类模板定义对象的方式，并通过示例加深理解。

（1）类模板的定义形式：

```
template <模板参数表>
class 类模板名{
    成员函数和数据成员
};
```

（2）模板参数表的写法：

```
typename 类型参数 1, typename 类型参数 2, … 或 class 类型参数 1, class 类型参数 2, …
```

（3）用类模板定义对象的方式：

```
类模板名<真实类型参数表>对象名（构造函数的实际参数表）
```

其中，template 是声明模板的关键字；typename 或 class 表示其后面的类型参数是一个参数化的类型；类型参数用 C++标识符表示，如 T、Type 等，使用类模板时，必须将类型参数实例化；真实类型参数是指 int、float、double、char 等类型。

定义对象的方式的含义是：将类模板中的模板参数 T 替换成指定的真实类型，从而建立一个具体的类，并生成该具体类的一个对象。

【示例程序 10.3】建立一个对两个数进行操作的类模板。

解析：对两个数可以进行很多操作，比如修改某个数据、求和、求最小值、求最大值、排序等。本例只包含三个操作：构造函数、求最小值、求和。将这三种操作设计为成员函数，另外包含两个数据成员，即两个操作数。

```
1    #include<iostream>
2    using namespace std;
3    template <typename T>                    // 模板中的模板参数为 T
```

```
4      class Data{                              // 类模板 Data
5      public:
6          Data(T x,T y):a(x),b(y) {}           // 构造函数
7          T myMin()                            // 成员函数，求最小值
8          {    T c;
9               if(a < b) c = a;
10              else c = b;
11              return c;
12         }
13         T mySum()                            // 成员函数，求和
14         {    return a + b;
15         }
16     private:
17         T a;                                 // 数据成员
18         T b;                                 // 数据成员
19     };
20     int main()
21     {
22         int a1 = 32, a2 = 11;
23         float b1 = 3.2, b2 = 1.1;
24         long c1 = 1654321, c2 = 1123456;
25         Data <int>data1(a1, a2);             // 创建 Data 类的 int 型对象 data1
26         Data <float>data2(b1, b2);           // 创建 Data 类的 float 型对象 data2
27         Data <long>data3(c1, c2);            // 创建 Data 类的 long 型对象 data3
28         //分别对 data1、data2、data3 对象求最小值，并输出
29         cout << " int 型数据的最小值: " << data1.myMin() << endl;
30         cout << "float 型数据的最小值: " << data2.myMin() << endl;
31         cout << " long 型数据的最小值: " << data3.myMin() << endl;
32         // 分别对 data1、data2、data3 对象求和，并输出
33         cout << " int 型数据的和: " << data1.mySum() << endl;
34         cout << "float 型数据的和: " << data2.mySum() << endl;
35         cout << " long 型数据的和: " << data3.mySum() << endl;
36         return 0;
37     }
```

程序解析：

（1）程序中设计了一个类模板 Data，是通用的"对两个数进行操作的类"；在 main()函数中，创建 Data 类的具体对象，并通过对象调用 myMin()、mySum()两个成员函数，实现数据成员最小值、相加和的求解。程序第 3~19 行声明并定义了模板类 Data，通用的模板参数为 T，类中包括两个数据成员：a，b；三个成员函数：构造函数 Data()，求最小值函数 myMin()，求和函数 mySum()。

（2）类模板 Data 中，各数据类型均为模板参数 T；第 25~27 行，是实例化类模板，分别以具体的 int、float、long 类型代替模板参数 T，实例化模板类，创建三个不同类型的对象：data1，data2，data3；同时调用构造函数进行初始化；第 29~35 行，通过三个对象，分别调用 myMin()、mySum()两个成员函数，实现各自数据成员最小值、相加和的求解。

本示例程序的运行结果如图 10.4 所示。

```
 int 型数据的最小值: 11
float 型数据的最小值: 1.1
 long 型数据的最小值: 1123456

 int 型数据的和: 43
float 型数据的和: 4.3
 long 型数据的和: 2777777
```

图 10.4　运行结果

类模板与普通类的结构和定义方式类似，也包含数据成员和成员函数，只是类型不是具体的类型，而是参数化类型。从上面例子中可以看出：建立一个通用的类模板能够极大地减小程序代码的重复编写，提高程序的通用性、一致性和可维护性，达到代码重用的效果。

> **提示** 对于类模板，有了具体的参数列表才是真正的类。C++编译器不会把示例程序 10.3 的 Data 看作真正的类，而把 Data <int>看作真正的类。
> 类模板只适用于类体相同、数据类型不同的类。
> 模板的声明或定义只能在全局、命名空间或类范围内进行，不能在局部范围、函数内进行，比如不能在 main 函数中声明或定义一个模板。

10.2.2 类模板的进一步说明

1. 类模板与模板类的关系

类模板的重点是"模板"，是具有共性的类的抽象；模板类的重点是"类"，是由类模板生成而来的具体类。在调用类模板时，编译系统能够根据指定的具体类型代替模板参数。由类模板生成类的过程叫作类模板的"实例化"，由类模板经实例化得到的具体类叫作"模板类"。

2. 类模板的调用

类模板在发生调用时，类模板的实例化需要在程序中显式地指定。

显式调用就是显式地指定"类型"，以指定的"真实的类型"代替模板参数。如示例程序 10.3 中的第 25 行代码：

```
Data <int>data1(a1, a2);
```

其中，类名与对象之间加上了由尖括号括起来的<int>，为显式指定的真实类型。后面两行中的<float>、<long>形式也是显式调用。

3. 类模板与普通类的关联

类模板不是实实在在的类，不能直接调用，生成的模板类才可以调用；普通类是实在的类，可以创建对象；类模板跟普通类一样，可以在类外定义成员函数，也可以作为基类被继承；类模板的成员函数也可以是函数模板。

在类模板外部定义类成员函数的通常形式是：

```
template <参数类型表>
  函数返回值类型类名<模板参数表>::成员函数名（形参表）
  {
  函数体
  }
```

例如，在类外定义示例程序 10.3 中求和的成员函数 mySum()：

```
Template <typename T>
T Data<T>::mySum()
{
   return a + b;
}
```

由此，示例程序 10.3 中类模板 Data 中的两个成员函数都放到类外定义，则改为如下形式：

```
1    template <typename T>
```

```
2      class Data{
3      public:
4          Data(T x,T y):a(x),b(y){}          // 构造函数
5          T myMin();                          // 声明成员函数 myMin()，求最小值
6          T mySum();                          // 声明成员函数 mySum()，求和
7      private:
8          T a;
9          T b;
10     };
11     template <typename T>                   // 声明模板，模板参数为 T
12     T  Data<T>::myMin()                     // 成员函数 myMin()在类外定义
13     {
14         T c;
15         if(a < b) c = a;
16         else c = b;
17         return c;
18     }
19     template <typename T>                   // 声明模板，模板参数为 T
20     T Data<T>::mySum()                      // 成员函数 mySum()在类外定义
21     {
22         return a + b;
23     }
```

从上述的程序代码可以看出：每个在类外定义的成员函数都需要先声明模板，再定义函数，如第 11、19 行是类外定义函数之前的模板声明。类外定义的函数，名字前加上 Data<T>::，如第 12、20 行是两个函数的首部定义。

类模板可以作为基类派生出派生类，函数模板可以作为类模板的成员函数。

4. 类模板中可以使用 static 修饰成员

如同普通类一样，类模板中也可以使用 static 修饰成员。static 成员是属于类模板实例化后的具体的类，而不是类模板本身。

用 static 修饰的是静态成员，分为静态数据成员和静态成员函数。对于非静态数据成员，每个类对象都有自己的副本，而静态数据成员则被当作是类的成员，它属于类而不是对象，无论类模板被编译成多少个具体类型的类，静态数据成员都只有一份副本。静态数据成员不需要实例化对象就可以使用，为该类所有对象所共享（包括其派生类）。

> 提示　由于静态数据成员是类共享的，所以所有对象都可以修改静态数据成员的值。

10.3　STL 介绍

标准模板库是 C++标准库的重要组成部分，其中包含大量的函数模板和类模板。在 STL 中，把常用的数据结构和算法设计成通用的模板，供不同需求的应用者直接使用，而无须了解其基本原理。使用 STL 编程，可以高度体现代码重用的理念，方便、实用且高效。

STL 采用泛型程序设计思想，所提供的算法通用，不依赖于具体的数据类型，并且能够使得算法与数据结构分离。STL 是一个组件的集合，包括容器、算法、迭代器、函数对象、适配器、内存分配器六大组件。这些组件都定义在命名空间 std 中，以一组头文件的形式提供。头文件按照标准库自身的组织结构划分成组，是构成 STL 的最主要部分。设计程序时，根据所使用的模板，对应打开相关的头文件，头文件不使用扩展名。

下面先简单了解一下 STL 的六个组件：

- 容器（Container）：用于存放数据。包括各种数据结构，如可变长数组、列表、队列等，是类模板。
- 算法（Algorithm）：包括各种常用算法，如排序、查找、复制、删除等算法，是函数模板。
- 迭代器（Iterator）：容器与算法之间的"桥梁"，即"泛型指针"。对容器中数据的读和写，需要通过迭代器完成。
- 函数对象（Function Object）：重载了运算符"()"的类的实例。如果一个类将运算符"()"重载为成员函数，这个类就被称为函数对象类，这个类的对象就是函数对象。
- 适配器（Adapter）：用于修饰容器、迭代器和函数对象的接口，把不同的接口（成员函数）适配成能够兼容的形式。
- 内存分配器（Allocator）：负责空间配置和管理，为容器提供自定义的内存申请和释放功能。

STL 六个组件之间的关系如图 10.5 所示。

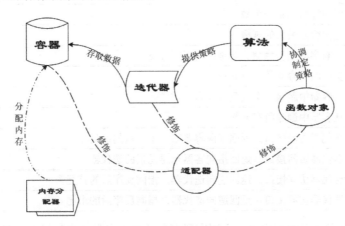

图 10.5　STL 六个组件之间的关系

从图中可以看出，迭代器作为容器和算法之间的"桥梁"，负责根据算法提供的"策略"，到容器中"存取"数据；函数对象协助算法定制具体的操作；适配器对容器、算法、迭代器有修饰的作用；内存分配器为容器分配内存。

下面对 STL 主要组件进行介绍。

10.3.1　容器

容器是存放数据的，可以存放基本类型的变量，也可以存放对象。容器本身是对象，是存放其他对象的对象，每一个容器都存放着一个对象序列。

可以认为，容器是一些类模板的集合，其中封装着数据结构（也就是组织数据的方法）。它们实例化后就成为容器类，用容器类定义的对象称为容器对象。

STL 为容器提供了一些公共接口，这些公共接口是通用的。比如，对于任何两个容器对象 a、b，只要它们是类型相同的容器对象，就可以用=、<、<=、>、>=、==、!= 运算符进行运算。运算规则

10

如表 10.1 所示。

表 10.1　运算规则

通用运算	说明
a–b	赋值操作
a==b	相等比较操作。若相等，则为 true
a!=b	不等比较操作。若不等，则为 true
a<b	判断大小操作。首先判断 size，接着判断元素值，若 a<b，则为 true
a>b	与上同。若 a>b，则为 true
a<=b	等同于!(a>b)。若成立，则为 true
a>=b	等同于!(a<b)。若成立，则为 true

对于所有容器，表 10.2 列出了公共访问接口。

表 10.2　所有容器的公共访问接口

操作方法	说明
size()	返回容器元素的个数
max_size()	返回容器最大的规模
empty()	判断容器是否为空。若是，则返回 true
swap()	交换两个容器的所有元素
erase()	从容器中删除一个或几个元素
clear()	从容器中删除所有元素
begin()	迭代器访问接口。返回指向容器第一个元素的迭代器
end()	迭代器访问接口。返回指向容器末尾元素的迭代器
rbegin()	迭代器访问接口。返回逆向迭代器，指向反序后的首元素
rend()	迭代器访问接口。返回逆向迭代器，指向反序后的末尾元素

除所有容器的公共访问接口之外，不同容器有着适合于自身特点的操作。STL 提供了丰富的方法供设计者使用。大家可以查阅 C++标准库手册。

1. 常用的容器

STL 包含 2 种容器，分别是顺序容器、关联容器。通过表 10.3 列出的常用容器，可以对容器有更多的了解。

表 10.3　常用的容器及分类

容器类别	头文件	名称	说明
顺序容器	vector	向量容器	容器中元素不排序，即元素位置与其值无关
	deque	双端队列容器	
	list	列表容器	
关联容器	map	映射容器	容器中元素自动排序，默认按由小到大排好
	set	集合容器	

进一步说明：

对于顺序容器，将元素插入容器时，指定在什么位置，元素就会位于什么位置；对于关联容器，所插入的元素会自动插入到适当位置。所以，关联容器在查找时具有非常好的性能。

除了上面提到的容器，还有多重映射容器（multimap）、多重集合容器（multiset），以及 C++11 新加入的数组（array）、哈希映射（unordered_map）、哈希多重映射（unordered_multimap）、哈希集合（unordered_set）、哈希多重集合（unordered_multiset）等容器。

顺序容器还有几个常用接口，如表 10.4 所示。

表 10.4　顺序容器的几个常用接口

操作方法	说明
front()	返回容器中第一个元素的引用
back()	返回容器中最后一个元素的引用
push_back()	在容器末尾增加新元素
pop_back()	删除容器末尾的元素
insert()	插入一个或多个元素

2. 对容器的进一步讨论

STL 中常用的向量容器（vector）、双端队列容器（deque）、列表容器（list）、映射容器（map）、集合容器（set），这些容器都是类模板，其构造函数与初始化方法、使用方法都有类似之处。下面仅以 vector 容器为例，介绍 vector 容器对象以及 vector 容器接口的使用。其他容器不再赘述。

vector 容器是顺序容器，是一个线性顺序结构，相当于数组，但其大小可以动态设定。可以认为，vector 容器是一个能够存放任意类型的动态数组。当初始分配的空间不够时，会自动增加分配空间。对 vector 容器的添加、删除元素操作都是从尾部进行。包含 vector 类的头文件名是 vector，使用前，需要在程序中包含下面语句：

```
#include <vector>
```

vector 容器是一个类模板。它的构造函数有多种形式，因此初始化 vector 容器对象时可以有多种方式。当然，定义对象时，必须指定该对象的真实类型。比如：

```
vector<int> v1;              // 创建 vector 对象 v1, v1 为空
vector<int> v2(v1);          // 创建 vector 对象 v2, v2 是 vector 对象 v1 的副本
vector <int> v3(5);          // 创建 vector 大小为 5 的对象 v3, 即有 5 个对象, 对象没有初始化
vector <double> v4(5,3.2);   // 创建 vector 对象 v4, v4 是由 5 个浮点数 3.2 构成的 vector 向量
vector<float>v5(a,a+10);     // 创建 vector 对象 v5, v5 用数组 a 的 a[0] ~ a[9]十个元素组成
```

这里，vector 是类模板，vector<int>是用 int 实例化后的 vector 容器类，v1、v2、v3、v4、v5 是 vector 容器对象。

下面通过一个 vector 容器的应用例子，进一步理解 vector 容器对象的创建、运用，以及 vector 容器接口的使用。由于有些接口各容器通用，因此大家可以对照其他容器，在例子中补充完善 vector 接口的应用。

【示例程序 10.4】对 vector 容器对象进行操作，观察 vector 容器的使用。

解析：依托一个 int 型数组，创建了两个 vector 容器对象，通过调用接口（成员函数）进行初始化、求大小、添加元素、插入、删除、清空操作，并以数组访问方式对操作前后的变化

进行对比。

```
1      #include <iostream>
2      #include <vector>                        // 使用 vector 需要包含的头文件
3      using namespace std;
4      int main()
5      {
6          int a[5] = {5,6,7,8,9};
7          vector<int> v_1;                      // 创建对象 v_1
8          for (int i = 0; i<5; ++i)             // 初始化 v_1
9              v_1.push_back(a[i]);              // 在 vector 容器 v_1 的尾部添加 a 数组中的元素
10         cout << "v_1 最初元素个数为: " << v_1.size() << endl;     // 求容器中的元素个数
11         vector<int> v_2(v_1);                 // 创建对象 v_2, v_2 是 v_1 的副本
12         cout << "v_1 正向元素为: ";
13         for(int i = 0; i < v_1.size(); i++)// 以数组方式访问
14             cout<<v_1[i]<<" " ;
15             cout<< endl;
16         cout << "v_2 正向元素为: " ;
17         for(int i = 0; i < v_2.size(); i++)    // 以数组方式访问
18             cout<<v_2[i]<<" ";
19         cout<< endl;
20         v_2.pop_back();                       // 删除末尾的元素
21         cout << "v_2 使用 pop_back()后, 元素个数为: " << v_2.size() << endl;
22         v_1.insert(v_1.begin(), 100);         // 向容器开头插入字符
23         cout << "v_1 在开头插入元素后, 第 1 个元素为: " << v_1.at(0) << endl;
24         cout << "v_1 正向元素为: ";
25         for(int i = 0; i < v_1.size(); i++)    // 以数组方式访问
26             cout<<v_1[i]<<" ";
27         cout<<endl;
28         v_2.clear();                          // 清空容器
29         cout << "v_2 使用 clear()后, 元素个数为: " << v_2.size() << endl;
30         return 0;
31     }
```

程序解析:

（1）第 7 行，vector<int>是整型 vector 容器类，v_1 是所创建的 vector 容器对象，是存放 int 类型变量的可变长数组，开始时没包含任何元素。

（2）第 8、9 行，调用 push_back()函数操作容器对象，将 a 数组中的元素依次存入 v_1，使得 v_1 容器有 5 个值。

（3）第 10 行，调用 size()函数，求得 v_1 中的元素个数.

（4）第 11 行，调用复制构造函数创建 v_2，它是 v_1 的副本，包含的元素和 v_1 一样。

（5）第 13、14 行，以数组方式访问 v_1，将所有元素输出。

（6）第 20 行，使用 pop_back()函数删除 v_2 末尾的元素，即删除值为 9 的元素。

（7）第 22 行，调用 insert()函数在 v_1 向量的开头插入值为 100 的元素，此时 v_1 中的元素为: 100 5 6 7 8 9。其中 begin()为迭代器访问接口，指向容器第一个元素。

（8）第 23 行，at()函数可以返回指定位置上的元素，这里得到 v_1 首元素的值.

（9）第 28 行，调用.clear()函数清空 v_2 容器，此后，v_2 向量为空。

本示例程序的运行结果如图 10.6 所示。

```
v_1 最初元素个数为：5
v_1 正向元素为：5 6 7 8 9
v_2 正向元素为：5 6 7 8 9
v_2 使用pop_back()后，元素个数为：4
v_1 在开头插入元素后，第1个元素为：100
v_1 正向元素为：100 5 6 7 8 9
v_2 使用clear()后，元素个数为：0
```

图 10.6 运行结果

实例化 vector 类模板的模板实参可以视情况进行变化。除了 int 外，使用 char、float、double、string、long 等都可以，当然，也可以使用结构体、类类型。

10.3.2 算法

在 STL 中，算法的目标是为可优化实现的操作提供最通用灵活的接口。STL 中的算法都是通过 C++模板实现的。这些算法具有统一性、通用性，适用于不同的数据结构。熟悉了 STL 之后，许多代码都可以被简化，只需要通过调用一两个算法模板就可以完成所需要的功能，从而极大地提升了效率。

容器是一个黑匣子，算法也是一个黑匣子。算法借助于迭代器，对容器中的数据进行存取操作。STL 算法可以分为四类，如表 10.5 所示。

表 10.5　STL 算法分类

分类	说明	用途
非可变序列算法	对容器进行操作时，不改变容器的内容	查找指定元素、比较两个序列是否相等、对元素进行计数等
可变序列算法	对容器进行操作时，可以改变容器的内容	对序列进行复制、交换、变换、替换、填充、生成、删除、剔除、反转、循环、随机、划分等
排序、查找相关算法	对容器内容进行排序、查找	排序、归并、二分检索、有序结构上的集合操作、堆操作等
数值算法	对容器内容进行数值计算	求和、差、积等数学运算

STL 中定义了 70 多个算法，算法操作的是由迭代器定义的输入序列，即算法的实参是迭代器，而且大多数算法的返回值也是迭代器。通过迭代器，将算法从它所处理的数据结构上分离出来。算法完全不了解迭代器所指向的数据结构。迭代器的概念将在 10.3.3 节中介绍。

STL 中的大部分常用算法都在头文件 algorithm 中定义，比如查找算法、排序算法、比较算法、记数算法、替换算法、删除算法、填充算法等。此外，头文件 numeric 中也有一些算法，比如求累加和、内积等数学运算。表 10.6~表 10.9 列出了常用的算法。从表中可以初步了解到各算法的功能，至于算法使用的具体规则请查阅 C++标准库手册。

表 10.6　非可变序列算法

功能分类	名称	说明
循环	for_each()	对序列中的每个元素执行指定操作
查找	find()	查找序列中指定元素第一次出现的位置
	find_if()	查找序列中满足条件的第一个元素
	find_end()	查找序列中与另一个序列中元素相等的最后一个元素

10

（续表）

功能分类	名称	说明
查找	find_first_of()	查找序列中与另一个序列中元素相等的第一个元素
	adjacent_find()	查找序列中相邻元素等值的第一个元素
计数	count()	统计序列中指定元素出现的次数
	count_if()	统计序列中满足条件的元素出现的次数
比较	mismatch()	找出两个序列中第一对不匹配的元素
	equal()	两个序列中的对应元素都相同时为真
搜索	search()	在序列中找出一子序列第一次出现的位置
	search_n()	在序列中找出一个值连续 n 次出现的位置

表 10.7   可变序列算法

功能分类	名称	说明
复制	copy()	从序列的第一个元素起进行复制
	copy_if()	复制序列中满足条件的元素
	copy_backward()	从序列的最后一个元素起进行复制
交换	swap()	交换两个元素
	swap_ranges()	交换指定范围的元素
	iter_swap()	交换由迭代器所指定的两个元素
变换	transform()	将某操作应用于指定范围的每个元素
替换	replace()	用一个给定值替换一些值
	replace_if()	替换满足条件的元素
	replace_copy()	复制序列时用给定值替换元素
	replace_copy_if()	复制序列时替换满足条件的元素
填充	fill()	用一个给定值取代所有元素
	fill_n()	用一个给定值取代前 n 个元素
生成	generate()	用某个操作的结果取代所有元素
	generate_n()	用某个操作的结果取代前 n 个元素
删除	remove()	删除序列中给定值的元素
	remove_if()	删除序列中满足条件的元素
	remove_copy()	复制序列时删除具有给定值的元素
	remove_copy_if()	复制序列时删除满足条件的元素
剔除	unique()	从序列中删除连续的重复元素
	unique_copy()	复制序列时删除连续的重复元素
反转	reverse()	反转元素的次序
	reverse_copy()	复制序列时反转元素的次序
循环	rotate()	循环左移元素
	rotate_copy()	复制序列时循环左移元素

（续表）

功能分类	名称	说明
随机	random_shuffle()	采用均匀分布来随机移动元素
划分	partition()	将满足某条件的元素都放到前面
	stable_partition()	将满足某条件的元素都放到前面并维持原顺序

表 10.8　排序、查找相关算法

功能分类	名称	说明
排序	sort()	正常的排序
	stable_sort()	排序，并维持相同元素的原有顺序
	partial_sort()	对区间指定个数的元素排序
	partial_sort_copy()	复制的同时对区间指定个数的元素排序
第 n 个元素	nth_element()	将第 n 个元素放到它的正确位置
二分检索	lower_bound()	找到大于或等于某值的元素第一次出现的位置
	upper_bound()	找到大于某值的元素第一次出现的位置
	equal_range()	找到（在不破坏顺序的前提下）可插入给定值的最大范围
	binary_search()	在有序序列中确定给定元素是否存在
归并	merge()	将两个有序序列合并为一个
	inplace_merge()	将两个接续的有序序列合并为一个
有序结构上的集合操作	includes()	当一序列为另一序列的子序列时为真
	set_union()	构建两个集合的有序并集
	set_intersection()	构建两个集合的有序交集
	set_difference()	构建两个集合的有序差集
	set_symmetric_difference()	构造两个集合的有序对称差集（并—交）
堆操作	push_heap()	向堆中加入元素
	pop_heap()	从堆中弹出元素
	make_heap()	从序列构建一个堆
	sort_heap()	给堆排序
最大和最小	min()	返回两个元素的最小值
	max()	返回两个元素的最大值
	min_element()	返回序列中的最小元素的位置
	max_element()	返回序列中的最大元素的位置
词典比较	lexicographical_compare()	按字典序比较两个序列
排列生成器	next_permutation()	按字典序的下一个排列
	prev_permutation()	按字典序的前一个排列

10

表 10.9　数值算法

功能分类	名称	说明
累加和	accumulate()	所有元素累加的和
	partial_sum()	部分元素累加的和
求差	adjacent_difference()	相邻元素差
内积	inner_product()	两个序列点积（也称为数量积）

10.3.3　迭代器

迭代器是标准模板库容器与算法之间的"桥梁"，只要容器提供迭代器的接口，同一个算法代码就可以运用在完全不同的容器中。算法通过迭代器从容器中获取元素，然后对获取的元素进行操作，最后将处理的结果存储到容器中。与指针类似，迭代器提供了间接访问的操作（如*）和移动到新元素的操作（如++、--）。迭代器可以指向容器中的某个元素，通过迭代器可以读写它指向的元素。因此，迭代器被称为"泛型指针"。

迭代器的引入，起到了最小化算法与所操作的数据结构之间依赖性的作用。将数据容器和算法分开，彼此独立设计，最后再通过迭代器将它们联系在一起。使用迭代器，可以不用关注容器的具体类型，实现了数据结构与算法的分离。在程序中，通过迭代器可以访问容器中指定位置的元素，而无须关心元素的具体类型。

STL 容器中的内容，可以看作一个序列。每一个容器中，都有一对迭代器，begin()和 end()，用半开区间[begin(),end())进行标识，如图 10.7 所示。

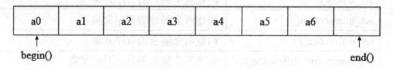

图 10.7　容器中 begin()和 end()标识示意图

对于包括 a0~a6 七个元素的容器，begin()指向序列首元素，end()指向序列尾元素之后的下一个位置。序列中不包括 end()指向位置的元素。假设有一个容器 seq，通常使用下面的方法遍历它的所有元素：

```
for( iter= seq.begin(); iter != seq.end();++iter )
cout<< *iter << endl;
```

这里，iter 为指向容器的迭代器，++iter 表示移动迭代器使其指向容器的下一个元素，*iter 返回迭代器指向元素的值。

迭代器的定义形式：

```
vector <type> :: iterator 迭代器名称;
```

例如：

```
vector <char> :: iterator  iter;      // 定义指向 char 型向量的迭代器 iter
iter = myVector.begin();              // 将向量 myVector 的首个元素地址赋给 iter
iter = iter + 2;                      // 将 iter 向后移动两个元素的位置
```

1. 头文件

所有容器含有其各自的迭代器类型，在使用一般的容器迭代器时，不需要包含专门的头文件。对于逆向迭代器、流迭代器等，在程序中需要包含下面语句：

```
#include < iterator >
```

2. 迭代器类别

根据迭代器的不同特性，STL 提供了五种迭代器：

- 输入迭代器（Input Iterator）：用来读取容器中的元素。支持两个迭代器的相等 "=="和不相等 "!=" 判断，通过运算符 "++" 使迭代器向后指向下一个元素，通过指针运算符 "*" 完成对元素的读取、成员访问 "->" 操作。
- 输出迭代器（Output Iterator）：用来向容器中写入元素。支持运算符 "++"、指针运算符 "*"。
- 前向迭代器（Forward Iterator）：用来以一个方向遍历容器中的元素，支持容器元素的读和写。既是输入迭代器又是输出迭代器。
- 双向迭代器（Bidirectional Iterator）：用来从两个方向遍历容器中的元素，支持容器元素的读和写。某些算法需要反向遍历某个迭代器区间。
- 随机访问迭代器（Random Access Iterator）：支持容器元素的随机访问，支持容器元素的读和写，也是双向迭代器。

3. 迭代器相关的辅助函数

STL 为迭代器提供了三个辅助函数，方便对迭代器进行操作。

- advance()：实现迭代器向前或者向后移动若干个位置。正数表示向后移动，负数表示向前移动。
- distance()：计算两个迭代器之间的距离。
- iter_swap()：交换两个迭代器所指的内容。

> 提示 使用时，注意随机访问迭代器与非随机迭代器在移动迭代器的位置、性能上有所不同。

10.3.4 函数对象

函数对象是行为类似函数的对象，是重载了括号运算符（()）的对象。当用该对象调用括号运算符（()）时，其表现形式如同普通函数调用一样，即通过对象名（参数列表）的方式使用一个类对象。下面初步体会一下函数对象的存在方式和使用形式。比如，有这样一个类：

```
class Example{
public:
  void operator()(){
    cout<< " I like STL." <<endl;
  }
}obj;
```

类 Example 中重载了 "()" 运算符，因此对于该类的对象 obj，可以这样调用该运算符：obj()。

"对象()"的方式，很像函数。调用结果与类中函数相同，即输出字符串内容。该调用语句在形式上跟以下函数的调用完全一样：

```
void obj(){
    cout<< " I like STL." <<endl;
}
```

可以在类 Example 的基础上，设计一个 main()函数，测试函数对象 obj()的使用。例如：

```
int main(){
    obj();
    return 0;
}
```

该程序的运行结果为：I like STL. 。

标准库中的很多算法都可以使用函数对象或者函数作为参数来控制自己的操作方式。

10.3.5　适配器

适配器是标准库中的一个通用概念。容器、迭代器和函数都有适配器。

容器适配器中的"适配器"起到转换、适配的作用，与生活中电源适配器、USB 与串口转接设备的作用接近。通过适配器进行转换或接口的调整，使得提供方能够适合于需求方的新用途，达到新效果。

STL 中的适配器有 7 种，共分为三类：容器适配器（Container Adapter）、迭代器适配器（Iterator Adapter）和函数适配器（Function Adapter）。

1. 容器适配器

对于高级的数据结构（比如栈、队列），vector、deque 等基本容器接口里定义的方法不适合直接拿来使用，那么，通过容器适配器能够使它们适用于新的数据结构。

容器适配器是用基本容器实现的一些可以用于描述更高级数据结构的新容器，底层基于基本顺序容器，上层对外提供封装后的新接口。新接口利用了底层容器的部分功能，增加了新功能，满足使用者更高的需求。容器适配器有三种：stack、queue、priority_queue。表 10.10 给出了各容器适配器及其使用的基础容器的对照关系。

表 10.10　容器适配器及其基础容器

容器适配器	默认的基础容器	可用基础容器
stack	deque	vector、deque、list
queue	deque	vector、deque、list
priority_queue	vector	vector、deque

其中：

- stack：类似于栈，具有先进后出的特性。插入和删除只能在栈顶（top）一个位置上进行，头文件为 stack。
- queue：类似于队列，具有先进先出的特性。插入在队尾一端进行而删除则在队头一端进行，头文件为 queue。

- priority_queue：是带优先级的队列。新插入的元素会排在所有优先级比它低的已有元素之前，按照优先级高的顺序进行删除，头文件为 queue。

容器适配器共有的成员函数如表 10.11 所示。

表 10.11　容器适配器共有的成员函数

名称	功能	说明
top()	返回顶部或队头元素	对 stack 来说，是顶部；对 queue、priority_queue 来说，是队头
push()	添加一个元素	
pop()	删除一个元素	只删除，不返回其值
size()	求元素个数	
empty()	判断是否为空	若为空，返回 1；否则返回 0

容器适配器的本质仍是容器，每个容器适配器都基于底层容器的操作定义了自己的新操作。对于同类操作，只能使用适配器的操作，而不能使用底层容器的操作。例如，给 stack 对象添加元素时，不能调用其底层容器 deque 的插入操作 push_back()，而必须使用 stack 自己的插入操作 push()。写成：对象.push(i)才是对的。

2. 迭代器适配器

迭代器适配器借助于 10.3.3 节提到的五种基础迭代器来实现，对成员函数进行了修改并添加了一些新的函数。迭代器适配器大致可以分为三类：逆向迭代器、插入迭代器和流迭代器。

- 逆向迭代器（reverse_iterator）：用来对容器进行逆向遍历，即从容器中最后一个元素开始，一直遍历到第一个元素。它的一对迭代器用 rbegin() 和 rend() 标识。rbegin() 是序列的最后一个元素，rend() 是第一个元素前面的元素，如图 10.8 所示。

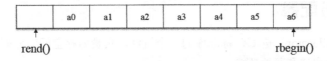

图 10.8　rbegin() 和 rend() 标识示意图

- 插入型迭代器（insert_iterator）：用于在容器的任何位置添加新的元素。C++标准库提供三种插入位置不同的插入迭代器：back_insert_iterator、front_insert_iterator、general_insert_iterator。
- 流迭代器（stream_iterator）：流迭代器针对流对象进行操作。通过流迭代器，可以使用指定算法从流对象中读取数据，也可以将数据写入到流对象中。主要包括输入流迭代器（istream_iterator）、输出流迭代器（ostream_iterator）、输入流缓冲区迭代器（istreambuf_iterator）和输出流缓冲区迭代器（ostreambuf_iterator）。

调用迭代器适配器，在程序中需要包含下面的语句：

```
#include<iterator>
```

3. 函数适配器

函数适配器的作用是将函数或函数对象转换成需要的函数对象，以能够适用于 STL 算法。函数适配器可以接收一个函数参数，返回一个可用来调用该函数的函数对象。

很多情况下，函数对象或普通函数的参数个数或者返回值类型并不是使用者想要的，而且不能直接代入算法，这时候函数适配器就可以实现这一功能。通过函数适配器对函数进行适配，将一种函数对象转化为另一种符合要求的函数对象。

函数适配器包含在头文件<functional>中。

C++标准库提供了一组函数适配器，分为四类：绑定适配器、组合适配器、指针函数适配器和成员函数适配器。

- 绑定适配器（Bind Adaptor）：通过把二元函数对象的一个实参绑定到一个给定值上，从而将其转换成一元函数对象。使用 bind2nd，可以将给定值绑定到二元函数对象的第二个实参；使用 bind1st，可以将给定值绑定到二元函数对象的第一个实参。
- 组合适配器（Composite Adaptor）：将函数对象的布尔类型返回值取逻辑反。有时可能还需要对结果再求一次逻辑反。使用 not1，可以翻转一元函数对象的布尔值；使用 not2，可以翻转二元函数对象的布尔值。
- 指针函数适配器（Pointer Adaptor）：将一般函数转换为函数对象，使之能够作为其他函数适配器的输入。使用 ptr_fun，可以将一个函数转换成函数对象，供 STL 算法使用。
- 成员函数适配器（Member Function Adaptor）：将成员函数转换成函数对象，从而可使用成员函数搭配各种算法。当容器内存储的是对象的实体时，需使用 mem_fun_ref 进行适配，使成员函数作为函数对象传入对象引用；当容器内存储的是对象的指针时，需使用 mem_fun 进行适配，使成员函数作为函数对象传入对象指针。

10.3.6　内存分配器

内存分配器（Allocator）是 C++标准库的一个组件，负责内存空间的分配和管理，为容器类模板提供自定义的内存申请和释放功能。

STL 提供了很多容器，程序员可以很方便地使用这些容器编写程序。他们只需要关心何时往容器内放数据，而不需要关心如何管理内存、需要用多少内存。这是因为 STL 容器巧妙地避开了烦琐且容易出错的内存管理工作。幕后的功臣是 STL 提供的一个默认的内存分配器 allocator，由它实现了内存管理工作。程序员可以自定义分配器，实现 allocator 模板所定义的接口方法。使用 allocator 类，需要包含头文件<memory>。

更多有关 STL 的内容请查阅 C++标准库用户手册。

10.4　本章小结

在这一章中，首先介绍了模板，了解了模板的含义；接着介绍了函数模板和类模板，了解了其定义和使用方法；最后介绍了 C++标准模板库，对其主要组件进行了介绍，为设计泛型程序奠定了基础。

总结

- 模板是 C++支持参数化多态性的工具，把函数处理的数据类型作为参数。
- 使用模板可以建立具有通用类型的函数库和类库，为编写大规模的软件带来便利。
- 通过模板，可以实现代码重用机制。
- STL 借助模板实现了常用的数据结构及其算法，并且做到了数据结构和算法的分离。算法的实现不依赖于具体的数据结构，是通用的算法。
- 函数模板建立一个通用函数，其函数类型和形参类型不是具体类型，用模板参数来代表。
- 程序中出现与函数模板中相匹配的函数调用时，模板参数才得以具体化，具体为匹配到的函数中对应的数据类型。
- 函数模板中的模板参数可实例化为各种类型，函数模板经实例化后生成的具体函数被称为模板函数。
- 模板函数的函数体与函数模板的函数体相同。
- 类模板建立一个通用类，其部分数据成员、成员函数的返回值类型和形参类型不具体指定，用一个模板参数来代表。
- 类模板也是将所处理的部分数据类型说明为参数，即类型参数化。
- 由类模板经实例化得到的具体类被称为模板类。
- 标准模板库把常用的数据结构和算法设计成通用的模板，提供给使用者。
- STL 采用泛型程序设计思想，所提供的算法通用，不依赖于具体的数据类型。
- STL 包括容器、算法、迭代器、函数对象、适配器、内存分配器六大组件。
- 容器用于存放数据。容器中包括各种数据结构，如可变长数组、列表、队列等，是类模板。
- 算法中包括各种常用算法，如排序、查找、复制、删除等，是函数模板。
- 迭代器是容器与算法之间的"桥梁"，即泛型指针。对容器中数据的读和写，需要通过迭代器完成。
- 如果一个类将运算符"()"重载为成员函数，这个类就称为函数对象类，这个类的对象就是函数对象。
- 通过适配器，能够把类的接口适配成所需的形式，以适用于新的要求。
- 内存分配器负责内存空间的分配和管理，为容器类模板提供自定义的内存申请和释放功能。

本章习题

1. 填空题。

（1）进行模板声明的关键字是_____。

（2）对于模板参数的声明，使用_____或_____都可以。

（3）函数模板发生调用时，类型参数的实例化方式分_____、_____调用两种。

（4）函数模板经实例化后生成具体函数，为_____。

（5）类模板中，使用 static 修饰的成员，被称为_____成员。

（6）C++中，STL 是 _____的缩写，其中包含大量的_____和_____。

（7）STL 的组件中，使用_____存放数据，使用_____对元素进行间接访问。

（8）STL 中的组件都定义在_____中，以一组头文件的形式提供。

（9）STL 中，_____是行为类似函数、重载了括号运算符"( )"的对象。

（10）STL 中，_____起到转换、适配的作用，与生活中的转接设备作用接近。

2. 介绍一下函数模板与模板函数的关联。

3. STL 的六大组件是什么？

4. 介绍一下 STL 中的容器组件。

第 11 章

C++11

11

本章学习目标

- 了解 C++11 标准以及 C++11 的新特性

11.1　C++11 简介

1998 年，国际标准化组织（ISO）和国际电工委员会（IEC）旗下的 C++标准委员会发布了 C++语言的第一个国际标准，也就是我们现在使用最多的 C++98。

2003 年，C++标准委员会提交了一份技术勘误表（Technical Corrigendum，简称 TC1），对 C++98 标准中的漏洞进行了修复，但并没有修改核心语言规则部分，因此，人们通常把两个标准合称为 C++98/03 标准。

2005 年，C++标准委员会发布了一份技术报告，详细说明了引入 C++新特性的计划。因为当时预计会在本世纪第一个十年的某个时间发布，因此这个新标准被非正式地命名为 C++0x。但这个新标准最终在 2011 年才面世，因此称为 C++11 标准。

2011 年 8 月，C++标准委员会公布 C++11 标准，并于 2011 年 9 月正式出版。此次标准是自 C++98 发布后 13 年来的首次重大修正。

C++11 标准在 C++98 的基础上修复了约 600 个 C++语言中存在的漏洞，同时增加了约 140 个新特性，这些更新使得 C++语言焕然一新。如同 C++之父 Bjarne Stroustrup 说的，C++11 标准下的 C++像是一门全新的语言。因此，也将 C++11 标准后的 C++称为"现代 C++"。虽然这么说，但 C++11 的基础还是不能脱离 C++98，而且 Bjarne Stroustrup 表示，C++11 标准将几乎 100%兼容于现有标准。

C++11 的设计目标是：

- 使 C++成为更好的系统开发和库开发的语言。
- 使 C++成为更易于学习的语言。
- 保证语言的稳定性，并和 C++98 及 C 语言保持兼容性。

首先，使 C++成为更好的适用于系统开发和库开发的语言，是希望 C++能够对各种操作系统的编程都有贡献。

其次，使 C++更易于学习，则是修复了语言中许多让程序员不安的潜在"毒瘤"。让 C++语法显得更一致化，让初学者使用起来更容易上手。

最后，语言的稳定性也是编程语言能够长期存活的重要原因之一。

每一次修正 C++标准都会带来的新特性，使 C++变得更强、更加现代化。C++11 为程序员创造了很多更有效、更便捷的代码编写方式，程序员可以用简短的代码来完成 C++98 中同样的功能。

11.2 C++11 新特性

C++11 增加了非常多的新特性（超过 140 个），新特性主要体现在以下四个方面：提高运行效率、提升语法易用性、加强语言能力、标准库更新。本节主要介绍 C++11 中比较重要的新特性。

11.2.1 auto 类型推断

在 C++11 之前，当我们谈起 auto 的时候，所指的大都是用于声明存储在栈区的自动变量（亦称局部变量）的关键字 auto。在 C++11 之后，auto 所指的就是自动类型推断。自动类型推断让编译器自动进行类型推断，无须提前声明变量的数据类型。即使现代 C++拥有动态类型推断的功能，但是它仍然是静态类型语言，因为 auto 的行为只限于编译时期。类型推断减少了许多不必要的工作，提高了开发效率，就像下面有关迭代器的一段代码：

```
map<string, vector<pair<int, char>>> m;
initMap(m);
// 不使用自动类型推断
map<string, vector<pair<int,char>>>::iterator iter1 = m.find("str");
// 使用自动类型推断
auto iter2 = m.find("str");
```

虽然自动类型推断可以极大地减少代码长度，但尽量不要随处使用它：仅当类型很长（如涉及模板类的子类型时）或类型较复杂（如 Lambda 表达式的类型）的时候，方便地敲上一个 auto，然后让编译器替我们去进行类型推断的工作。

11.2.2 decltype 类型推断

decltype 是 C++11 新增的一个关键字，它和 auto 的功能一样，都用来在编译时期进行自动类型推断。decltype 是"declare type"的缩写，译为"声明类型"。

既然已经有了 auto 关键字，为什么还需要 decltype 关键字呢？因为 auto 并不适用于所有的自动类型推断场景，在某些特殊情况下 auto 用起来非常不方便，甚至压根无法使用，所以 decltype 关键字被添加到 C++11 中。

auto 和 decltype 都可以自动推断出变量的类型，但它们的用法是有区别的：

```
auto varname = value;
decltype(exp) varname = value;
```

其中，varname 表示变量名，value 表示赋给变量的值，exp 表示一个表达式。

auto 根据"="右边的初始值 value 推断出变量的类型，而 decltype 则根据 exp 表达式推断出变量的类型，与"="右边的 value 没有关系。另外，auto 要求变量必须初始化，而 decltype 不要求。这很容易理解，auto 是根据变量的初始值来推断出变量类型的，如果不初始化，变量的类型也就无法推断了。因此 decltype 也可以写成下面的形式：

```
decltype(exp) varname;
```

注意：原则上讲，exp 就是一个普通的表达式，它可以是任意复杂的形式，但必须保证 exp 的结果是有类型的，不能是 void；当 exp 返回结果是 void 类型时，就会导致编译错误。

decltype 用法举例如下：

```
int a = 0;
decltype(a) b = 1;              // b 被推断成了 int
decltype(10.8) x = 5.5;         // x 被推断成了 double
decltype(x + 100) y;            // y 被推断成了 double
```

可以看到，decltype 能够根据变量、常量、带有运算符的表达式推断出变量的类型，即使没有将变量初始化也能推断，比如第 4 行的 y。

11.2.3　初始化列表

在程序设计的过程中，我们常常会遇到变量初始化的问题。在过去的标准中，初始化列表的使用有局限性，除了普通数组和 POD（plain old data）类型之外，初始化列表并无其他用武之地。但是，C++11 标准扩大了初始化列表的使用范围，使其可以使用于任何类型对象，并且均可以使用"{ }"初始化对象。这个变化不仅有利于我们初始化变量，还极大地影响了 C++标准库的编写，比如 max 函数在 C++11 之前只能返回两者之间的较大者，而在初始化列表被引入之后，C++11 标准库中新增了一种 max 函数的实现方式，即可以接收一个 initializer_list<T>作为参数，返回任意数量元素中的最大者。

11.2.4　Lambda 表达式

Lambda 表达式来源于函数式编程的概念，是 C++11 最重要、最常用的特性之一。Lambda 表达式实际上是一个匿名函数（没有名称的函数），可以就地匿名定义目标函数或函数对象以封装短小的功能，有效减少了代码冗余与功能分散的问题，也使得程序更加灵活。

Lambda 表达式的语法规则如下：

```
[外部变量访问方式说明符] (参数) mutable noexcept/throw() -> 返回值类型
{
    函数体;
};
```

其中各部分解释如下：

- [外部变量访问方式说明符]:方括号([ ])用于向编译器表明随后是一个 Lambda 表达式，其不能被省略。在方括号内部，可以注明当前 Lambda 函数的函数体中可以使用哪些"外部变量"。所谓外部变量，是和当前 Lambda 表达式位于同一作用域内的所有局部变量。
- (参数):和普通函数定义一样，Lambda 匿名函数也可以接收外部传递的多个参数。和普通函数不同的是，如果不需要传递参数，可以连同小括号（()）一起省略。

- mutable：对于以值传递方式引入的外部变量，默认情况下是不允许在 Lambda 表达式内修改它们的值（即这部分变量相当于是 const 常量）。如果想修改它们，就必须使用 mutable 关键字。mutable 可以省略，但如果使用，则之前的小括号（()）将不能省略，即使参数个数为 0。

- noexcept/throw()：默认情况下，Lambda 函数的函数体中可以抛出任何类型的异常。而使用 noexcept 关键字，则表示函数内不会抛出任何异常；使用 throw() 指定函数内可以抛出的异常类型。noexcept/throw() 可以省略，但如果使用，则之前的小括号（()）不能省略，即使参数个数为 0。

- ->返回值类型：指明 Lambda 匿名函数的返回值类型。但是，如果 Lambda 函数体内只有一个 return 语句，或者该函数返回 void，则编译器可以自行推断出返回值类型，此情况下可以直接省略->返回值类型。

- 函数体：和普通函数一样，Lambda 匿名函数包含的内部代码都放置在函数体中。该函数体内除了可以使用指定传递进来的参数之外，还可以使用指定的外部变量以及全局范围内的所有全局变量。

11.2.5　连续右尖括号的改进

在 C++98 的泛型编程中，若写两个连续的右尖括号，则编译器会将其认定为右移运算符，导致编译错误。所以通常会将两个连续的右尖括号以空格分开：

```
vector<vector<int> >vec;
```

而 C++11 标准要求编译器单独处理连续的右尖括号，因此编译器能够判断"">>""是右移运算符还是模版参数表的结束，所以我们可以这样编写：

```
vector<vector<int>>vec;
```

在 C++11 标准下可以顺利编译通过。

11.2.6　基于范围的 for 循环

我们经常会需要 for 循环进行遍历操作，传统的 for 循环语法需要三个语句来分别初始化变量、检查循环条件、递增或递减值。这在使用时有可能不方便，尤其是当我们使用迭代器来遍历容器时。而基于范围的 for 循环（Range-Based-For）使代码不再冗长，提升了可读性。基于范围的 for 循环的语法如下：

```
for (declaration : expression) {
    程序语句
}
```

其中参数的含义如下：

- declaration：表示此处要定义一个变量，该变量的类型为要遍历序列中存储元素的类型。需要注意的是，在 C++11 标准中，declaration 参数处定义的变量类型可以用 auto 关键字来表示，该关键字可以使编译器自行推导该变量的数据类型。

- expression：表示要遍历的序列，不仅可以为事先定义好的普通数组或者容器，还可以是用花括号（{}）初始化的序列。

下面的例子是分别使用 C++98 和 C++11 的 for 循环语句实现整数数组元素的相加。

```
int score[5] ={ 80, 90, 77, 94, 68 };
int i;
int sum = 0;
// 使用 C++98 的 for 循环
for (i = 0; i < 5; i++) {
    sum += score[i];
}
sum = 0;
// 使用 C++11 的 for 循环
for (int n : score) {
    sum += n;
}
```

从例子代码可以看出，和 C++98 中 for 循环的语法格式相比较，C++11 的 for 循环语法格式并没有明确限定 for 循环的遍历范围，这是它们之间最大的区别。即旧格式的 for 循环可以指定循环的范围，而 C++11 标准增加的 for 循环，只逐个遍历 expression 参数处指定序列中的每个元素。

11.2.7　可变参数模板

在 C 语言中，可变参数函数可以说是一个比较神奇的存在。例如最常用的 printf 函数，它的原型如下：

```
int printf(const char *format, …);
```

它的第一个参数是 const char* 类型的 format，后面参数的类型和名称都没有定义，只有省略号。从 C 语言编译的角度来讲，在这个位置程序员可以写任意个数、任意类型的参数，实际应用时，printf 函数会根据 format 指定的格式字符串来使用后面指定的实参值，个数少了或者类型错误通常会导致编译错误。

C++11 增加了可变参数模板（Variadic Template），顾名思义，模板参数个数与参数类型都可以发生变化。可变参数模板和普通模板的语义是一样的，只是写法上稍有区别，声明可变参数模板时需要在 typename 或 class 后面带上省略号（…）：

```
template<typename… Types>
```

其中，"…"可接纳的模板参数个数是 0 个及以上的任意数量。Types 是可变参数列表的名称。例如：

```
template<typename T>
void writeLog(const T& t)
{   cout << t;
}
template<typename… Types>
void writeLog(const T& t, const Types… ts)
{   writeLog(t);
    writeLog(ts…);
}
```

上面的程序代码定义了两个函数模板。第一个函数模板是使用普通模板定义的，只能有一个参数。第二个函数模板是使用可变参数模板定义的，可以有任意个参数。第二个函数模板中，

writeLog 首先使用第一个参数 t 调用普通模板的 writeLog 之后，使用 ts 递归调用可变参数模板的 writeLog（当 ts 中多于一个参数时）。每次处理一个参数之后，使用剩余的参数再次调用可变参数模板的 writeLog，直到最后调用一个参数的 writeLog。

11.2.8　nullptr

野指针又称为悬挂指针，指的是没有明确指向的指针。野指针往往指向的是那些不可用的内存区域，对野指针进行操作极可能导致程序发生异常。避免产生"野指针"最有效的方法之一，就是在定义指针的同时完成初始化，即便该指针的指向尚未明确，也要将其初始化为空指针。

在 C++98 标准中，将一个指针初始化为空指针的方式有两种：

```
int *p = 0;
int *p = NULL;
```

"0"不仅可以表示一个整数，还可以表示一个空指针。NULL 并不是 C++ 的关键字，C++ 预编译宏 NULL 为(void*)0。由于 C++引入了函数重载，因此编译器有可能在使用 NULL 作为实参的时候导致二义性错误。

由于在 C++ 98 标准使用期间，NULL 已经得到了广泛的应用，出于兼容性的考虑，C++11 标准并没有对 NULL 的宏定义做任何修改。为了修正 C++98 存在的这一问题，C++11 标准中引入了一个新关键字，即 nullptr。

nullptr 是 std::nullptr_t 类型的右值常量，专用于初始化空指针。nullptr_t 是 C++11 新增加的数据类型，可称为"指针空值类型"。nullptr 仅是该类型的一个实例对象，由 nullptr_t 定义的变量具有与 nullptr 相同的行为。

11.2.9　右值引用

在 C++ 或者 C 语言中，一个表达式（可以是字面量、变量、对象、函数的返回值等）根据其使用场景的不同，可以分为左值表达式和右值表达式。左值的英文简写为 lvalue，是 loactor value 的缩写，意思是存储在内存中、有明确存储地址（可寻址）的数据。右值的英文简写为 rvalue，是 read value 的缩写，指的是那些可以提供数据值的数据（不一定可寻址，如存储于寄存器中的数据）。

C++98 标准中的引用，使用"&"表示。但此种引用方式有一个缺点，即只能操作左值（左值引用），无法对右值添加引用。在实际开发中我们可能需要对右值进行修改，而左值引用方式是没法实现的。

C++11 标准引入了另一种引用方式，称为右值引用，用"&&"表示。和声明左值引用一样，声明右值引用也必须立即进行初始化操作，且只能使用右值进行初始化，比如：

```
int && a = 10;  // 正确，使用右值 10 进行初始化
int num = 10;
int && a = num;  // 错误，不能初始化为左值
```

11.2.10　显式生成默认函数与显式删除函数

当定义了一个类且没有编写任何函数时，编译器会自动生成一些默认函数：默认构造函数、复制构造函数、赋值运算符重载函数与析构函数等。但如果创建了一个有参构造函数，编译器将不会生成默认构造函数，此时将不存在默认构造函数。

关键字"=default"的作用是显式要求编译器生成一个函数的默认版本。例如：

```
class A
{public:
    A(int a): _a(a) { }
    A() = default; // 显式生成默认构造函数
private:
    int _a;
};
```

此时，程序员并不需要提供默认构造函数的定义，编译器会自动生成。

另外，如果我们不希望某个类的对象被复制，可以将复制构造函数声明为 private。C++11 给出了一个更好的方法，那就是在复制构造函数后加上"=delete"来显式删除这个函数，避免编译器自动生成复制构造函数完成对象的复制。例如：

```
class A
{public:
    A(const A&) = delete; // 禁止编译器自动生成复制构造函数
};
```

此时，该类的对象都不能被复制，否则会报错。

11.2.11　override 和 final

在 C++11 之前，在派生类中既可以覆盖基类的虚函数，也可以不覆盖。C++11 新增的关键字 override 修饰派生类的某虚函数，明确地告知编译器派生类改写该虚函数，当编译器检查到基类中不存在相同定义的虚函数时编译会报错。而 C++11 新增的关键字 final 修饰某虚函数，明确地告知编译器派生类不能改写该虚函数，否则编译会报错。

11.2.12　智能指针

C++语言中的指针是一把双刃剑，既可以精确地控制内存，也可能在不经意间造成程序崩溃，例如忘记 delete 指针而造成内存泄漏。在实际工程中，开发者希望把更多的精力放在结构设计、功能实现等应用层面上，而不是花费大量的精力去考虑语言层面的细枝末节。C++11 中引入的三种智能指针可以在一定程度上帮助开发者脱离动态内存管理的繁杂工作。三种智能指针分别是：

- shared_ptr：多个 shared_ptr 指针可以共享同一块内存，通过引用计数来实现。
- unique_ptr：与所指对象内存紧密绑定，但不能与其他 unique_ptr 指针共享同一块内存。
- weak_ptr：可以指向 shared_ptr 指针指向的对象内存，却不拥有该内存。

11.2.13　tuple

C++11 引入了一种新的类模板，命名为 tuple（元组）。tuple 最大的特点是：实例化的对象可以存储任意数量、任意类型的数据。tuple 的应用很广泛，例如当需要存储多个不同类型的元素时，可以使用 tuple；当函数需要返回多个不同类型的数据时，可以将这些数据存储在 tuple 中，随后函数只需返回一个 tuple 对象即可。

例如：

```
std::tuple<int, std::string, float> x(10, "NCUT", 3.14);
```

tuple 对象 x 包含整数、字符串和浮点数 3 种不同类型的数据。

11.3　C++11 示例

下面是一个使用 C++11 实现的学生信息管理软件，使用到了一部分 C++11 的新特性。

【示例程序 11.1】学生类有四个数据成员，学号、姓名、性别、成绩，分别对应 id、name、sex、gpa。软件功能包括：①打印学生列表；②打印单个学生信息；③根据学号查找学生信息；④计算平均成绩。

```
1    // student.h : CStudent 类的定义
2    #include <iostream>
3    #include <string>
4    #include <vector>
5    #include <algorithm>
6    class CStudent {
7    public:
8        friend std::ostream& operator<<(std::ostream &os, const CStudent &stu);
9        friend std::istream& operator>>(std::istream &is, CStudent &stu);
10   public:
11       CStudent() = default;
12       CStudent(const std::string & _id, const std::string & _name,
13               char _sex, double _gpa)
14       : id(_id), name(_name), sex(_sex), gpa(_gpa)
15       { }
16       CStudent(const CStudent & _x)
17       : id(_x.id), name(_x.name), sex(_x.sex), gpa(_x.gpa)
18       { }
19       explicit
20       CStudent(std::nullptr_t ptr)
21       {  *this = CStudent("(null)", "(null)", 0, 0.0);
22       }
23       ~CStudent() { }
24       static void print(const std::vector<CStudent>&stu, const std::string &indicator
= "id");
25       static void print(const CStudent &stu);
26       static CStudent find_id(const std::vector<CStudent>&stu, const std::string
&id);
27       static double avg_gpa(const std::vector<CStudent>&stu);
28       const std::string& get_id() const { return id; }
29       const std::string& get_name() const { return name; }
30       char get_sex() const { return sex; }
31       double get_gpa() const { return gpa; }
32   private:
33       std::string id {""};
34       std::string name {""};
35       char sex {};
36       double gpa {};
37   };
38   void CStudent::print(const std::vector<CStudent>&stu, const std::string
&indicator)
39   {  std::vector<CStudent> stuList {stu.begin(), stu.end()};
40       std::sort(stuList.begin(), stuList.end(), [&indicator](const CStudent &lhs,
const CStudent &rhs) noexcept -> bool {
41           if (indicator == "id") return lhs.id < rhs.id;
42           else if (indicator == "name") return lhs.name < rhs.name;
43           else if (indicator == "sex") return lhs.sex < rhs.sex;
44           else return lhs.gpa < rhs.gpa;
45       });
46       for (const auto &elem : stuList) std::cout << elem << std::endl;
```

```
47    }
48    void CStudent::print(const CStudent &stu)
49    {   std::cout << stu << std::endl;
50    }
51    CStudent CStudent::find_id(const std::vector<CStudent>&stu, const std::string &id)
52    {   for (const auto &elem : stu) if (elem.get_id() == id) return elem;
53        return CStudent(nullptr);
54    }
55    double CStudent::avg_gpa(const std::vector<CStudent>&stu)
56    {   double sum {0.0};
57        for (const auto &elem : stu) sum += elem.gpa;
58        return sum / stu.size();
59    }
60    std::ostream& operator<<(std::ostream &os, const CStudent &stu)
61    {   os << stu.id << " " << stu.name << " " << stu.sex << " " << stu.gpa;
62        return os;
63    }
63    std::istream& operator>>(std::istream &is, CStudent &stu)
64    {   is >> stu.id >> stu.name >> stu.sex >> stu.gpa;
65        return is;
66    }
```

```
1     // lz11.1.cpp : main()函数，输出学生信息
2     #include <iostream>
3     #include "student.h"
4     using namespace std;
5     int main() {
6         CStudent test;
7         vector<CStudent> list {
8             {"20101110201", "david", 'm', 3.87},
9             {"20101110202", "jack", 'm', 2.91},
10            {"20101110203", "lucy", 'f', 3.90},
11            {"20101110204", "sam", 'm', 3.32},
12        };
13        cout << "Student list (sort by gpa score): " << endl;
14        CStudent::print(list, "gpa");
15        cout << endl;
16        cout << "Student (20101110203): " << endl;
17        CStudent::print(CStudent::find_id(list, "20101110203"));
18        cout << endl;
19        return 0;
20    }
```

程序解析：

（1）在 student.h 第 11 行处，通过在函数声明后面加上“=default”来显式要求编译器生成一份默认版本的构造函数，以应对如 lz11.1.cpp 第 6 行中用户并未给定初始参数的情况。

（2）在 student.h 第 19 行，通过使用 explicit 关键字声明单参数构造函数 CStudent(std::nullptr_t ptr)，使编译器拒绝为了隐式类型转换而调用该构造函数，避免隐式类型转换可能导致的错误。

（3）在 student.h 第 40 行，使用 Lambda 表达式作为泛型算法 sort 的谓词函数，不需要再定义一个普通函数，使程序更加灵活。

（4）在 student.h 第 46 行、第 52 行、第 57 行都使用了基于范围的 for 循环以及 auto 自动类型推断，这个组合替代了传统 C/C++语言的“三段式”for 循环，减少了代码量，增加了可读性。

（5）代码中还使用了其他一些 C++11 的新特性。比如：student.h 中第 33、34、39 行的新初始化列表，第 53 行的 nullptr。

本示例程序的运行结果如图 11.1 所示。

11

```
Student list (sort by gpa score):
20101110202 jack m 2.91
20101110204 sam m 3.32
20101110201 david m 3.87
20101110203 lucy f 3.9

Student (20101110203):
20101110203 lucy f 3.9
```

图 11.1　运行结果

从上面的程序代码可以看出，使用 C++11 编写的代码和使用 C++98 编写的代码相比，两者的基本语法相似，但也有不少不同，比如使用非常频繁的 for 循环语句。上述例子功能简单，只能简单展示 C++11 的新特性。有兴趣深入学习 C++11 的读者，可以去阅读针对 C++11 的教材或专著。

11.4　本章小结

在这一章中，我们介绍了 C++11 标准以及 C++11 的一些主要的新特性，让大家对 C++的新的发展有所了解。

总结

- C++11 在 C++98 的基础上修正了约 600 个 C++语言中存在的缺陷，同时增加了上百个新特性。
- C++11 的新特性提高了运行效率、提升了语法易用性、加强了语言能力、更新了标准库。
- auto 类型推断让编译器自动进行类型推断，无须提前声明变量的数据类型。
- Lambda 表达式是一个匿名函数，可以就地匿名定义目标函数或函数对象以封装短小的功能，有效减少了代码冗余与功能分散的问题，使得程序更加灵活。
- 基于范围的 for 循环不需要指定遍历范围，使代码不再冗长，提升了代码可读性。
- C++11 引入了一种新的引用方式，称为右值引用，可以对右值进行引用，用 "&&" 表示。
- C++11 关键字 default 的作用是显式要求编译器生成一个默认构造函数的默认版本。
- C++11 新引入的三种智能指针，shared_ptr、unique_ptr、weak_ptr，可以帮助开发者脱离动态内存管理的繁杂工作。
- C++11 新引入 tuple（元组）类模板，tuple 创建的对象可以存储任意数量、任意类型的数据。

本章习题

1. 填空题。

（1）C++11 标准在 C++98 的基础上增加了约_____个新特性。

（2）新增特性 auto 类型推断可以无须提前声明变量的_____。

（3）使用 tuple 创建的对象可以存储任意数量、_____的数据。

（4）C++11 新引入的三种智能指针：_____、_____、weak_ptr。

（5）Lambda 表达式是一个_____，可以就地匿名定义目标函数或函数对象。

（6）C++11 标准新引入右值引用，用_____表示。

（7）C++11 关键字_____的作用是显式要求编译器生成一个默认构造函数的默认版本。

（8）C++11 中基于范围的 for 循环不需要指定_____。

11